# L'OR

## MINERAIS AURIFÈRES & AURO-ARGENTIFÈRES
## EXTRACTION. TRAITEMENT MÉTALLURGIQUE

TRAITÉ PRATIQUE COMPRENANT :

L'analyse, l'étude et la préparation mécanique des minerais aurifères
Les méthodes de concentration et de grillage
Les procédés par amalgamation, par chloruration, par cyanuration
par électrolyse et par fusion
Ainsi que la coupellation et l'affinage des métaux précieux

PAR

## H. BECKER
Chimiste-Conseil
Ex-Chimiste aux Mines d'Or du Transvaal

AVEC 110 FIGURES DANS LE TEXTE

## PARIS
LIBRAIRIE INDUSTRIELLE
### J. FRITSCH, ÉDITEUR
30, RUE DU DRAGON, 30

1896

# L'OR

# DU MÊME AUTEUR

---

**Électro chimie** et **Électro-métallurgie**. Traité théorique
et pratique comprenant les principales applications de l'Électrolyse.

*En préparation*

---

SAINT-AMAND (CHER). — IMP. DESTENAY, BUSSIÈRE FRÈRES

# L'OR

## MINERAIS AURIFÈRES & AURO–ARGENTIFÈRES
## EXTRACTION. TRAITEMENT MÉTALLURGIQUE

## TRAITÉ PRATIQUE COMPRENANT :

L'analyse, l'étude et la préparation mécanique des minerais aurifères
Les méthodes de concentration et de grillage
Les procédés par amalgamation, par chloruration, par cyanuration
par électrolyse et par fusion
Ainsi que la coupellation et l'affinage des métaux précieux

PAR

## H. BECKER
Chimiste-Conseil
Ex-Chimiste aux Mines d'Or du Transvaal

AVEC 110 FIGURES DANS LE TEXTE

PARIS
LIBRAIRIE INDUSTRIELLE
J. FRITSCH, ÉDITEUR
30, RUE DU DRAGON, 30

1896

# TABLE DES MATIÈRES

—

## INTRODUCTION

—

## CHAPITRE IV

### AMALGAMATION DES MINERAIS AURIFÈRES

## CHAPITRE V

### AMALGAMATION DES MINERAIS AURIFÈRES ET AURO-ARGENTIFÈRES

## CHAPITRE VI

### CONCENTRATION DES MINERAIS

# CHAPITRE VII

## GRILLAGE DES MINERAIS AURIFÈRES

# CHAPITRE VIII

## CHLORURATION DES MINERAIS AURIFÈRES

# CHAPITRE IX

## CHLORURATION DES MINERAIS AURIFÈRES (*Suite*).

# CHAPITRE X

## CHLORURATION DES MINERAIS AURO-ARGENTIFÈRES

## CHAPITRE XI

### CYANURATION DES MINERAIS AURIFÈRES ET AURO-ARGENTIFÈRES

## CHAPITRE XII

### CYANURATION DES MINERAIS AURIFÈRES ET AURO-ARGENTIFÈRES (*suite*)

## CHAPITRE XIII

### CYANURATION DES MINERAIS AURIFÈRES ET AURO-ARGENTIFÈRES

# INTRODUCTION

Les découvertes récentes de nouveaux gisements d'or, soit au Transvaal, soit en Australie, font une actualité de tout ce qui a rapport à « ce maître du monde. » — Nous croyons donc répondre à un besoin en donnant un aperçu général sur toutes les questions relatives à l'extraction et au traitement de ce précieux métal. A cet effet, nous nous occuperons d'abord de l'examen des minerais aurifères et de leurs gisements, du lavage des alluvions, etc. ; puis des divers traitements des minerais aurifères proprement dits, divisés en deux classes principales : les minerais directement amalgamables, et les minerais réfractaires à l'amalgamation.

Dans la première de ces classes on apprendra à connaître l'emploi multiple du mercure, c'est-à-dire l'amalgamation ; dans la seconde, les divers procédés par lixiviation, la chloruration et la cyanuration.

En même temps, nous passerons en revue d'autres traitements spéciaux, comme ceux par voie de fusion et par voie électrolytique. Des détails seront aussi fournis sur la coupellation, l'affinage, etc.

A ces nombreuses explications seront jointes les descriptions exactes — avec dessins là où le besoin s'en présente — de tous les appareils employés.

*Enfin, nous dirons, en passant, quelques mots de certains minerais auro-argentifères, c'est-à-dire de minerais où l'argent est allié à l'or en quantité suffisante, non seulement pour être recueilli, mais aussi pour nécessiter d'autres procédés d'extraction, etc.*

*Nous ne pouvons nous dispenser d'adresser ici nos meilleurs remerciements aux célèbres constructeurs, MM. Fraser et Chalmers, à Chicago, pour les précieux renseignements qu'ils ont eu l'obligeance de nous fournir.*

*A la fin du volume nos lecteurs trouveront l'index alphabétique d'un grand nombre d'ouvrages à consulter, dont quelques-uns ont été utilisés par nous.*

Octobre, 1895.
114, Faubourg Poissonnière, Paris.

L'AUTEUR.

# L'OR

## CHAPITRE PREMIER

### CHIMIE DE L'OR

L'or et sa valeur. — Ses propriétés physiques. — Ses propriétés chimiques. — Composition de l'or natif. — Minerais aurifères. — Formation des filons aurifères.

### EXAMEN DES MINERAIS AURIFÈRES

Analyse quantitative par voie humide. Essais par voie sèche. Essais par coupellation. Essais au creuset. Essais des alliages d'or.

### L'OR. — SA VALEUR

L'or, déjà connu dans les temps les plus reculés et qui est le plus puissant et le plus universellement répandu des auxiliaires de l'échange commercial, a toujours été regardé comme le roi des métaux. En tout cas, sa rareté et son inaltérabilité font de lui le métal le plus précieux. Sa valeur est extrêmement peu variable. Son taux légal est de 3,444 fr. 44 le kilogramme.

**Propriétés physiques.** — L'or présente une couleur jaune brillant ; c'est un métal lourd ; sa densité est 19,32. Il est malléable, ductile, et peut être réduit en feuilles très minces par le battage. L'or ainsi réduit en feuilles laisse passer une couleur verte, couleur complémentaire du rouge réfléchi par l'or.

L'or n'émet pas de vapeurs perceptibles à la température de nos fours industriels ; mais dans l'arc électrique il fond très rapidement en donnant d'abondantes vapeurs métalliques.

Le point de fusion de l'or fin est de 1045°. Il a alors une couleur bleu-verdâtre. Par le refroidissement il se contracte beaucoup.

L'or cristallise en octaèdres réguliers ou en dodécaèdres rhomboïdaux et en autres formes dérivées du cube. Précipité par le sulfate de fer, l'or offre une couleur brune. En suspension dans l'eau, il laisse passer une couleur bleu-violacée.

**Propriétés chimiques.** — L'or a pour symbole Au, et pour poids atomique 196,6. Il résiste à l'action de l'air et de l'eau dans n'importe quelles conditions, et est inattaquable aux acides nitrique, chlorhydrique et sulfurique. Le mélange des deux premiers de ces acides, et qui est appelé *eau régale*, dissout l'or très rapidement. Le chlore et le brôme le dissolvent également vite. Les alcalis n'ont aucune action sur l'or ; cependant, lorsqu'on chauffe de l'or et un alcali, en présence de l'air, il y a peu à peu absorption d'oxygène et formation d'un aurate alcalin.

L'or en particules fines est rapidement dissous par le cyanure de potassium.

**Composition de l'or natif.** — L'or natif n'est jamais pur. Il renferme presque toujours de l'argent dans des proportions allant quelquefois jusqu'à 40 % et 50 % et est très souvent allié, quoiqu'en faibles proportions, à du fer, du cuivre, du platine, et à d'autres métaux encore. Quelquefois on rencontre de l'or natif en cristaux du système cubique, dont les faces sont mates et les arêtes légèrement arrondies.

L'or de Californie contient très souvent 10 % d'argent : celui de Sibérie est allié au platine. Au Brésil, l'or provenant des couches d'Itabirites de Gongo Socco est riche en palladium.

Les orpailleurs qui exploitent les petits cours d'eau des environs de Gongo Socco en retirent de l'or, de couleur noirâtre, qui renferme jusqu'à 12 % de ce métal. Dans d'autres pays, comme dans la Colombie et le Mexique, le palladium est remplacé dans l'or par un autre métal rare, le rhodium. On en trouve quelquefois de 35 à 40 %.

D'autres fois l'or est aussi allié à l'Iridium. On trouve en assez grande quantité de l'or combiné au Tellure dans le Calaveras County (Californie) et le Boulder County (Colorado.) Dans la Transylvanie, on extrait une espèce minérale appelée nagyagite, c'est un tellurure de plomb aurifère renfermant de 9 à 15 % d'or.

**Minerais aurifères.** — Les minerais métalliques qui renferment souvent de l'or sont : les pyrites arsenicales, les pyrites de fer, la galène, la blende, les cuivres panachés, les cuivres gris et le sulfure d'antimoine. Mais la plus grande partie de l'or provient des alluvions et ensuite des filons quartzeux. Les alluvions sont formés de sables ou d'argiles et de roches ou fragments de roches, siliceuses ou granitiques, désagrégées par l'eau et l'air et entraînées du haut des montagnes par les eaux. Comme on y trouve souvent l'or encore engagé dans sa gangue quartzeuse, il ne peut y avoir de doute sur l'origine de ces alluvions.

L'or trouvé dans les alluvions a la forme de paillettes ou de grains. Ces derniers, lorsqu'ils dépassent un certain volume sont appelés pépites ; on connaît des pépites pesant plusieurs kilogrammes.

Dans le quartz, l'or est en petits grains ou en veines, mais le plus souvent en particules fines et invisibles à l'œil nu.

Les filons quartzeux traversent généralement des schistes talqueux, des schistes micacés ou amphibolifères, des granits,

des porphyres, de la serpentine, etc. — L'or s'étend quelquefois jusque dans les parties avoisinant le filon. Ainsi, au
Sumidouro (Brésil), les schistes en contact avec le filon aurifère sont riches en or.

Sous la rubrique *composition de l'or natif*, nous avons
mentionné l'or allié au palladium provenant des couches
d'itabirites du Brésil. Les roches de ce gisement, particulier
à ce pays, sont formées de fer oligiste, de quartz, d'oxyde de
manganèse, dont la proportion varie, et quelquefois d'un peu
de lithomarge. Elles sont généralement schisteuses, de consistance délicate et entrecoupées par des couches très friables
appelées Jacotinga, qui renferment aussi de l'or.

Ces gisements brésiliens sont d'une extrême richesse. L'or,
très inégalement disséminé, forme parfois des ramifications
qui se détachent en belles lignes jaunes sur le fond noir de la
pierre.

Les sables ocreux de San Benito au Brésil renferment de 30
à 75 grammes d'or par tonne. — Les limonites qui contiennent
de l'or proviennent indubitablement de la décomposition de
pyrites aurifères.

**Formation des filons aurifères**. — On distingue dans
un filon le *toit* ou partie supérieure, et le *mur* ou partie inférieure. La distance entre les deux indique la *puissance* du
filon. La tête du filon, c'est-à-dire la partie la plus voisine du
sol, s'appelle *l'affleurement*, tandis que la partie la plus profonde est nommée *queue*. La *salbande* est la partie qui, dans
le filon, sépare les murs du gîte métallique.

La *direction* d'un filon est l'angle que fait avec le méridien
une ligne tirée par le milieu de la salbande, tandis que son
*inclinaison* est l'angle que fait une ligne perpendiculaire à la
direction, avec le plan horizontal.

Si nous étudions d'une manière générale un filon, nous

remarquons que la partie métallifère est le plus souvent distribuée sous forme de nodules ou de ramifications, ou même déposée directement sur le mur. Dans les filons très réguliers, nous la voyons symétriquement placée entre les couches des différentes substances qui les forment.

Observons, maintenant, que les cristaux qu'on rencontre dans certains filons ont presque toujours leurs pointes dirigées vers l'intérieur, ce qui permet d'admettre qu'ils y ont été déposés par une solution qui remplissait la cavité en fissure, et que c'est par des dépôts successifs, abandonnés par les eaux très chargées en sels minéraux que contenaient les fissures ou fentes, dues soit à des soulèvements ou glissements de terrains, soit à l'action volcanique, que la formation des filons s'est accomplie. Il n'est guère pro-bable que la formation des filons ait eu lieu par une cristallisation simultanée au sein d'un même liquide. La disposition des couches parallèlement superposées des diverses substances qui les composent semble indiquer qu'à plusieurs époques éloignées les unes des autres, les fentes ont été remplies par des eaux de compositions différentes qui y ont déposé des sels dissemblables.

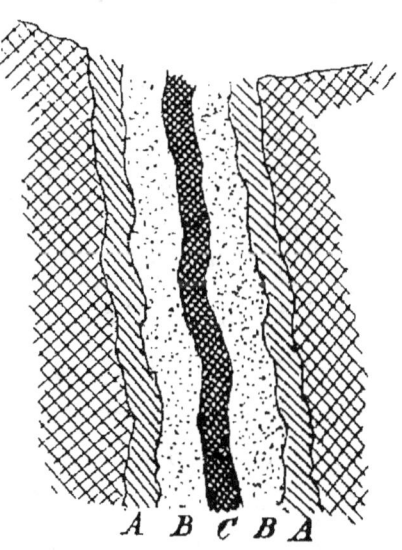

Fig. 1—Filon. — AA représentent des couches de pyrite de fer. BB des couches de quartz. C une couche de minerai de cuivre.

Le quartz, qui est de la silice pure, ne peut être un dépôt de la même solution que le sulfure de fer.

Il est à noter ici que dans un quartz pyriteux, l'or se

trouve plus souvent dans la pyrite que dans le quartz.

La présence presque constante de la pyrite dans les filons quartzeux aurifères montre certaines corrélations avec le dissolvant de l'or.

La pyrite de fer, qui est un sulfure, doit être formée par une sulfuration lente d'un sel de fer, d'un chlorure ou plutôt d'un sulfate. Le sulfate de sesquioxyde de fer, qui dissout l'or en très petite quantité, a très bien pu être sulfuré peu à peu, et abandonner à l'état métallique l'or qu'il tenait en suspension. C'est du reste la théorie généralement admise. Je ne crois pas à un seul dissolvant de l'or.

Le dissolvant de l'or des pyrites devait être acide, et celui de l'or que l'on trouve dans le quartz, alcalin. Quant au quartz, il devait se trouver en solution à l'état de silicate, et l'or à l'état d'aurate alcalin.

L'aurate étant très soluble, l'or pouvait se trouver dans cette dissolution en plus grande quantité que dans une solution de sulfate de fer où il est très peu soluble.

L'or dans les pyrites est en particules très fines, généralement invisibles à l'œil nu, tandis que celui dans le quartz est le plus souvent en grains assez gros, quelquefois même en jolis cristaux octaédriques. Comme nous le verrons plus loin, l'or des pyrites est moins amalgamable que celui du quartz exempt de pyrites et d'autres sulfures. Ce fait a été la cause de bien des insuccès au début de certaines mines du Transvaal, où j'ai vu appliquer à des minerais renfermant passablement de pyrites, et par conséquent réfractaires, le simple procédé au mercure, malgré les avis de gens compétents.

Un grain d'or provenant d'une pyrite, quoique très brillant, ne se combine pas au mercure. J'ai fait à ce sujet de nombreuses recherches, qui, toutes, ont abouti aux mêmes conclusions que celles faites par M. William Skey, qui en a publié

une très intéressante étude. Si on prend un petit grain d'or
avec une pince, car il faut éviter de le toucher avec les doigts
qui sont plus ou moins graisseux, et qu'on le mette en contact
avec du mercure, il n'y a pas amalgamation ; mais si on le
trempe dans un peu d'acide nitrique ou chlorhydrique il devient amalgamable. Cet or ayant été en contact avec de la pyrite,
qui est un sulfure, a provoqué l'étude de l'action des sulfures
et de l'hydrogène sulfuré sur ce métal. De nombreuses expériences ont permis de conclure que l'or, soumis à l'action de
sulfhydrate d'ammoniaque ou d'une solution aqueuse d'hydrogène sulfuré, ne change pas d'apparence, conserve son éclat et
n'est plus amalgable, mais le redevient lorsqu'on le chauffe au
rouge ou qu'on le passe dans l'acide nitrique ou chlorhydrique.
On peut donc admettre qu'à la surface de l'or, il y a eu formation d'une couche excessivement mince de sulfure qui, tout
en lui laissant sa couleur et son brillant, lui a enlevé la propriété de s'amalgamer.

## EXAMEN DES MINERAIS AURIFÈRES

Pour reconnaître l'or libre ou l'or natif dans une roche, il
faut l'examiner soigneusement au verre grossissant. Avec un
peu de pratique il est facile de distinguer l'or du mica et des
pyrites avec lesquelles on le confond facilement : un grain d'or
détaché de sa gangue peut être aplati sous le marteau et coupé,
tandis que les pyrites se réduisent en poudres, et ne peuvent
être coupées. Quant au mica, il offre une cassure incolore.

Les prospecteurs du Sud-Afrique utilisent le « Pan », récipient en fer, à fond plat, ayant environ un pied de diamètre
et une dizaine de centimètres de hauteur et dont la base est
quelques centimètres moins large que le haut. — Cet outil
primitif donne, pour certains minerais, des résultats assez in-

1*

téressants, car il montre pour ainsi dire ce qu'on peut extraire d'or mécaniquement.

L'emploi du pan, très simple en apparence, demande beaucoup de pratique. On le remplit aux trois quart avec du sable ou du minerai réduit en poudre pas trop fine, puis on le place dans une position inclinée sous un mince filet d'eau, en agitant la masse par un mouvement oscillatoire.

Les parties légères de la gangue qui flottent dans l'eau sont entraînées par dessus bord. Après un travail consciencieusement exécuté, il ne reste plus au fond que l'or, mélangé le plus souvent avec les minerais métalliques qui l'accompagnent habituellement, et principalement du fer magnétique. Le sable ferrugineux qui est magnétique peut être enlevé au moyen d'un aimant. On peut aussi laisser sécher ce qui reste dans le pan, puis terminer la séparation en soufflant très légèrement dessus, entraînant ainsi les parties plus légères que l'or. Pour les minerais, quoique très riches en or, dans lesquels celui-ci se trouve en particules invisibles à l'œil nu, cette méthode ne vaut absolument rien, les particules qui flottent dans l'eau étant entraînées par dessus bord. En de tels cas, le chercheur d'or doit être muni de quelques réactifs dont l'application est facile, et qui lui permettent de déceler aisément la présence de l'or. Je crois devoir donner ici quelques détails sur ces réactifs et sur la manière de s'en servir.

Les principaux réactifs de l'or sont le sulfate de fer, l'acide oxalique et le protochlorure d'étain. Ces trois sels doivent être dissous séparément dans l'eau.

Le minerai, très finement pulvérisé, est chauffé avec de l'eau régale (mélange d'acides nitrique et chlorhydrique) dans un récipient en verre ou en porcelaine. Après un certain temps d'ébullition on filtre le liquide. La gangue, en partie insoluble, restera sur le filtre, ainsi que le chlorure d'argent qui a pu se former si l'or renferme de l'argent.

Lorsque cette solution est additionnée de carbonate de soude, il se forme une vive effervescence et tous les métaux qui s'y trouvent, sauf l'or et le platine, sont précipités. Après avoir laissé déposer, on décante. La solution ainsi obtenue permet de rechercher l'or et le platine. A cet effet, on en prend une petite quantité dans un verre et on y verse, goutte à goutte, de l'acide oxalique jusqu'à cessation de l'effervescence. L'or, s'il y en a, se précipite alors sous forme de poudre brune, tandis que le platine reste dans la solution. Cette poudre étant très ténue est très difficile à filtrer, on la laisse donc déposer, puis on décante. Enfin, quelques gouttes de protochlorure d'étain donnent un précipité brun, s'il y a présence de platine.

Le sulfate de fer ajouté à une solution d'or donne également un précipité brun, et la solution, si elle est très étendue, paraît brune par réflexion et bleu violacé par transparence.

Le protochlorure d'étain donne, dans les solutions d'or même très étendues, un précipité brun pourpre, connu sous le nom de pourpre de Cassius.

Si l'on veut constater la présence de l'argent, on verse un peu d'ammoniaque sur le filtre qui a servi à la première filtration et qui contient la gangue. On recueille le liquide ainsi filtré et l'on y ajoute, goutte à goutte, de l'acide chlorhydrique jusqu'à ce que l'odeur de l'ammoniaque ait disparu. Un précipité blanc, devenant cailleboté par agitation, indiquera la présence d'argent. Lorsque cette solution ammoniacale est d'un beau bleu, le minerai renferme passablement de cuivre.

## ANALYSE QUANTITATIVE PAR VOIE HUMIDE

L'analyse quantitative ne peut être faite que dans un laboratoire. Elle est donc hors de portée du chercheur d'or qui ne peut emporter avec lui le matériel d'un chimiste.

Des méthodes d'analyse par voie humide connues, je donne
la préférence à celle par chloruration de Plattner.

L'appareil employé consiste en une grande éprouvette droite,
C munie au bas d'une tubulure avec un bouchon en caoutchouc
par lequel passe un tube de verre communiquant avec un appareil producteur de chlore. Dans le fond de l'éprouvette on
met une couche de quartz ou de verre grossièrement pulvérisé, sur laquelle on verse de 50 à 500 grammes de minerai

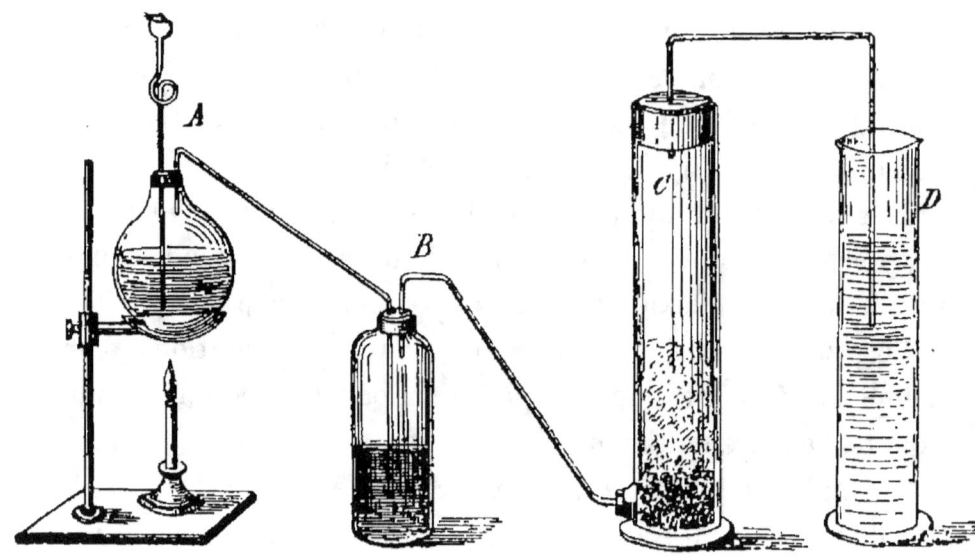

Fig. 2 — Appareil de Chloruration.

pulvérisé et humecté, et préalablement grillé, s'il renferme des
sulfures. Ceci fait, on ferme l'ouverture de l'éprouvette avec un
fort bouchon de caoutchouc percé d'un trou par lequel passe un
tube en verre mis en communication avec un récipient D contenant des copeaux ou de la sciure de bois, imbibés d'alcool
destiné à absorber les vapeurs du chlore. Pendant deux heures,
on laisse passer le courant de chlore qui pénètre par le bas
dans l'éprouvette et qui s'échappe par l'ouverture du haut pour
parvenir dans l'appareil d'absorption.

Le chlore se prépare en chauffant dans un ballon en verre A un mélange de bioxyde de manganèse et d'acide chlorhydrique, que l'on fait passer ensuite dans un flacon laveur B renfermant de l'eau pour retenir l'acide chlorhydrique qui pourrait distiller. Lorsqu'on juge que tout l'or a été dissous par le chlore, on ouvre l'éprouvette et l'on verse sur le minerai de l'eau bouillante que l'on décante sur un filtre. Ces deux dernières opérations sont répétées jusqu'à épuisement. Ces eaux filtrées et bien limpides, auxquelles on ajoute une petite quantité d'acide chlorhydrique, sont concentrées par évaporation jusqu'à expulsion du chlore libre. A cette solution de chlorure on en ajoute une de sulfate de fer, bien limpide et fraîchement préparée, qui précipite l'or à l'état métallique. Puis, après avoir laissé déposer, on décante la solution sur un petit filtre, on lave l'or à l'eau distillée, et on le fait tomber sur le filtre. Ce dernier est ensuite desséché et incinéré dans un petit creuset en porcelaine soigneusement taré. Enfin, on obtient la quantité d'or pur renfermé dans le minerai essayé, en pesant le tout sur une balance très sensible, et en déduisant ensuite de la totalité du poids celui du creuset et celui des cendres du filtre.

Cet essai au chlore peut être remplacé dans le laboratoire par l'essai au brome de Wagner, en laissant pendant un certain temps la quantité de minerai avec de l'eau de brome en digestion dans un flacon à large ouverture et fermé. On procède ensuite comme pour le chlore. Ce procédé permet d'exécuter un plus grand nombre de dosages à la fois.

Mais ces deux méthodes ne sont pas applicables lorsque l'or renferme une forte proportion d'argent, car le chlorure et le bromure qui se forment enveloppent l'or et le rendent inattaquable.

L'essai par amalgamation, très intéressant au point de vue de la recherche d'un procédé de traitement, se fait de la manière suivante : Le minerai réduit en poudre fine et tamisé, est mis dans un récipient avec du mercure (environ 10 grammes de mercure par 1000 grammes de minerai). En la délayant avec un peu d'eau, on triture cette masse pendant un certain temps. Le mercure absorbe l'or, et l'amalgame formé se sépare de la masse par un lavage soigné. Cet amalgame est séché, puis mis dans un creuset et chauffé jusqu'à expulsion du mercure. L'or qui reste est pesé. On verra plus loin comment il faut le traiter lorsqu'il contient de l'argent. Cet essai donnera l'or amalgamable. La moyenne de plusieurs essais indiquera très approximativement le rendement en grand par le procédé au mercure. Il est naturellement nul en présence de sulfures.

**Essais par voie sèche.** — L'essai par coupellation est le plus généralement employé dans les mines (il y en a malheureusement beaucoup où aucun essai se fait), car un essayeur peut en même temps en exécuter un assez grand nombre. L'essai par coupellation comporte deux opérations : La première, qui consiste à faire passer les métaux précieux dans du plomb, est appelée scorification ; la seconde, qui a pour but de séparer l'argent et l'or du plomb, est la coupellation proprement dite.

On met dans un scorificatoire, récipient en forme de coupe, en terre très serrée, de 5 à 10 grammes du minerai à essayer, soigneusement pesé et préalablement grillé, s'il renferme des sulfures. Ce minerai est additionné d'environ 15 fois son poids de plomb pauvre, en grenailles. Une moitié de ce métal est mélangée au minerai, l'autre le recouvre. On y ajoute encore un peu de borax, puis on introduit le scorificatoire dans le moufle chauffé au rouge d'un fourneau à coupellation. L'ouverture du moufle est fermée avec des charbons pour activer la fusion. Le contenu du scorificatoire étant en fusion, on laisse entrer un peu d'air en [ouvrant le moufle. Le minerai et le plomb s'oxydent rapidement et l'opération est terminée quand le plomb, entièrement recouvert d'une couche de scorie, ne peut plus s'oxyder. On referme alors le moufle pour lui donner un coup de feu, pour rendre la scorie plus liquide et pour permettre aux globules de plomb disséminés de se réunir au globule principal.

Au moyen d'une pince de forme spéciale, on sort le scorificatoire et on le laisse refroidir ; puis, à l'aide d'un marteau on sépare le culot de plomb de la scorie et du scorificatoire. On peut aussi verser très rapidement le contenu du scorificatoire dans une lingotière de forme spéciale préalablement frottée avec de la craie pour éviter l'adhésion qui pourrait se produire pendant le refroidissement de la masse. Le culot obtenu renferme

Fig. 3 — Four de coupellation.

donc l'or et l'argent qui étaient dans le minerai. D'après la couleur de la scorie, l'aspect du culot de plomb et la manière dont il se comporte sous le marteau, on pourra juger si l'opération a été bien conduite.

Pour retirer l'or et l'argent du culot, il faut maintenant passer à la coupellation proprement dite. Cette opération est basée sur la propriété de l'or et de l'argent de ne pas émettre de vapeurs perceptibles et de ne pas s'oxyder, tandis que

Fig. 4 — Coupelle.

le plomb s'oxyde très rapidement et donne de la litharge, qui dissout les autres oxydes métalliques tout en laissant l'or et l'argent inattaquables. La coupellation se fait dans des coupelles que l'on trouve dans le commerce, mais que l'on peut très bien établir soi-même en comprimant dans un moule en fer, du modèle voulu, des cendres d'os légèrement humectées. Les coupelles ainsi préparées doivent être conservées pendant quelques mois dans un endroit bien sec. Séchées trop rapidement, elles sont sujettes à se fendiller à la chaleur du moufle, ce qui rendrait les essais impossibles. Une coupelle peut absorber deux fois son poids de plomb réduit en oxyde. Dans la pratique, le plomb ne doit guère peser plus que la coupelle.

Fig. 5 — Moufle.

Les coupelles sont introduites dans le moufle au moment de l'allumage. Le plancher du moufle doit être recouvert de cendres d'os, et il faut placer les coupelles dans un ordre déterminé. Lorsque le moufle est porté au rouge orange, on pose sur chaque coupelle, au moyen d'une longue pince, le culot qui lui est destiné. Après avoir fermé l'ouverture du moufle avec une brique rouge ou des charbons, on chauffe fortement pour amener la fusion du plomb. Quand la pellicule qui s'est formée sur le plomb a disparu, on ouvre un peu l'ouverture du moufle pour commencer l'oxydation. Le plomb s'anime alors d'un mouvement giratoire et s'oxyde, au fur et à mesure à sa surface, en donnant de la litharge qui s'écoule vers les bords de la coupelle où elle est immédiatement absorbée. C'est le moment où il faut prêter le plus d'attention à l'essai, et examiner avec le plus grand soin la marche de l'opération. Lorsque la température du moufle est trop élevée, la fumée qui se dégage de la coupelle monte perpendiculairement ; quand, au contraire, elle est trop basse, elle se dégage latéralement et paraît ramper sur ses bords. L'essai est en bonne voie quand la fumée monte en serpentant. La couleur de la coupelle est alors rouge-brun et il se forme sur ses bords des petits cristaux d'oxyde de plomb. Bientôt apparaissent des bandes irisées qui se meuvent avec rapidité. En ce moment le plomb n'est plus recouvert que d'une mince couche de litharge. Comme on approche de la fin de la coupellation et que le métal qui s'appauvrit en plomb demande de plus en plus de chaleur pour se maintenir en fusion, on donne un coup de feu. Bientôt le phénomène de l'irisation cesse, le globule métallique est terne et tranquille et apparaît finalement dans toute sa pureté. On dit qu'il produit l'éclair. Si la coupellation a été bien exécutée, l'or ou l'argent, ou le mélange des deux, est presque pur. On laisse refroidir lentement pour éviter les projections qui proviennent de la propriété de l'argent d'absorber de l'oxygène lorsqu'il est en fusion, car cet oxygène est expulsé avec violence si le refroidissement est trop rapide. On retire ensuite les boutons des coupelles avec des pinces, on les nettoie soigneusement avec le gratte-boesse, et on les pèse.

Si l'on veut déterminer exactement la quantité d'or renfermée dans le bouton, on le plie dans une petite feuille de plomb avec trois fois son poids d'argent et on le fond à nouveau sur une coupelle. — On verra plus loin, sous la rubrique sur les alliages d'or, le traitement que ce nouveau bouton aura à subir.

**Essais au creuset.** — Ce procédé permet de soumettre à l'essai une plus grande quantité de matière. Il a, en outre, l'avantage de compenser un peu le manque d'homogénéité de la plupart des minerais, chose importante pour les minerais d'or dans lesquels la dissémination de ce métal est fort inégale. Dans ce procédé, on ajoute directement à l'essai de la litharge au lieu de la produire aux dépens du plomb par oxydation, comme dans la scorification. Pour réduire une partie de la litharge à l'état métallique, on ajoute à l'essai un peu de charbon.

Pour un quartz aurifère on prend 1 partie de minerai — généralement 25 grammes — 1 partie de carbonate de soude sec, 2 parties de litharge et un peu de borax. Ce mélange,

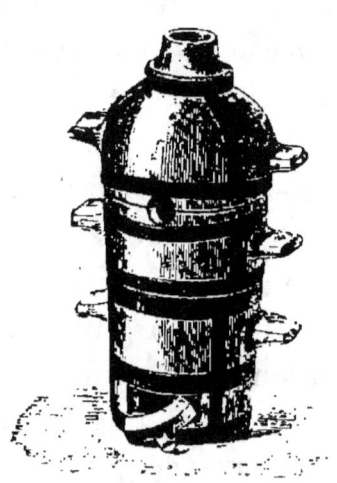

introduit dans un creuset en terre, ne doit le remplir qu'aux trois quarts. Ce creuset muni d'un couvercle est placé dans un four à reverbère. Lorsque la masse est en fusion, on y jette, en plusieurs fois, un mélange composé de 60 grammes de litharge et de 2 grammes de charbon en poudre fine. Après cela on donne un bon coup de feu, on retire le creuset du four et on le frappe à plusieurs reprises, fort légèrement, sur une brique pour réunir les globules qui nagent dans la

Fig. 6 — Four à reverbère

scorie, au culot de plomb formé dans le fond. Le refroidissement effectué, on casse le creuset et, au moyen d'un marteau, on sépare le culot des scories et des fragments de creuset, puis on le passe à la coupellation comme il a été vu plus haut. — Les minerais riches en pyrites doivent être préalablement grillés. En ce cas, les quantités de fondants sont les mêmes, sauf celle pour le borax qui doit être plus grande. Au lieu de soumettre le minerai au grillage, on peut aussi l'oxyder pendant la fonte au moyen de nitrate de potasse. Les alluvions, dont la teneur est le plus souvent très faible, sont généralement enrichis par avage avant d'être essayés.

**Essais des alliages d'or.** — Avant de procéder à l'analyse exacte, on est obligé de déterminer approximativement le titre de l'alliage au moyen de la pierre de touche et des touchaux. On appelle touchaux des alliages de titres connus. Une personne exercée peut, au moyen des touchaux, estimer le titre d'un alliage à un centième près. On fait, avec le lingot à essayer en même temps qu'avec les touchaux, des touches ou traces sur une pierre à essayer, qu'on mouille avec quelques gouttes d'eau régale. Si la touche est faite avec du cuivre seul, elle disparaît presque instantanément. Si elle résiste elle est faite avec un alliage à 750 millièmes et au-dessus.

Au moyen d'un linge fin on enlève l'acide, puis on compare les traces du lingot avec celles des touchaux, ce qui permet d'établir d'une manière assez exacte le titre de l'alliage. Ce titre servira à calculer la quantité d'argent à ajouter à l'alliage pour obtenir plus tard un bon départ. On appelle inquartation l'addition d'argent à l'alliage.

Le départ est la séparation de l'or de l'argent, au moyen d'un traitement à l'acide nitrique qui dissout l'argent sans attaquer l'or. Toutefois, si la quantité d'argent n'est pas assez grande, celui-ci ne peut être entièrement dissous, car il est en quelque sorte englobé dans l'or. La pratique a démontré qu'il faut que l'or soit à l'argent dans la proportion de 1 partie d'or à 3 parties d'argent. On pèse donc très exactement $0^{gr},5$ d'alliage qu'on plie dans un petit morceau de papier avec l'argent nécessaire. Cet argent et l'alliage peuvent aussi être pliés dans une petite feuille de plomb.

Cinq grammes de plomb sont mis dans une coupelle portée au rouge. Lorsqu'il est fondu et que la surface en est bien nette, on y ajoute le petit cornet de papier qui renferme l'argent et l'alliage. La coupellation se fait alors comme nous l'avons expliqué plus haut. Le bouton obtenu est nettoyé, puis aplati sur une enclume avec un marteau. D'un seul coup bien appliqué le bouton prendra la forme d'une rondelle qui, au moyen de deux coups de marteau, doit être amincie à deux extrémités opposées, de manière à pouvoir être facilement introduite entre les cylindres d'un petit laminoir. La petite lame ainsi obtenue par laminage est enroulée sous forme de spirale ou de cornet, au moyen des doigts ou d'une pince à bouts ronds.

Ce cornet, mis dans un matras d'essayeur (ballon en verre à col très long) avec 30 à 35 grammes d'acide nitrique marquant 22° Beaumé, est chauffé sur un brûleur Bunsen. Après une vingtaine de minutes d'ébullition, on ajoute encore 20 à 25 grammes d'acide nitrique à 32°, puis on laisse bouillir encore de 5 à 10 minutes. L'acide étant soigneusement décanté, on lave à l'eau distillée, puis le matras est entièrement rempli d'eau et retourné avec précaution sur un petit creuset en terre poreuse, de manière à y faire tomber le cornet sans le détériorer. Ceci fait, on retourne le matras à nouveau, puis on enlève l'eau du creuset que l'on dessèche et chauffe au rouge dans un moufle sans, toutefois, arriver à faire fondre l'or. Chauffé ainsi, le cornet perd sa couleur brunâtre et reprend le brillant et la couleur de l'or. Il devient aussi moins fragile. Une fois refroidi, on peut au moyen d'une petite pince, le détacher du creuset sans risque de le casser, et enfin le porter sur la balance pour le peser exactement. Le titre obtenu n'est pas le vrai titre, car, même si on opère avec le plus grand soin, l'or du cornet n'est jamais chimiquement pur. Il renferme le plus souvent une faible quantité de plomb, d'argent ou de cuivre. Cette surcharge varie beaucoup avec la température du four et d'autres circonstances.

Pour la coupellation d'un alliage riche en or et qui ne nécessite, par conséquent, qu'une petite quantité de plomb, la surcharge est faible. Avec un alliage renfermant beaucoup de cuivre on doit employer davantage de plomb et le titre obtenu est inférieur au vrai titre, car il y a absorption d'une certaine quantité d'or par la coupelle. Quant aux alliages de 600 à 700 millièmes d'or, ils donnent par coupellation leur titre réel. L'exposé suivant peut servir de table de comparaison et permet, avec de légères corrections ou modifications, d'obtenir toute l'exactitude voulue pour la coupellation des alliages d'or.

| TITRES OBTENUS | TITRES VRAIS | DIFFÉRENCE |
|---|---|---|
| 900,25 | 900 | + 0,25 |
| 800,50 | 800 | 0,50 |
| 700,00 | 700 | 0,00 |
| 600,00 | 600 | 0,00 |
| 499,50 | 500 | — 0,50 |
| 399,50 | 400 | 0,50 |
| 299,50 | 300 | 0,50 |
| 199,50 | 200 | 0,50 |
| 99,50 | 100 | 0,50 |

Il y a des cas où l'on peut avoir à déterminer, non seulement l'or ou l'argent, mais les deux séparément. Lorsque l'alliage renferme une forte quantité d'argent, la pesée de l'or qui reste au départ est beaucoup plus délicate, car il est sous forme de poudre et non pas de cornet. Si l'on a à essayer un alliage ne renfermant pas plus de 15 % d'argent et que l'on veuille éviter l'inquartation et la coupellation, on peut le traiter directement par l'eau régale qui dissout l'or et laisse l'argent sous forme de chlorure insoluble. Cette méthode n'est applicable qu'aux alliages dont la teneur en argent est inférieure à 15 %, car, autrement, le chlorure d'argent englobe l'or et le soustrait ainsi à l'action dissolvante du chlore. La quantité pesée est mise en digestion dans un gobelet en verre, avec l'eau régale. On remue celle-ci sans cesse pour détacher de l'alliage le chlorure d'argent qui se forme, et cela jusqu'à complète dissolution de l'or. Ensuite, étendue d'eau distillée, on l'abandonne jusqu'à ce que le chlorure d'argent se soit déposé, puis on le filtre, on le lave sur le filtre, on le sèche et on le calcine dans un creuset en porcelaine soigneusement taré. Après concentration du liquide par évaporation et expulsion de l'acide nitrique par additions successives d'acide chlorhydrique, l'or en dissolution est précipité par le sulfate de fer.

Le sulfate de fer peut être remplacé par l'acide oxalique, mais en ce cas il faut éliminer la plus grande partie de l'acide chlorhydrique par évaporation, avant d'additionner le liquide d'acide oxalique. Après avoir fait bouillir ce liquide, on le laisse reposer 12 heures, puis on le filtre, on lave l'or sur le filtre, et on le calcine avec ce dernier dans un creuset en porcelaine taré.

On peut aussi déterminer par coupellation la teneur en or et en argent d'un alliage en procédant de la manière suivante : On coupelle d'abord un essai avec la quantité voulue d'argent, puis on soumet au départ le bouton obtenu. Un autre échantillon est ensuite coupellé, mais sans addition d'argent. Dans les deux cas, les métaux oxydables sont éliminés, et la différence de poids entre le cornet et le bouton obtenu par coupellation sans inquartation indique la quantité d'argent.

## SÉPARATION DE L'OR, DU CUIVRE, DU PLATINE, DE L'IRIDIUM, DU PALLADIUM, DU RHODIUM, etc.

**Or et cuivre.** — Comme le cuivre a beaucoup plus d'affinité pour l'or que pour l'argent, il s'en sépare moins facilement. Aussi doit-on pour la coupellation augmenter considérablement la proportion de plomb afin d'assurer son oxydation et son élimination ultérieure dans la litharge. Le titre approximatif étant connu, on peut indiquer pour la coupellation les quantités de plomb suivantes :

| TITRES APPROXIMATIFS | QUANTITÉS DE PLOMB NÉCESSAIRES |
|---|---|
| 1000 millièmes. . . . . . . . | 1 partie |
| 900 » . . . . . . . . | 10 parties |
| 800 » . . . . . . . . | 16 » |
| 700 » . . . . . . . . | 22 » |
| 600 » . . . . . . . . | 24 » |
| 500 » . . . . . . . . | 26 » |
| 400 » . . . . . . . . | |
| 300 » . . . . . . . . | 34 » |
| 200 » . . . . . . . . | |
| 100 » . . . . . . . . | |

Quoiqu'il n'y ait aucun inconvénient d'augmenter la proportion de plomb, il reste malgré cela toujours un peu de cuivre avec l'or. La séparation du cuivre étant facilitée par la présence d'un peu d'argent, il y a intérêt à ajouter une certaine quantité de ce métal avant la coupellation. La meilleure proportion est de $2 \frac{1}{2}$ parties d'argent pour 1 partie d'or.

**Alliage renfermant du platine.** — La présence du platine dans un alliage d'or et d'argent se reconnaît facilement à certains signes caractéristiques pendant la coupellation et le départ. Le bouton reste aplati sur la coupelle et est terne et mat. Si l'alliage renferme seulement 2 % de platine, la dissolution dans l'acide nitrique prend une teinte jaune faible. Lorsque la proportion du platine est plus élevée, le cornet recuit présente une couleur d'un jaune pâle tout à fait caractéristique.

Dans un alliage d'or, de platine et d'argent, on peut, si la quantité du dernier métal est faible, procéder comme suit : On dissout la prise d'essai dans l'eau régale, puis on sépare par filtration le chlorure d'argent et on le lave sur le filtre. Le liquide filtré est additionné de chlorhydrate d'ammoniaque, puis concentré à petit volume (pas à sec, car il y aurait réduction du chlorure d'or). Il est ensuite étendu d'alcool à 80 $\%$ auquel on a ajouté un peu d'éther. Par filtration on sépare ensuite le chlorure double de platine et d'ammoniaque, et on le lave sur le filtre avec de l'alcool. Enfin, après dessiccation on calcine le précipité avec le filtre dans un creuset en porcelaine taré. La différence entre le poids du platine et celui obtenu par inquartation, coupellation et départ d'un autre échantillon indique l'or.

On peut aussi déterminer dans les boutons, l'or, l'argent et le platine de la façon suivante : Le bouton, pesé, laminé et roulé en cornet est soumis à l'ébullition avec de l'acide sulfurique. L'argent se dissout, l'or et le platine restent. Ces derniers sont pesés, puis coupellés avec 3 parties d'argent et un peu de plomb. Le bouton obtenu est traité par l'acide nitrique qui dissout le platine et l'argent et laisse l'or inattaqué. Par pesée de ce dernier et par différence, on aura donc le poids du platine. Le platine, insoluble d'ordinaire dans l'acide nitrique, se dissout cependant dans ce liquide lorsqu'il est allié à l'argent. Sa dissolution est même complète quand ce dernier métal se trouve en forte quantité.

**Or et iridium.** — L'iridium étant insoluble dans l'eau régale, il suffit de traiter par ce réactif l'or qui en renferme ; puis de séparer par filtration le résidu insoluble qu'on calcine avec le filtre, après l'avoir lavé et séché.

**Or et palladium.** — En présence de palladium on fond l'essai avec 3 parties d'argent, et on le soumet au départ comme un essai ordinaire. Le palladium se dissout en même temps que l'argent. Celui-ci est séparé du liquide par précipitation au moyen de chlorure de sodium ; quant au palladium, il est réduit par le zinc dans la liqueur filtrée. Cette façon de procéder est identique à celle suivie pour l'extraction du palladium de l'or de Gongo-Socco, dont nous avons eu l'occasion de parler.

**Or et rhodium.** — L'analyse de l'or contenant du rhodium, très délicate à exécuter, peut s'opérer comme suit : L'alliage est additionné de 3 parties d'argent, puis coupellé et soumis au départ. L'or rhodifère est ensuite fondu dans un creuset en platine avec du bisulfate de potasse, dans lequel le rhodium se dissout en donnant un sulfate double de rhodium et de potassium, qui colore la masse en rouge. On enlève par décantation la partie fluide et on la remplace par une nouvelle quantité de bisulfate de potasse. Cette opération est répétée jusqu'à ce que la matière se colore à peine. L'or, séparé par décantation de la plus grande partie du bisulfate, est soumis alors à l'ébullition avec de l'eau distillée. Finalement, il est filtré, lavé sur le filtre, puis séché et calciné dans un creuset taré.

**Or et plomb.** — Cet alliage peut être directement coupellé. S'il renferme une quantité d'or trop faible, on soumet plusieurs échantillons à la scorification, puis on traite dans une seule coupellation les culots obtenus.

**Or et étain.** — L'étain aurifère est soumis à un grillage oxydant, puis scorifié avec du plomb et du borax. Le culot de plomb ainsi obtenu est ensuite coupellé.

**Or et bismuth.** — Comme le plomb, le bismuth donne un oxyde fusible, très fluide et absorbable, les alliages or et bismuth peuvent donc être directement soumis à la coupellation.

# CHAPITRE II

Quelques mots sur les pays qui possèdent des mines d'or. — Les sables aurifères. — La battée. — Le sluice. — Le procédé hydraulique. — Préparation mécanique des minerais. — Concasseurs. — Cylindres broyeurs. — Bocards (*généralités*).

## QUELQUES MOTS SUR LES RÉGIONS AURIFÈRES

L'or est répandu à la surface de la terre sur un très grand nombre de points. Presque toutes les contrées de l'Europe possèdent des minerais aurifères. Malheureusement, en beaucoup d'endroits l'or est en quantité trop faible pour être exploité. Ainsi, on en trouve dans les sables du Rhin, du Danube, de l'Aar, de l'Arve et dans beaucoup d'autres fleuves et rivières, mais nulle part il n'est récolté avec suite.

L'Europe ne fournit jusqu'à présent que fort peu d'or.

L'*Angleterre* possède de l'or dans le pays de Galles, en Cornouailles et en Irlande.

L'*Autriche* a quelques filons où l'or se trouve associé au tellure.

Du temps des Romains, la Gaule passait pour être riche en or. Les mines ont-elles été épuisées ou ignore-t-on leur emplacement ? car aujourd'hui on n'exploite plus aucune mine d'or en France. A signaler, cependant, la présence de l'or à la Gardette (Isère), dans les filons de cuivre gris de Plancher-les-Mines (Savoie), dans la stibéine de Pontvieux (Puy-de-Dôme), à Cieux et Vaulry dans le Morbihan, etc., etc.

En *Italie* on connaît de longue date les gisements quartzeux et pyriteux du Mont Rose et des vallées d'Aoste et d'Anzasque, ainsi que les filons du Val Toppa et Pestarena.

Les filons les plus riches de l'Italie se trouvent dans les montagnes qui séparent la vallée du Gorzente de celle de la Piota (Mines de Frasconi). Ils sont contenus dans des roches serpentines à fissures parallèles et remplies d'une gangue formée de fragments de ces roches soudées par du quartz ; leur puissance maximum est de 0,25 et leur richesse varie de 60 à 175 grammes d'or par tonne de minerai. On est même en train d'entreprendre leur exploitation.

On peut aussi signaler quelques filons pyriteux aurifères en *Suisse*.

La Russie était jadis à la tête des pays producteurs d'or. Cette prépondérance, elle a dû la céder à l'Australie, aux États-Unis et au Transvaal ; mais comme elle possède d'immenses étendues d'alluvions qui ne sont pas exploitées, et que les riches filons recélés par la Sibérie ne le sont qu'à peine, sa production pourra bien un jour reprendre le dessus.

De nombreux minerais et sables venant de Suisse, de France et d'Italie ont été examinés par nous. Bien peu méritent qu'on s'y arrête. Cependant, au moyen de procédés bien adaptés et bien appliqués, on pourrait en quelques endroits réaliser des bénéfices.

Les autres parties du monde sont toutes plus riches en or que l'Europe. — Nous allons les passer en revue très succinctement.

**Amérique.** —Le pays le plus riche en or de cette partie du monde est, sans contredit, la Californie. Ce précieux métal s'y rencontre sous toutes ses formes. On le trouve surtout dans des bancs d'alluvions considérables qui s'étendent le long de la Sierra Nevada. Ces bancs sont formés de trois assises: La surface est composée d'argiles, la partie moyenne de sables, et la partie inférieure de graviers de différentes grosseurs. Cette dernière partie est la plus riche en or.

Parmi les nombreux filons exploités en Californie, les plus importants sont ceux qui se trouvent à la ligne de séparation des granits et des schistes quartzeux. Le *Mother-lode* (littéralement le filon mère) a une épaisseur qui va de 50 à 100 pieds. Sa plus grande épaisseur est là où il est composé de quartz et d'ardoise en fragments. Ce filon peut avoir une longueur d'environ 95 kilomètres. Il est en plus grande partie composé de quartz renfermant environ 1 % de sulfure. Le mur est en ardoise ou en *grünstein*, et le toit est en ardoise métamorphique.

Il y a encore de nombreux placers dans le Colorado, au Montana, au Dakota, en New-Mexico, etc.

**Afrique.** — Au Transvaal l'or se trouve dans un conglomérat en quantités très variables: depuis de simples traces jusqu'à quelques cents grammes par tonne. Ces conglomérats, appelés *Banket reefs* dans le Sud-Afrique, sont très intéressants comme formation. Très variables d'aspect et de couleur, ils sont composés de quartz, de quarzite et de cailloux roulés (galets) consolidés par une matière cimenteuse formée d'oxyde de fer, de sable et d'argile. En certains endroits, ce conglomérat est traversé par de la diorite. La partie cimenteuse est quelquefois tendre, quelquefois dure. Cette dureté est même souvent telle qu'en cassant la roche on brise plutôt les cailloux que le ciment qui les unit. C'est pourtant dans ce dernier que se trouve l'or, et cela généralement en petits grains, à angles vifs, aucunement arrondis par l'eau et ne ressemblant guère à l'or d'alluvion. Cet or y a probablement été amené sous forme de sels aurifères pendant la formation en bassin des bankets.

Dans le Witwatersrand, on exploite des filons quartzeux et des conglomérats de diverses teintes et plus ou moins pyriteux.

Au Lydenberg, l'or se trouve en filons quartzeux et dans un conglomérat cristallin entre des couches de schistes imparfaits de grès (sandstone) et de schistes.

A Kaap Valey, les filons de quartz et de quartzite, renfermant quelquefois aussi de la pyrite, sont presque verticaux. Ils se trouvent entre des couches de schistes et de schistes imparfaits.

La formation des environs de Klerksdorp consiste en grünstein, en quartzite, en schiste, en grès, en ardoise et en silex pyromaque (chert). En certains endroits elle est très régulière, en d'autres elle est modifiée. Dans certaines roches, j'ai trouvé du platine en assez grande quantité.

Le Matabeleland, le Swaziland, le Bechuana et les possessions portugaises sont aussi très riches en or.

**Australie.** — Dans le Victoria, la plupart des filons quartzeux aurifères traversent le Silurien supérieur ; peu seulement traversent l'inférieur. L'épaisseur des filons varie énormément : Il y a des filons qui n'ont que quelques millimètres tandis que d'autres atteignent quelques pieds.

Dans la Nouvelle-Galles du sud les dépôts aurifères sont généralement formés de grünstein.

En Nouvelle-Guinée, on trouve de l'or dans un sable noir, dans des roches quartzeuses, dans des conglomérats et dans des amas d'ardoises décomposées.

Dans le Queensland, il y a de l'or dans des alluvions provenant de la désagrégation de roches métamorphiques, de granits et de syénites, ainsi que dans les filons quartzeux qui traversent ces roches.

Dans la Nouvelle-Zélande, des filons qui traversent des

2°

roches métamorphiques recèlent de l'or. On en trouve aussi dans les rivières, dans le fond de quelques vallées et quelquefois aussi au bord de la mer, dans un conglomérat mélangé avec du fer magnétique.

De l'*Asie* qui est aussi riche en or, je ne citerai que *Ceylan* où les principaux filons traversent des roches micacées et chloritiques, et les *Indes* où l'on rencontre l'or en alluvions et en filons.

**Les sables aurifères.** — Le prospecteur à la recherche de sables aurifères qui trouve des paillettes d'or dans le lit d'une rivière, a grande chance de rencontrer des grains plus gros s'il en remonte le courant. Et la présence de tels grains lui permet même de compter sur la découverte de pépites dans les montagnes où celle-ci prend sa source. Cela se comprend : l'eau qui lave le minerai, qu'elle désagrège peu à peu, entraîne les parties les plus légères au loin, et laisse les plus lourdes en route. Les dépôts les plus riches des rivières se trouvent le plus souvent aux endroits où celles-ci changent de direction ou de pente. Lorsqu'au tournant rapide d'une rivière il se forme d'un côté un trou profond et de l'autre des amas de sable avec pente douce, c'est sur cet amas que le prospecteur a le plus de chance de trouver ce qu'il désire. Lorsqu'on trouve dans un courant d'eau des paillettes d'or, tous les amas ou dépôts de sables ou de graviers qu'on rencontre en amont méritent d'être attentivement examinés à la loupe et essayés à la battée.

**La battée.** — C'est le premier instrument utilisé pour le lavage des alluvions. Ce procédé, très rudimentaire, permet de laver dans une journée de 400 à 500 kilogrammes de sables. La battée, qui, dans certaines mines comme, par exemple, au Brésil, donne encore de beaux bénéfices, admet le travail individuel. Elle a été remplacée par le berceau, sorte de coffre sans couvercle à base rectangulaire et incliné vers un des petits côtés qui reste ouvert. Ce coffre est suspendu dans un bâti à un cadre de manière à pouvoir osciller. Le fond est formé d'une toile métallique ; au-dessus de cet appareil est placée une grille sur laquelle on verse l'alluvion qu'on arrose de temps en temps. Les boues et le sable très fin traversent la grille et la toile métallique. Les gros graviers restent sur la première, tandis que la plus grande partie des grains d'or et d'autres particules minérales sont retenus sur la deuxième.

La masse ainsi recueillie sur la toile est ensuite lavée à la battée. Ces appareils ont été beaucoup améliorés dans la suite par l'adjonction de nouveaux dispositifs permettant d'absorber l'or au moyen de mercure.

**Le sluice.** — Après le berceau vint le sluice qui, par la grande quantité de terre qu'il permet de traiter, fit une véritable révolution dans le traitement des sables. Le sluice est une espèce de canal formé de planches, d'inclinaison variable et ayant souvent une très grande longueur. Le fond des sluices, quoique fait de planches non dégrossies, serait vite usé et poli par le frottement des graviers et, par conséquent, rendu incapable de retenir les paillettes, s'il n'était doublé d'une claire voie faite de baguettes ou de lattes en bois placées longitudinalement et transversalement. Ce double fond n'est pas cloué sur le fond, mais fixé de manière à être facilement enlevé pour en permettre le curage.

Le sluice est parcouru par un courant d'eau détourné d'une rivière, qui désagrège et entraîne les terres versées au sommet par les mineurs. L'or, par sa densité, roule sur le fond du canal, est retenu soit par les aspérités, soit par le mercure dans lequel il se dissout, tandis que les boues, le sable et les graviers sortent à l'autre extrémité du sluice. La pente et la quantité d'eau doivent être déterminées d'après la nature des

graviers à entraîner. C'est avec une pente faible et une quantité
d'eau moyenne qu'on recueille le plus d'or. De temps en temps,
le sluice doit être arrêté pour récolter l'or et pour recueillir
l'amalgame qu'on distille. Avec de tels appareils, qui permettent de laver des quantités énormes de sables, les mineurs ont
pu s'attaquer aux placers des montagnes, vastes dépôts formés
par les désagrégations de roches aurifères.

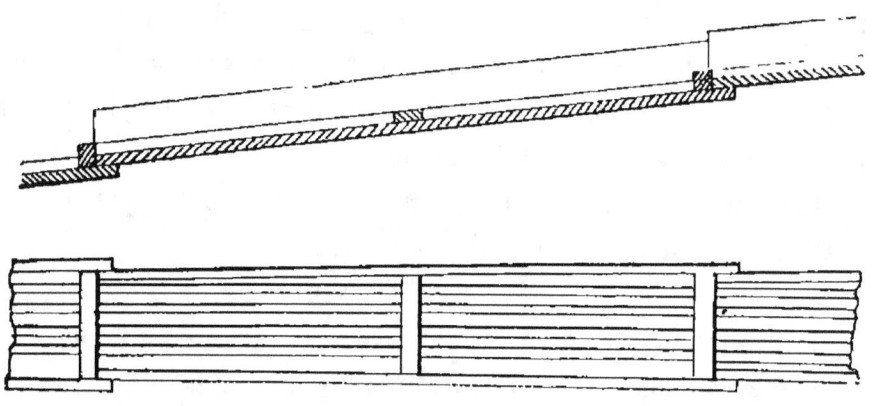

Fig. 7 — Coupe et Plan d'un sluice.

Tel fut le point de départ du procédé connu sous le nom de
*procédé hydraulique*, procédé qui consiste à désagréger les
amas par de puissants jets d'eau qu'on amène depuis les hau-
teurs des montagnes au moyen de canaux et de tubes en fer
résistants qui, souvent, ont des longueurs considérables. Les
terres désagrégées et entraînées par les eaux passent ainsi par
d'immenses sluices. Une fois l'alluvion soigneusement sondé,
on construit un tunnel en pente, destiné à transporter bien
en dessous du banc d'exploitation l'eau et les débris de lavage.
La pente doit être assez considérable pour diviser la matière
et éviter ainsi les engorgements. Ce tunnel est creusé de manière à aboutir au point le plus bas du bed-rock, c'est-à-
dire à la base extrême de l'alluvion. Les sluices commencent
dans le tunnel et s'étendent en plein air jusqu'à l'endroit

où l'on veut décharger les débris appauvris. On établit généralement deux rangées de sluices reposant sur les mêmes
sommiers et communiquant par des vannes, de manière à ce que
l'on puisse travailler soit dans les deux à la fois, soit seulement
dans l'une ou l'autre. Les sluices sont rarement construits en
ligne droite ; on leur fait, de préférence, décrire une grande
courbe pour éviter que le courant entraîne trop de terre sans
la désagréger complètement. En ce cas, on donne aux bords
extérieurs des sluices une plus grande hauteur, afin de prévenir
les projections. Le dallage de ces sluices se fait, soit avec des
pièces de bois, soit avec des blocs de pierre. Le plus souvent
ces deux matériaux alternent. Les interstices entre les blocs
sont garnis de mercure.

Dans certains bancs d'alluvion, la couche inférieure seule est
riche, elle est quelquefois même d'une grande richesse. De
telles couches sont exploitées au moyen de tunnels ou de puits.

Le procédé hydraulique nécessite des frais d'installation considérables, surtout lorsqu'il faut capter l'eau à de très grandes
distances et au moyen d'immenses barrages. D'autre part, il
arrive que les énormes quantités de sable amenées par ce
procédé dans les rivières, les obstruent complètement, donnant
ainsi lieu à des inondations dévastatrices.

En Californie, les affluents du Sacramento y déversaient,
dans le temps, de telles quantités de sable, que la baie de
San-Francisco, dans laquelle ce fleuve se jette, en a été obs-
truée. D'immenses bancs s'y étaient formés, et les dommages
que causèrent ces rivières dans plusieurs territoires, furent
tellement grands que le gouvernement s'est vu obligé d'in-
tervenir. Défense fut alors faite aux mineurs qui se servent
du procédé hydraulique de jeter leurs *tailings* dans les rivières. Dans l'impossibilité de trouver d'autres déversoirs
suffisants, le travail a dû être arrêté dans beaucoup de mines.

## PRÉPARATION MÉCANIQUE DES MINERAIS

Les minerais, avant d'être soumis au traitement métallurgique ou chimique, sont réduits en poudre. Cette préparation mécanique varie avec la dureté du minerai. On
se sert d'abord de concasseurs qui brisent le minerai en petits
fragments, puis de bocards ou moulins qui réduisent ces fragments en poudre. Pour ce dernier travail on prend des caisses
en fer dans lesquelles manœuvrent sans cesse cinq pilons. Un
filet d'eau coule constamment dans cette caisse, que nous
appellerons mortier, puis s'échappe par un des côtés fermé
par une toile métallique, en entraînant toutes les particules
légères, au fur et à mesure qu'elles se forment. L'or, débarrassé
de sa gangue, étant beaucoup plus lourd, tombe toujours au
fond du mortier où il est en partie absorbé par du mercure.
Quant au reste, constamment rejeté contre les parois du mortier par le choc des pilons et le mouvement de l'eau, il se
prend sur des plaques de cuivre amalgamées qui garnissent
ces parois, ou il est entraîné avec le minerai pulvérisé à
travers la toile métallique. De là il passe sur une série de
tables recouvertes de plaques de cuivre amalgamées avant
d'arriver aux sluices dont le fond est garni de couvertures sur
lesquelles s'arrêtent encore de l'or et d'autres particules lourdes.

Ces couvertures sont plongées dans un baquet d'eau. Le
sable qui s'en détache et se dépose dans le baquet est traité
ensuite dans des appareils d'amalgamation. Le travail des moulins est à peu près le même que celui des bocards.

**Concasseurs.** — Le concasseur Blake, connu généralement sous le nom de concasseur américain, permet, avec 8 à
10 chevaux de force, de réduire en fragments environ 75 à
80 tonnes de minerai en 24 heures. — La partie principale de
ce concasseur se compose d'une forte plaque en fonte, com-

mandée par un excentrique au moyen de pièces jouant le rôle

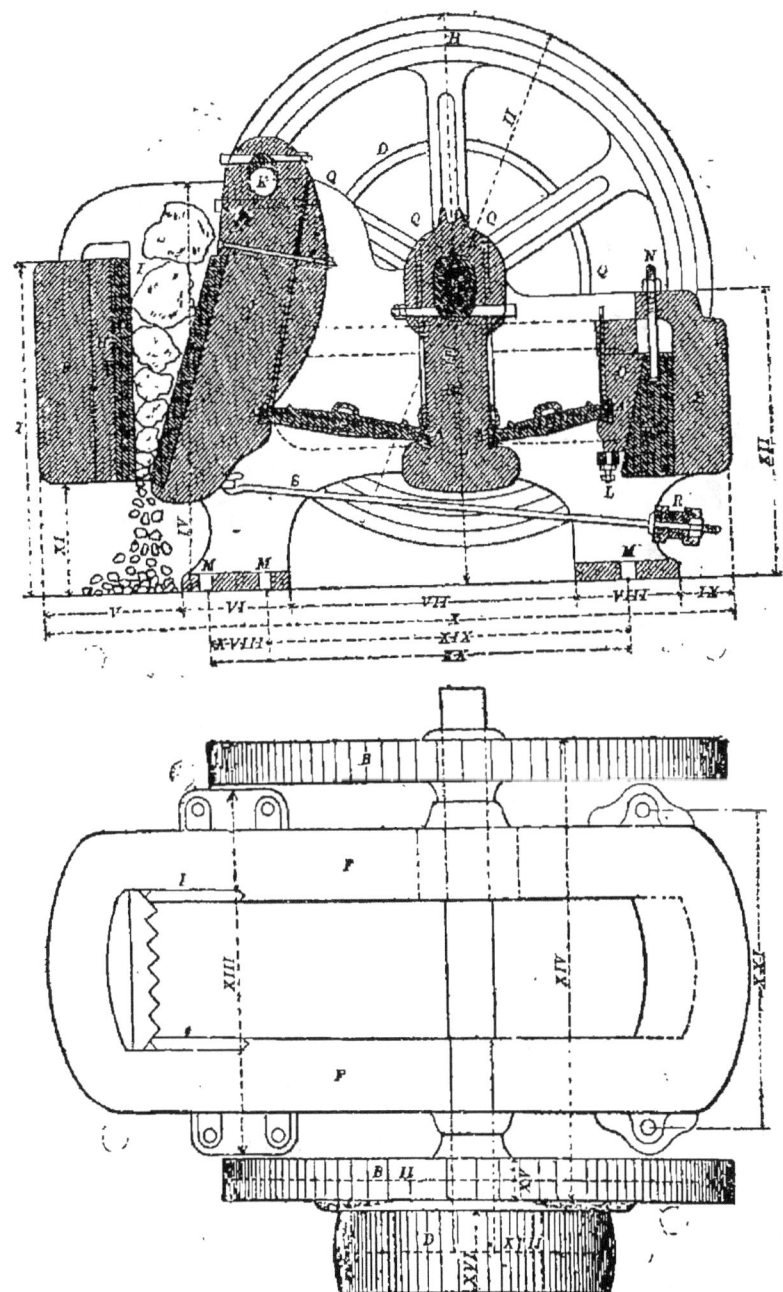

Fig. 8 — Coupe et plan du concasseur Blake.

de levier. Cette plaque s'approche et s'éloigne alternativement d'une autre plaque également en fonte, fixée et placée verticalement contre l'intérieur du bâti. Ce bâti, en fonte, est généralement coulé en une seule pièce et muni de pieds, ce qui permet de le fixer solidement sur un soubassement en maçonnerie.

Les gros morceaux de minerai sont introduits entre les deux plaques et sortent à la partie inférieure en morceaux dont la

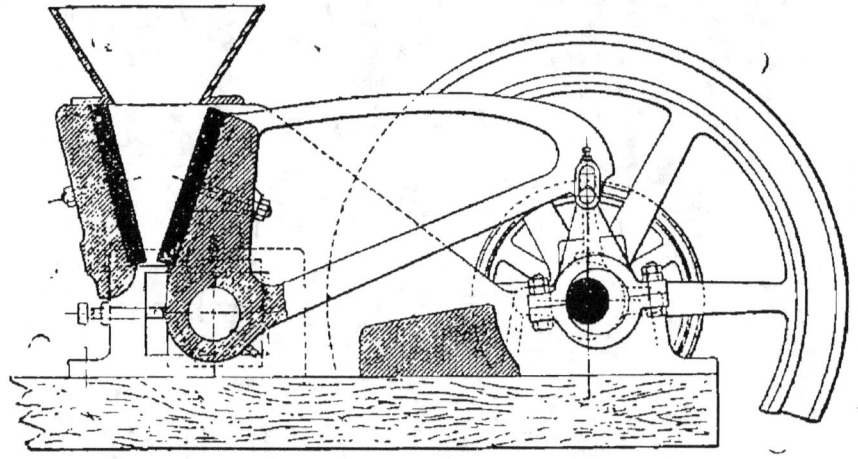

Fig. 9 — Concasseur Dodge.

grandeur est déterminée par l'écartement donné aux deux plaques.

Dans le concasseur Dodge, qui est aussi très employé, la machine a, à sa partie supérieure, un mouvement moins étendu, de sorte que les fragments obtenus sont plus fins et plus uniformes. Le concasseur Dodge est surtout employé dans les mines munies de moulins Huntington.

Il nous reste encore à citer le concasseur Hall, passablement répandu, et qui donne aussi de très bons résultats.

**Cylindres broyeurs.** — Cet appareil, moins souvent employé pour le minerai d'or, se compose de deux cylindres très résistants qui tournent autour d'axes métalliques dans les coussinets d'un solide bâti en fonte. L'écartement de ces cylindres est obtenu au moyen de vis de rappel qui permettent de régler la distance voulue. Le minerai, versé dans une tré-mie au-dessus des cylindres, est entraîné par eux et réduit en fragments. On dispose souvent plusieurs paires de cylindres les unes au-dessus des autres. Les cylindres inférieurs qui reçoivent le minerai des cylindres, supérieurs dont l'écartement est plus grand, le broient en fragments plus fins.

**Bocards** (*généralités*). — Les bocards sont, sans contredit, les plus employés et les meilleurs des appareils qui servent à

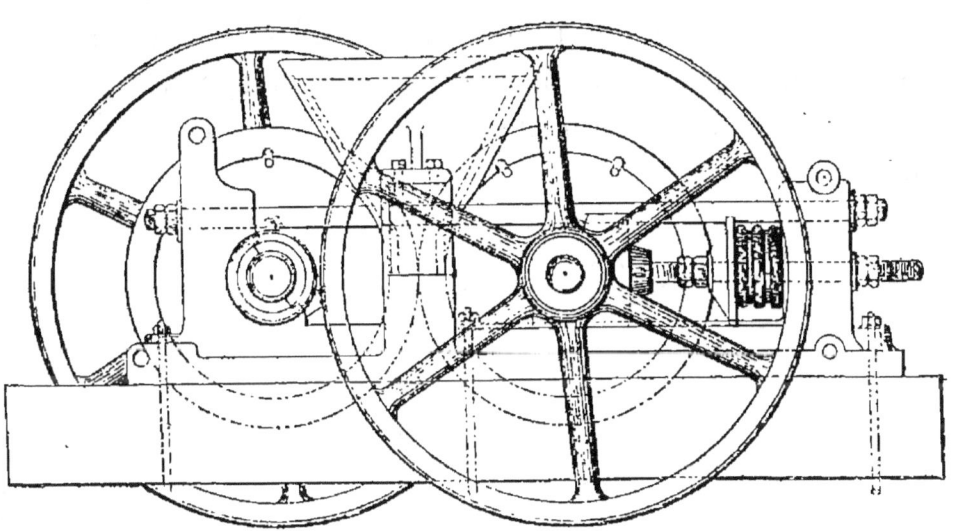

Fig. 10 — Cylindres Broyeurs.

réduire en poudre le quartz aurifère. Ils représentent, en plus grand, le travail d'un mortier avec son pilon. Les bocards sont presque tous construits sur le même modèle ; ils offrent donc très peu de différence entre eux. La partie essentielle du bocard est le pilon formé d'une solide tige de fer portant à sa partie inférieure un lourd sabot en fer. Le pilon, amené à une certaine hauteur au moyen d'une came, retombe de tout son poids sur le fond du bocard. La came ressaisit le pilon et le mouvement continue. Suivant le minerai à broyer, on varie la hauteur de la chute et le poids du sabot. Les chutes les plus faibles sont employées pour les broyages les plus fins.

L'auge du bocard peut recevoir diverses dispositions pour l'écoulement de l'eau et l'évacuation du minerai. Généralement, l'une des parois longitudinales est fermée à une certaine hauteur par une toile métallique, la dimension des mailles de celle-ci déterminera la grosseur maximum du minerai entraîné. Quelquefois l'un des côtés de l'auge est moins élevé et le déversement de l'eau entraîne le minerai par dessus. On appelle une batterie les 5 pilons dont les auges sont ordinairement pourvues. Les batteries de 3 pilons ne servent guère que pour des essais de traitement.

# CHAPITRE III

**Fondation.** — La batterie doit être établie sur une base
solide, afin d'éviter les ébranlements qui occasionneraient des
pertes de force considérables. A cet effet, on enlèvera la terre
jusque sur le roc, puis celui-ci sera soigneusement dressé et
recouvert d'une couche de sable fortement damée. La tranchée
doit laisser autour des mortiers un espace de 60 centimètres.
Les blocs de bois sur lesquels seront fixés les mortiers ont
besoin d'être bien dressés. Ils peuvent être faits de plusieurs
pièces solidement maintenues entre elles au moyen de boulons. La hauteur de ces blocs varie suivant la profondeur de
la tranchée et la hauteur au-dessus du niveau du sol, à laquelle on veut placer les mortiers. La section horizontale des
blocs est égale à celle de la base des mortiers.

Pour donner plus de solidité aux blocs et pour augmenter
leur surface de contact avec le sol, la partie supérieure de chaque bloc est pourvue de 2 pièces longitudinales encastrées dans
les deux côtés, et fortement maintenues entre elles par des

boulons. Avant de les mettre en place sur leur lit de sable, il faut goudronner les blocs.

Dans un moulin composé de plusieurs batteries tous les blocs sont alignés au cordeau, de manière à ce que toutes les faces aient le même plan horizontal ; et l'espace laissé libre dans la fosse est rempli de gravier, tassé par petites couches successives.

Les blocs sont alors prêts à recevoir les mortiers ; ceux-ci y sont fixés au moyen de 6 à 8 boulons ayant $0^m,035$ de diamètre et environ 1 mètre de longueur. Les têtes des boulons sont logées dans des cavités taillées dans la face du bloc, et les écrous de serrage reposent sur le rebord de la semelle des mortiers.

**Charpente**. — Pour la charpente destinée à supporter l'arbre à came et les guides des pilons, on dispose à la fondation un certain nombre de semelles longitudinales sur lesquelles d'autres semelles, perpendiculaires à l'arbre de couche, sont fixées avec des boulons. Sur ces mêmes semelles reposent les montants de la batterie maintenus par des contreforts en bois placés en sens inverse de l'effort produit par les courroies de transmission. Si cela est nécessaire, ces contreforts peuvent être resserrés, au moyen de tirants dont ils sont munis.

La hauteur des montants varie, suivant la hauteur des pilons, entre 5 et 6 mètres. Ils ont en moyenne $0^m,30$ sur $0^m,60$.

Dans les moulins de 10 pilons les deux mortiers sont desservis par le même arbre à cames, qui, en ce cas, n'est supporté que par 3 montants, sur lesquels sont boulonnées deux entretoises, auxquelles sont fixées les guides des pilons. — L'entretoise supérieure est placée près de la tête des montants et l'entretoise inférieure à environ $0^m,30$, — $0^m,35$ du bord des mortiers. Actuellement, on construit des charpentes en fer, qu'on n'a plus qu'à ajuster sur place.

**Mortier.** — Le mortier (voir Fig.) est en fonte et mesure 1ᵐ,40 de long sur 1ᵐ,20 de haut.

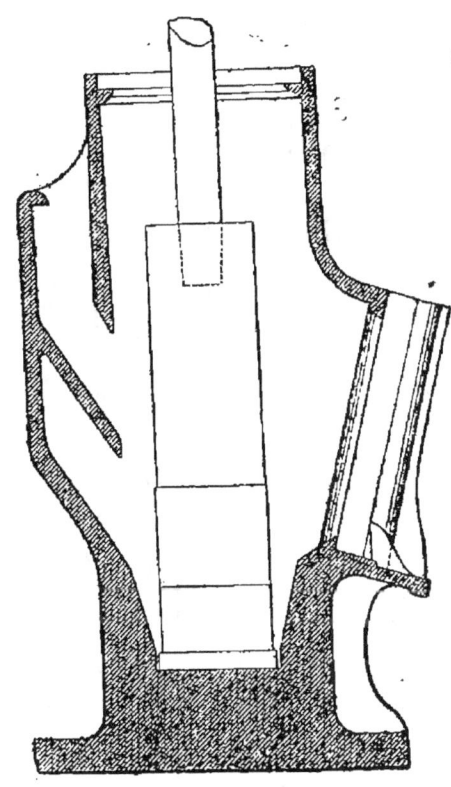

Fig. 11 -- Coupe d'un mortier.

Le fond a, en général, 0ᵐ,075, rarement davantage. Pour éviter l'usure trop rapide des parois près des l'intérieur de certains mortiers est garni de plaques en fonte de 0ᵐ,025 d'épaisseur et de 0ᵐ,60 de hauteur, faciles à remplacer lorsqu'elles sont hors d'usage. Ces plaques, bien ajustées, sont simplement posées en place.

L'ouverture destinée à l'introduction du minerai a 0ᵐ,10 de large et s'étend sur toute la longueur du mortier du côté opposé à celle destinée à l'évacuation. Le cadre des grilles et la caisse à éclaboussures, tous deux en fonte, sont boulonnés sur un rebord de 0ᵐ,075 qui s'étend tout autour de l'ouverture ménagée sur le devant du mortier. — Le cadre aux grilles peut être perpendiculaire ou incliné. Le fond du mortier est garni de dés qui touchent presque aux plaques en fonte.

Le mortier est recouvert de planches de forte épaisseur maintenues en position par des boulons fixés aux côtés du mortier. Ces planches se rejoignent au centre de la ligne des flèches et portent des entailles demi-cylindriques pour le passage des tiges des pilons.

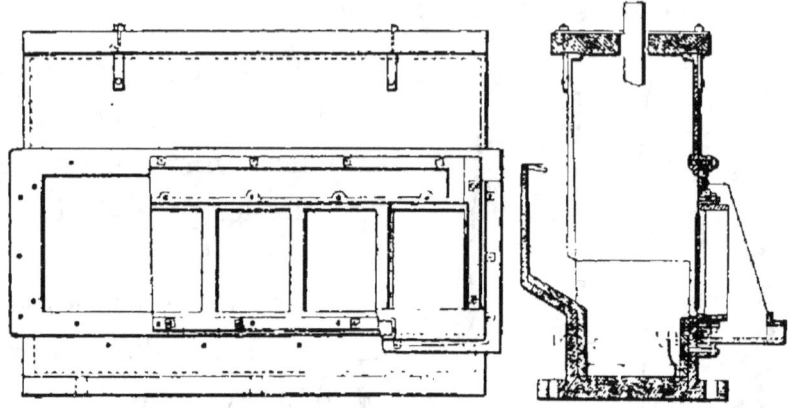

Fig. 12 — Vue de face d'un mortier. Fig. 13 — Coupe d'un mortier.

**Dés.** — Les dés sont des pièces mobiles en fer ou, ce qui vaut encore mieux, en acier chromé, avec embases carrées qui par juxtaposition garnissent presque entièrement le fond du mortier. Les angles des embases sont généralement coupés, ce qui permet d'enlever plus facilement les dés, lors du nettoyage. Le diamètre de la partie cylindrique est de $0^m,25$.

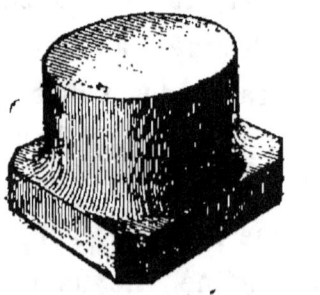
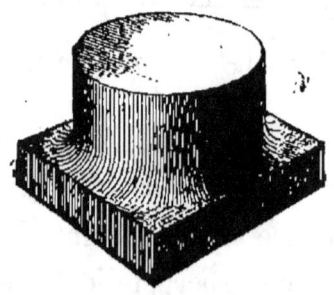

Fig. 14 — Dé. Fig. 15 — Dé.

Chaque mortier renferme cinq dés sur lesquels viennent à frapper les cinq pilons.

**Le pilon.** — Le pilon se compose de la tête, de la flèche, du taquet et du sabot.

*La tête.* — La tête est une pièce cylindrique en fonte, ayant 0<sup>m</sup>,25 de diamètre et habituellement de 0<sup>m</sup>,40 à 0<sup>m</sup>,50 de hauteur. Elle est munie de deux trous opposés, destinés, l'un à recevoir la flèche, l'autre à recevoir la saillie conique du sabot. Une mortaise pratiquée à travers la tête, vers le fond de ces deux trous, permet d'y introduire un coin en acier pour chasser la flèche et le sabot, en cas de bris ou d'usure.

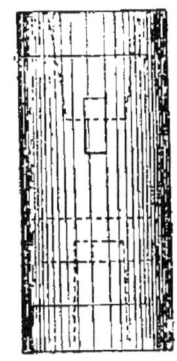

Fig. 16 — Tête.

*La tige ou flèche.* — La tige est une barre ronde en fer forgé, variant en longueur de 3<sup>m</sup>,90 à 4<sup>m</sup>,50, et ayant de 0<sup>m</sup>,075 à 0<sup>m</sup>,08 de diamètre. Cette tige, tournée sur toute sa longueur, est légèrement conique à ses deux extrémités de manière à pouvoir servir dans les deux sens. Car, comme elle casse le plus souvent très près de la tête, on a ainsi la faculté de la retourner au lieu de la remplacer.

*Le taquet.* — Le taquet est un cylindre en fonte ayant ordinairement de 0<sup>m</sup>,225 à 0<sup>m</sup>,275 de diamètre sur 0<sup>m</sup>,25 de hauteur. Il est percé au centre d'un trou destiné à recevoir la tige ou flèche. Un ingénieux système de calage permet de le fixer très solidement sur la tige tout en facilitant son déplacement lorsque l'usure des sabots le nécessite, ou pour toute autre réparation. Le taquet dont nous

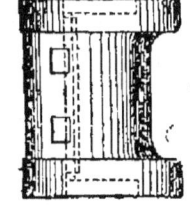

Fig. 17 — Taquet.

donnons une coupe et un plan, est glissé sur la tige à la hauteur voulue. Au moyen d'un marteau, on fait ensuite pénétrer fortement dans les ouvertures *A* des coins en acier qui com-

priment contre la tige la pièce de fer *B*. Cette petite pièce introduite dans le moule avant la fonte du taquet, duquel elle ne peut

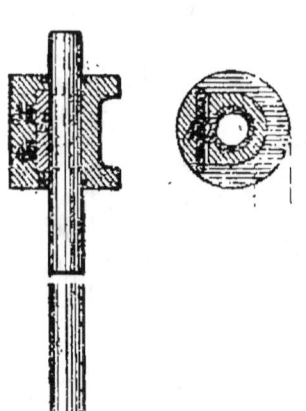

sortir, mesure environ 0ᵐ,05 de largeur
et est un peu plus courte que celui-ci.
La face serrée contre la tige a la même
courbure que cette dernière ; celle sur
laquelle s'appuient les coins est plane
Le taquet usé à une des extrémités
peut être retourné, car elles sont identi-
ques.

Fig. 18 — Coupe et plan
montrant le calage du
taquet.

*Le sabot.* — Le sabot est en fonte
blanche, coulée au sable et refroidie
lentement, ou en acier. Il porte à la
partie supérieure une pièce conique
destinée à être enchassée dans le bas
de la tête. Le diamètre du sabot est de 0ᵐ,25 et sa hau-

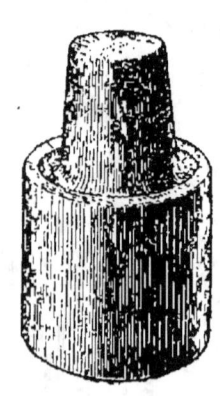

teur varie de 0ᵐ,15 à 0ᵐ,20. La partie
conique a généralement 0ᵐ,12 de hauteur
et 0ᵐ,12 de diamètre à sa base, et pénètre
dans la tête avec un jeu de quelques millimètres. Pour mettre le sabot en place,
on fixe autour de la partie conique quelques petits morceaux de bois que l'on
maintient avec une ficelle, on e
pose dans le mortier sur le dé corres-
pondant, puis on laisse tomber la tige et
la tête préalablement emboîtées. Pour fa-

Fig. 19 — Sabot.

ciliter l'enchâssement, on donne quelques coups de marteau sur la tête de la tige. Avant de mettre le pilon en
marche, on a soin de poser un morceau de planche entre
le sabot et le dé. La quantité de bois intercalée entre la partie

conique du sabot et la tête doit être assez grande pour empêcher le bord de cette dernière de toucher au bord du
sabot.

**L'arbre à cames.** — L'arbre à cames est en fer forgé,
tourné sur toute sa longueur. Il
a généralement 0ᵐ,075 de diamètre. Son centre est éloigné
de 0ᵐ,075 de la ligne des tiges.
Il dessert habituellement 10 pilons, dont le poids doit être ré-
parti le mieux possible. Ainsi
supporté par 3 paliers fixés dans
les montants, il est muni à une
extrémité d'un appareil d'embrayage communiquant à l'arbre de la poulie, et à l'autre d'un

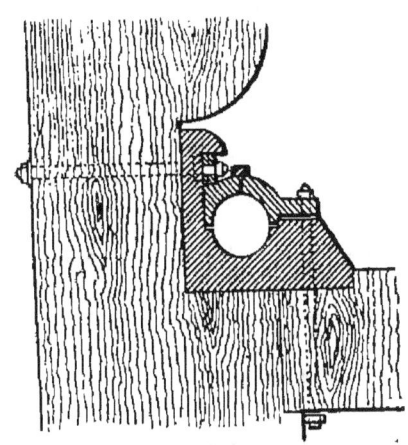

Fig. 20 — Palier.

collier formant épaulement contre le palier, empêchant ainsi
le jeu latéral.

*Cames.* — Les cames sont des pièces en fonte, formées
d'un moyeu, et de deux
bras diamétralement op-
posés, destinés à soule-
ver les taquets. La sur-
face de contact des bras
contre le taquet a une
largeur de 0ᵐ,05 et leur
section transversale a la
forme d'un T. Le frot-
tement entre la came et
le taquet oblige le pilon
à tourner sur lui-même,

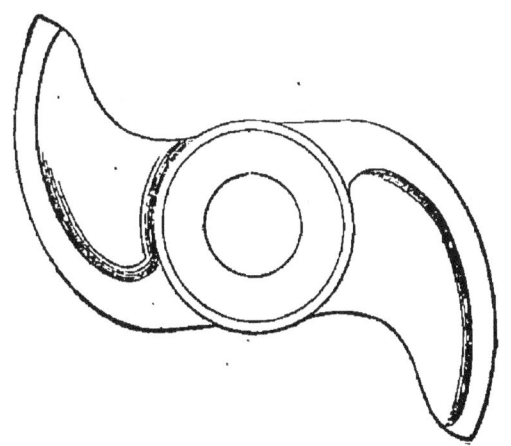

Fig. 21 — Came.

ce qui rend l'usure du sabot plus régulière.

**Grilles**. — Les grilles sont des feuilles en fer ou en cuivre perforées, ou des treillis en fil de fer ou en fil de laiton. Ces derniers, ayant plus d'ouvertures sur une même surface qu'une feuille perforée, permettent une évacuation plus rapide. Les grilles sont un peu plus grandes que les panneaux sur lesquels elles sont maintenues par des cadres en fer fixés au moyen de boulons. Pour obtenir des joints parfaits, on entoure le cadre de morceaux de drap ou de couverture. Les grilles inclinées sont préférables aux grilles perpendiculaires ; leur décharge étant plus rapide.

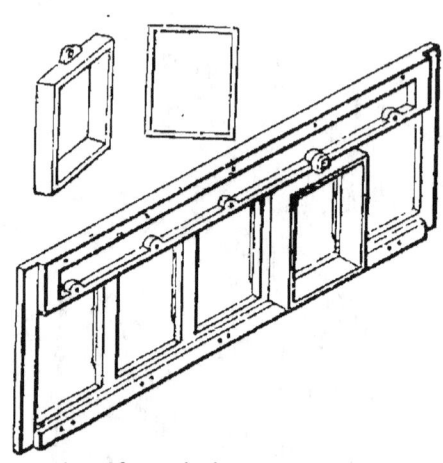

Fig. 22 — Cadre aux grilles.

**Les supports**. — Les supports sont destinés à tenir les pilons suspendus. Un support est composé d'une barre en bois munie à son extrémité d'une pièce de fonte demi cylindrique, qui repose sur un arbre en fer fixé dans les montants de la batterie. Pour suspendre un pilon, il suffit d'intercaler entre la came et le taquet une pièce de bois de manière à hausser le dernier. Le support est alors avancé contre la tige, puis on laisse tomber le pilon qui est arrêté par le taquet en venant buter sur la tête du support. Chaque pilon a son support qui est ramené en arrière pendant la marche de la batterie.

**Les guides**. — Les guides sont des pièces de bois dur fixées sur les entretoises du bâti et destinées à guider les tiges dans leurs mouvements ascendants et descendants. Elles sont à égales distances de l'arbre à cames et composées de deux pièces formant coussinet, que l'on peut resserrer au fur et à mesure de l'usure, au moyen de boulons qui les rattachent à l'entretoise.

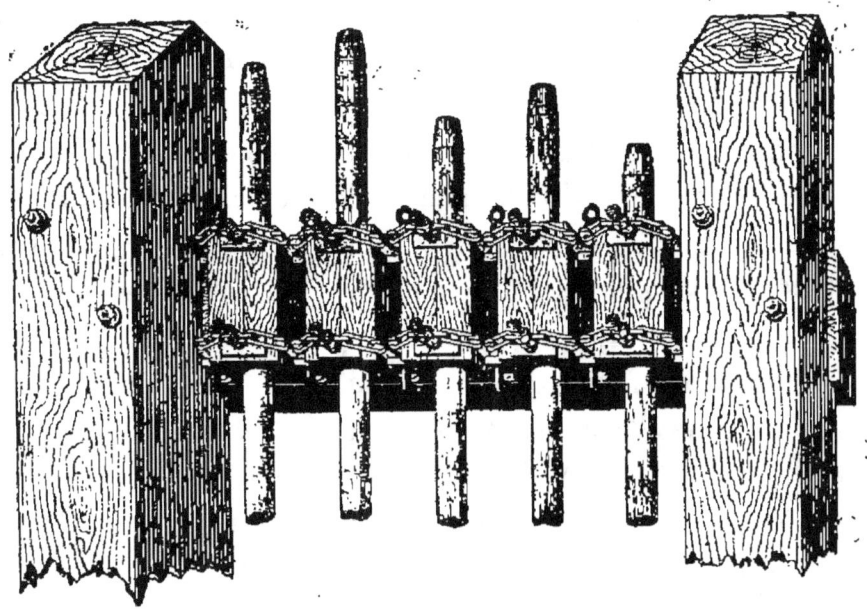

Fig. 23 — Guides.

**Caisse à éclaboussures**. — La caisse à éclaboussures est en fonte. Elle est pourvue de trois trous de décharge et peut être fixée au mortier avec des boulons. On rend également les joints étanches au moyen de morceaux de couverture.

**Distributeur d'eau**. — La conduite principale d'eau venant du réservoir arrive au milieu de la ligne de pilons et se bifurque en deux conduites se-

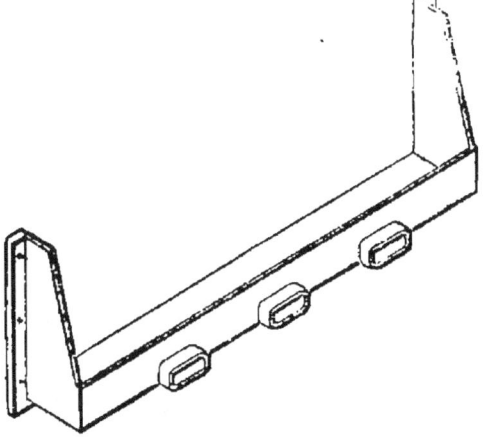

Fig. 24 — Caisse à éclaboussures.

condaires parallèles aux mortiers ; ces conduites sont munies d'un ajutage par pilon, avec valve pour la régularisation du débit, qui est d'environ 5 à 6 litres par minute et par pilon.

**Bacs de dépôt.** — Les bacs de dépôt sont utilisés dans les mines où l'on traite le minerai aux pans d'amalgamation ou moulins à cuve. Au sortir de la batterie, la pulpe s'écoule par une conduite en bois dans de grands bacs de dépôt, également en bois, et qui ont ordinairement 2<sup>m</sup>,70 de longueur sur 1<sup>m</sup>,50 de largeur et 0<sup>m</sup>,90 de hauteur. Ces bacs, qui servent toujours en très grand nombre, sont divisés en deux catégories : ceux à pulpe et ceux à slimes. Chaque bac à pulpe est suivi d'un bac à slimes dans lequel s'écoule l'excédent d'eau du premier. Dans quelques mines l'eau des bacs à slimes se déverse encore dans de grands réservoirs où il se forme un nouveau dépôt souvent bon à être traité. Lorsque les bacs sont à peu près pleins de pulpe et de slimes, on enlève l'excès d'eau au moyen d'un siphon ; quant à la pulpe et aux slimes, ils sont puisés avec une poche et déversés sur un plancher égoutteur situé derrière les pans, et qui s'étend sur toute la longueur du moulin. L'eau boueuse qui en découle tombe dans des bacs à slimes où elle se dépose à nouveau.

La main-d'œuvre du déchargement des bacs et du chargement des pans est considérable, ce qui explique la faveur avec laquelle a été accueilli le système continu du procédé Boss, avec lequel la pulpe, au sortir de la batterie, est directement traitée dans les pans. — Ce procédé est décrit plus loin.

**Amalgamation et mise en place des plaques de cuivre. — Emploi d'amalgames d'or et d'argent.** — La préparation des plaques de cuivre est une opération délicate et très difficile à exécuter. Une plaque n'est vraiment bonne que lorsqu'elle est recouverte d'une couche d'amalgame d'or, ce qui exige plusieurs jours. On choisit de préférence, à cet effet, des plaques de cuivre recuites au sortir du laminoir.

Dans le cas où l'on ne peut disposer de telles feuilles, on en prend qu'on recuit de manière à les rendre perméables au mercure. Plus elles sont épaisses, mieux elles conviennent, et plus elles sont durables. Ces plaques sont dressées au maillet de bois et fixées sur les tables, larges de $1^m,45$ avec des clous en cuivre, assez longs pour pouvoir les rabattre par dessous. Ainsi fixées, les plaques sont frottées avec des cendres ou, mieux encore, avec un peu de sable et de soude caustique, ce qui les nettoie et les débarrasse des matières graisseuses qui pourraient empêcher l'amalgamation. Après un lavage avec une solution de cyanure de potassium, les plaques sont brossées avec un mélange de sable, de sel ammoniac et d'un peu de mercure, jusqu'à ce que la surface soit complètement amalgamée. Finalement, on leur fait absorber le plus de mercure possible.

On peut aussi décaper rapidement les plaques de cuivre en les frottant avec un linge imbibé d'acide nitrique dilué. Lavées ensuite, on les recouvre d'une solution de cyanure de potassium, puis on les traite comme il a été expliqué plus haut.

Comme les plaques ainsi préparées demandent quelques jours pour être suffisamment couvertes d'une couche d'amalgame d'or, c'est-à-dire pour être prêtes à servir, ce qui donne lieu à des pertes de temps et d'or, il est préférable de les recouvrir artificiellement d'un peu d'amalgame d'or qu'on prépare en dissolvant de l'or dans du mercure. On peut les traiter de même avec de l'amalgame d'argent, facile à préparer et beaucoup plus économique ; on l'applique en en frottant les plaques avec un chiffon trempé dans du sel ammoniac. Le mercure employé doit être de très bonne qualité, ne renfermer ni plomb, ni zinc, ni arsenic, ni antimoine.

**Plaque d'amalgation argentées.** — Il nous reste à parler des plaques d'amalgamation argentées par galvano-plastie. Ces plaques, quoique plus chères, comme dépense première, sont sans contredit les meilleures et les plus économiques à employer dans une mine qui commence à fonctionner. Elles sont recouvertes d'une couche d'argent de 30 à 35 grammes par 100 centimètres carrés. Elles ne demandent aucune préparation, sauf une légère couche de mercure qui y adhère très rapidement, alors que les plaques de cuivre ordinaires doivent subir, avant de pouvoir servir, un polissage et un amalgamage suffisant, et souvent même il se présente des ennuis dûs au vert de gris qui se produit. En outre de cela, il faut environ deux semaines pour préparer et amalgamer une plaque de cuivre avant qu'elle ne soit prête à être mise en usage.

**Distributeur automatique Tulloch.** — Dans beaucoup de mines le minerai est distribué avec la pelle, aux mortiers des batteries. Malgré le grand nombre de distributeurs automatiques qui ont été construits, ce système est encore très répandu.

Le distributeur Tulloch, très connu (voir Fig. 25) se compose d'une trémie A, dans laquelle on verse le minerai qui tombe sur une petite table mouvante B, qui, à son tour, le déverse dans le mortier de la batterie. Le travail de cette table s'accomplit par l'intermédiaire d'un mouvement combiné, venant de la tige I, surmontée d'une tête C, placée de manière à être en contact avec le taquet du pilon central de la batterie dont elle suit par conséquent la marche. L'amplitude des mouvements de la table dépendra de la longueur du parcours de la tige I.

Lorsque le mortier est vide, le pilon tombe de toute sa hauteur, entraîne C sur une longue distance et occasionne ainsi la chute d'une forte quantité de minerai. Si, à cause du minerai qui reste dans le mortier, le pilon ne peut tomber sur les dés, il ne parcourt qu'une distance moins considérable et la quantité de minerai déversé dans le mortier est moins grande.

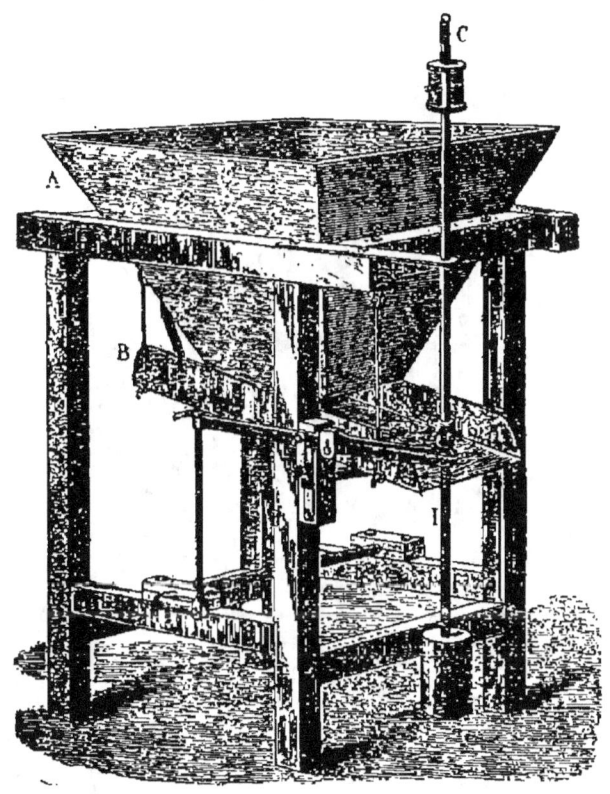

Fig. 25 — Distributeur automatique Tulloch.

## OUTILLAGE COMPLET D'UNE BATTERIE DE 10 PILONS POUR LE TRAITEMENT DIRECT DU MINERAI D'OR

L'outillage d'une batterie complète de 10 pilons est le suivant :

## Concasseur. Tamis à minerai. Alimentateurs.

1 concasseur type Blake, n° 2.

1 tamis à minerai.

2 alimentateurs automatiques de Tulloch, complets avec bâtis en bois et trémies en tôle.

Matériel nécessaire en rails de fer et chevilles de bois pour le roulement des alimentateurs.

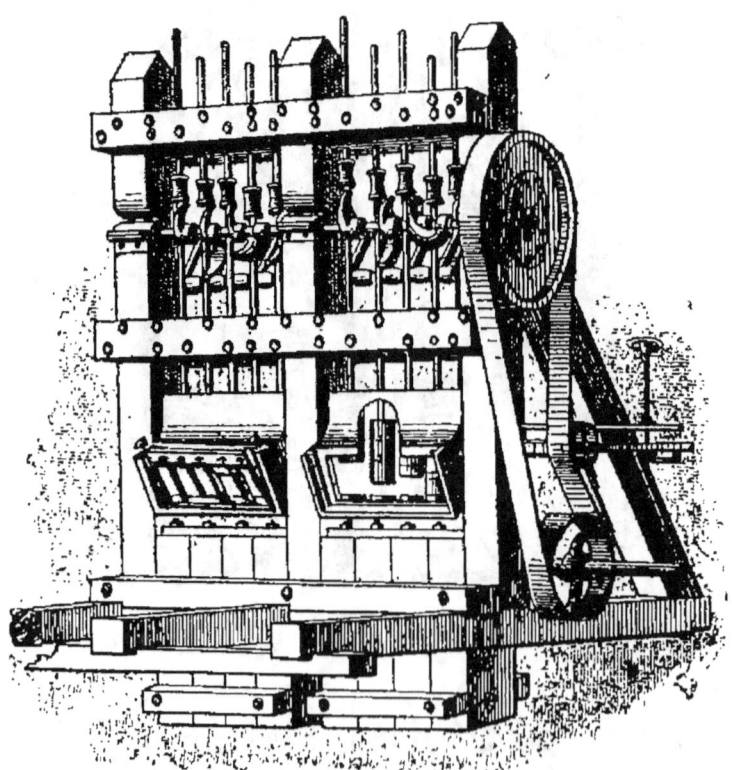

Fig. 26 — Batterie de 10 pilons.

**Bocards**. — 1 appareil a 10 bocards de 386 kilogrammes. Chaque bocard est destiné à fonctionner dans une batterie de 10 pilons au moyen d'une courroie et d'un arrangement destiné à serrer contre l'arbre.

2 mortiers élevés, pesant chacun 2 268 kilogrammes, à surface plane dans le fond, cadre pour tamis, arrangement intérieur, pour permettre une bordure antérieure et postérieure en cuivre.

2 cadres en bois dur, pour tamis s'ajustant aux mortiers.

4 écrous en fer forgé pour fixer les cadres à tamis.

2 tamis en fer de Russie, percés à l'emporte-pièce et du calibre nécessaire.

10 sabots en fonte blanche.

10 dés en fonte blanche.

10 têtes forées pour les tiges et les sabots.

10 flèches à extrémités coniques.

10 taquets avec clavettes forgées et clefs d'acier.

10 cames s'ajustant à l'arbre à cames avec clefs en acier.

1 arbre à cames en fer martelé, tourné dans toute sa longueur, muni de logements à écrou pour la poulie et les cames.

2 colliers en fer forgé, avec vis d'assemblage en acier s'ajustant à l'arbre à cames.

2 paliers d'angles, forés, aplanis sur la face postérieure et munis de boulons et de calottes.

10 douilles en fer pour supports en bois, garnies de cuir.

10 supports en bois, s'adaptant aux douilles, pour soulever les pilons.

2 arbres non tournés.

4 paliers.

1 jeu de guides en bois dur, préparées pour les tiges avec boulons, écrous, clavettes, etc.

2 garnitures caoutchouc de $0^m,0084$ d'épaisseur pour la partie supérieure des mortiers.

2 doubles bourrelets à manchons pour poulies en bois, tournés et s'ajustant ensemble avec leur bâti en bois, moyeu fixé, charpente tournée et boulonnée à travers les bourrelets.

1 jeu complet de boulons à charpente, tiges, écrous, et clavettes pour bâtis, etc.

## Plaques de cuivre.

2 plaques de cuivre pur, de la largeur du mortier, de $2^m,43$ de longueur, de 3 millimètres d'épaisseur pour les tables placées en avant des bocards.

4 plaques de cuivre pur de 4 millimètres 7/10 pour l'intérieur des mortiers.

## Arbres. Poulies. Courroies.

1 arbre de couche principal, tourné sur la longueur, de $3^m,554$ de long sur $0^m,085$ de diamètre.

3 coussinets pour l'arbre principal.

1 poulie de $0^m,81$ par $0^m,38$ pour mettre en marche les bocards.

1 poulie de $1^m,06$, par $0^m,35$ pour l'arbre moteur.

1 arbre de 0,06 de diamètre et de $2^m,58$ de longueur.

2 coussinets pour le dit arbre.

1 poulie de $1^m,52$ par $0^m,355$ pour transmettre la force de la machine.

1 poulie de $0^m,91$ par $0^m,2539$ pour l'arbre du concasseur.

1 poulie de $0^m,60$ par $0^m,2539$ sur l'arbre du concasseur.

1 poulie de $1^m,01$ par $0^m,20$ pour la mise en mouvement du broyeur.

Tous les boulons nécessaires pour coussinets, tous les colliers et vis d'assemblage.

1 courroie caoutchouc de 13ᵐ,71 de longueur sur 0ᵐ,355. 4 plis, pour la batterie.

1 courroie de 14ᵐ,03 sur 0ᵐ,355, 4 plis pour la machine.

1 courroie de 21ᵐ,33 sur 0ᵐ,253, 4 plis, pour l'arbre du broyeur.

1 courroie de 14ᵐ,32 sur 0ᵐ,177, 4 plis pour le concasseur.

1 courroie de 8ᵐ,22 sur 0ᵐ,126, 3 plis pour la pompe d'alimentation de la machine motrice.

## Mécanismes de serrage.

1 mécanisme de serrage principal, pour la courroie de la machine, avec bâti en bois, crémaillère, pignon, manivelle, etc.

1 mécanisme de serrage pour la courroie des bocards, avec bâti bois, crémaillère, pignon, manivelle, crampons, etc.

1 mécanisme de serrage pour les courroies du concasseur, avec bâti à bascule, chaîne, arbre et manivelle.

## Tuyaux pour alimentation d'eau.

1 jeu complet de tuyaux à eau pour 10 pilons, y compris toutes les soupapes, robinets et garnitures pour alimenter chaque pilon ; communication pour alimentation par un réservoir supérieur.

## Moufles.

1 moufle avec rails nécessaires.

1 support de poulie différentielle, poids une tonne.

## Coffre à amalgame, cornue pour distillation de l'amalgame et four à métal.

1 coffre à amalgame fermant à clef.
1 filtre pour le coffre ci-dessus.
1 cornue complète avec couvercle, condenseur, coin.
1 four de 0ᵐ,40 avec toute sa ferrure.
2 moules à or.
1 jeu de lettres en acier pour estamper le métal.
1 série de pinces à creuset.

## Pompes d'alimentation. Chauffeur d'eau.

1 pompe d'alimentation mue par courroie.
1 chauffeur d'eau avec tuyau en hélice, tous les tuyaux, soupapes, robinets et garnitures pour l'eau, la vapeur et l'épuisement.

## Machine et Chaudière.

1 machine à vapeur fixe, modèle Fraser et Chalmers, cylindre de 0ᵐ,228 de diamètre intérieur, avec 0ᵐ,355 de course de piston. Cette machine fournit la force pour mouvoir les appareils décrits et, si besoin est, pour 2 ou 4 Frue Vanners.

1 chaudière tubulaire à vapeur, modèle Fraser et Chalmers, de 0ᵐ,60 de diamètre sur 3ᵐ,047 de longueur avec toutes ses montures, garnitures, branchements et sa cheminée.

### BOCARD A VAPEUR PERFECTIONNÉ

Un bocard à vapeur perfectionné, adopté dans nombre d'établissements métallurgiques à cause de son grand rendement, mérite d'être signalé.

Cet appareil est entièrement construit en fonte et en acier.

Fig. 27 — Bocard à vapeur perfectionné.

Le bâti comprend quatre colonnes massives en fonte, couplées l'une à l'autre et boulonnées sur des plaques d'assise.

Le bocard est mû par un cylindre à vapeur vertical, d'un diamètre ou d'une longueur en rapport avec la force à déployer.

L'arbre manœuvrant les soupapes au moyen d'excentriques et de tiges, reçoit son mouvement de deux roues dentées de forme elliptique, mues par un autre arbre actionné lui-même par une courroie de transmission venant de l'arbre moteur principal.

Le mouvement irrégulier transmis ainsi par les roues de forme elliptique manœuvre les soupapes de telle manière qu'elles laissent grand ouvert le conduit de vapeur supérieur, en permettant ainsi à la pression de s'exercer avec toute sa force pendant la descente du piston, tandis qu'à la montée le conduit inférieur ne s'entr'ouvre que légèrement.

Le mortier a quatre ouvertures de décharge et repose sur une masse de fonte de $0^m,50$ d'épaisseur et pesant 11 tonnes. Cette plaque est supportée par la charpente dont elle est séparée par une feuille de caoutchouc de $0^m,025$ d'épaisseur. Le mortier est maintenu en place par quatre pièces-guides venues de fonte avec les colonnes.

Les tiges du bocard et du piston sont conduites par des guides supérieures et inférieures formées de tasseaux de fonte, fixés par des mâchoires mobiles en bronze, qu'on peut changer après usure.

La tige du piston est en acier et est réunie à la tige du bocard par un disque circulaire enchâssé dans une calotte de fonte boulonnée à la tige du bocard.

L'eau est amenée à la partie supérieure du mortier par deux tuyaux et, grâce à une chambre circulaire, est projetée de tous côtés contre la tige du bocard qui est ainsi préservée de l'usure trop rapide qu'occasionnerait le sable.

Le conduit d'amenée pour le minerai débouchant au sommet du mortier, est entièrement recouvert pour empêcher la moindre parcelle de minerai de tomber au dehors autour du mortier.

Le rendement en 24 heures d'un bocard à vapeur perfectionné de $0^m,38$ par $0^m,76$, marchant à 90 coups à la minute est de 150 tonnes de broyage fin et de 230 tonnes de broyage grossier.

Cet appareil peut travailler de concert avec des cribles à mailles fines et des tables de cuivre, pour broyer et amalgamer des minerais aurifères par traitement direct, ainsi qu'on l'a fait avec succès à la Homestake Gold Mining Co. Le poids de ce broyeur est d'environ 64 tonnes.

**Moulin Huntington.** — Le moulin Huntington, dont l'usage s'est grandement répandu depuis quelques années, se recommande par son installation facile et le peu de place qu'elle occupe. Il donne un grain plus régulier que le bocard et exige moins d'eau. Cet appareil comprend 4 meules horizontales de petites dimensions, suspendues, à pivot, que la force centrifuge appuie contre un bandage d'acier, en écrasant les fragments qui y sont projetés par le mouvement circulaire et par quatre raclettes qui remuent constamment la masse.

Ce moulin se prête très bien à l'amalgamation. Les quatre meules, étant suspendues, laissent entre elles et le fond un espace de 2 centimètres et demi. Comme l'agitation est suffisante pour une bonne amalgamation, elles passent sur le mercure et l'amalgame, sans les écraser et sans les projeter contre les grilles. — La surface des grilles étant plus grande que dans les bocards, le minerai sort plus vite et de la grandeur voulue. Il est, par conséquent, mieux préparé pour la concentration.

Les meules sont munies de sabots circulaires extérieurs, en acier, qui peuvent être changés facilement, le cercle d'acier

contre lequel elles roulent peut aussi aisément se remplacer.
L'usure en est d'autant plus régulière que les fragments de
minerai sont petits.

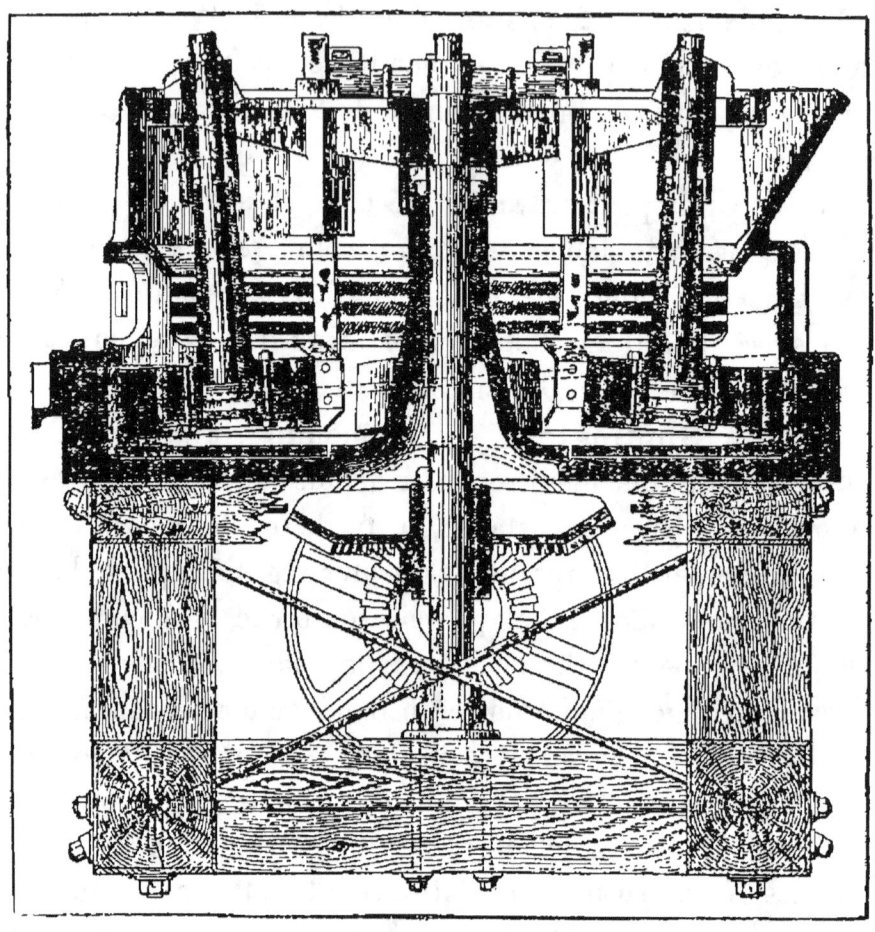

Fig. 28 — Coupe d'un moulin Huntington.

Le concasseur le mieux approprié au moulin Huntington
est le Dodge. Un moulin Huntington de 1$^m$,50 de diamètre, avec
6 chevaux de force et marchant à 70 révolutions à la minute,
réduira de 12 à 15 tonnes de minerai en 24 heures. Si l'on y
traite des *tailings* des cribles à secousses ou de la matière fine
qui a déjà passé par un bocard ou des cylindres broyeurs, il

faut augmenter la vitesse de 10 %. Les figures 30 et 31 montrent l'installation complète d'une mine munie de moulins Huntington. Le minerai est jeté, en haut, contre un

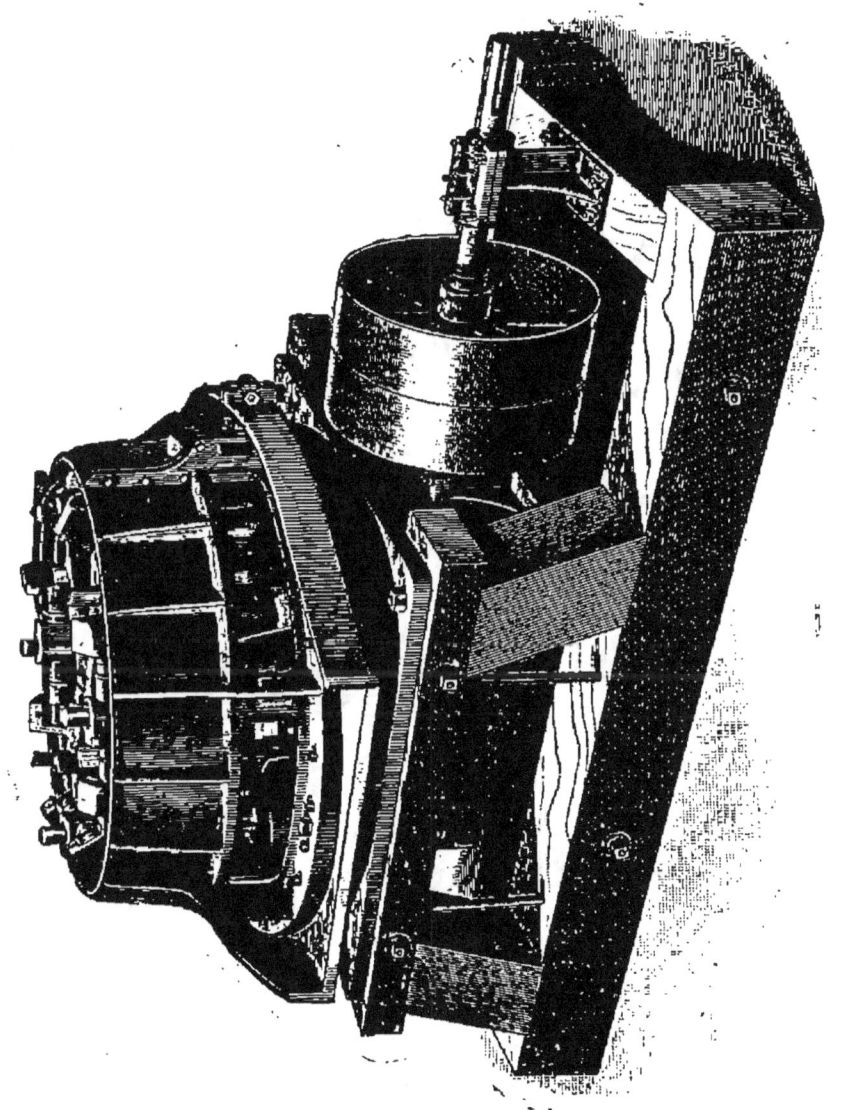

Fig. 29 — Moulin Huntington perfectionné.

crible incliné qui ne laisse passer que les petits fragments, et rejette les gros dans le concasseur. Les petits fragments tombent d'abord dans le distributeur, puis dans le moulin.

De là ils sortent pulvérisés. Puis, entraînés par l'eau sur des

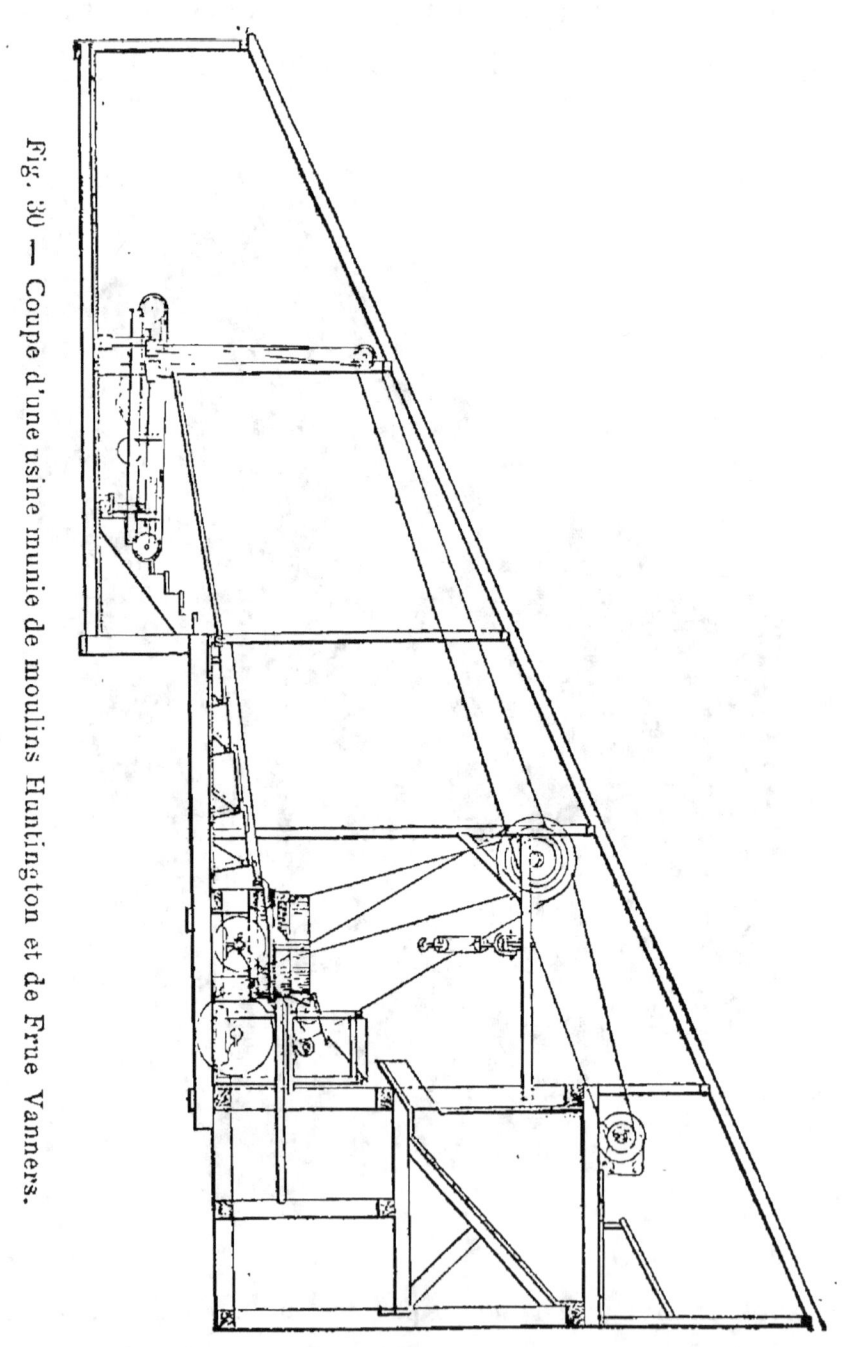

Fig. 30 — Coupe d'une usine munie de moulins Huntington et de Frue Vanners.

plaques amalgamées, ils y abandonnent encore un peu d'or.

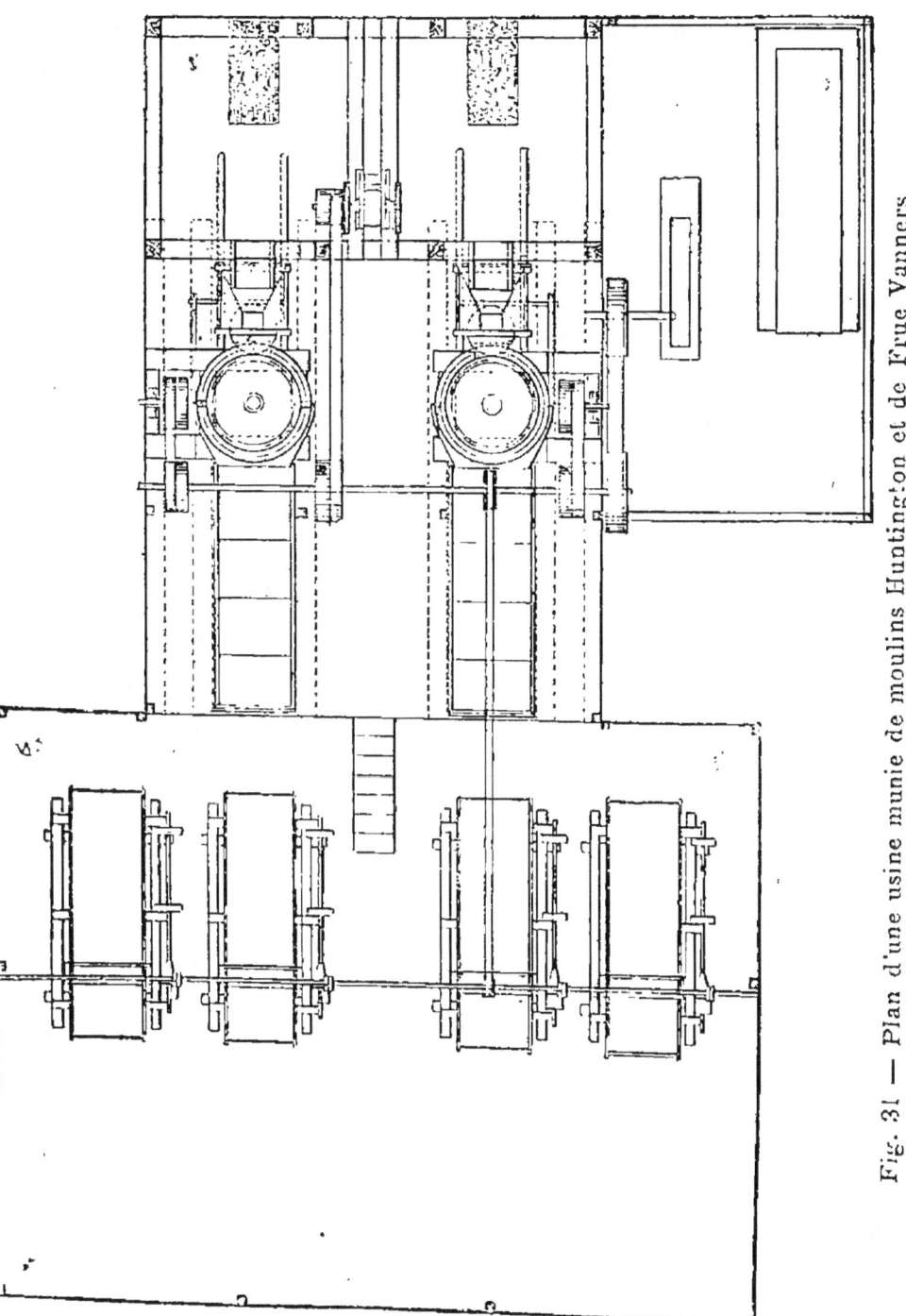

Fig. 31 — Plan d'une usine munie de moulins Huntington et de Frue Vanners.

Enfin ils arrivent sur les *Frue Vanners* pour y être concentrés.

**Pulvérisateur à boulets.** — Nous ne parlerons qu'à titre de curiosité du pulvérisateur à boulets qui, dans quelques cas, peut remplacer le bocardage à sec et convenir pour un$^e$ petite installation. Ce pulvérisateur se compose d'un cylindre formé par de solides barres de fer fixées à leurs extrémités dans deux plaques de fonte. Ces barres de fer laissent entre elles des interstices de $0^m,00039$ par lesquels sort, petit à petit, le minerai réduit en poussière par les chocs et les frottements continuels d'un certain nombre de boulets en fonte, ayant $0^m,075$ de diamètre et qui tournent à demeure dans le cylindre. Le minerai est introduit dans ce dernier par une ouverture aménagée près de son axe. Sa vitesse de rotation est généralement de 30 à 35 révolutions à la minute. Il tourne dans une cage cylindrique en tôle destinée à recevoir la matière pulvérisée qui, de là, s'écoule dans un récipient, d'où elle est emportée par une chaîne sans fin dans un blutoir dont le refus est renvoyé au broyeur. Le concasseur le mieux approprié au pulvérisateur à boulets est le concasseur Dodge qui concasse en fragments fins et uniformes. La quantité pulvérisée par 24 heures est de 7 à 9 tonnes. — Les barres de ce pulvérisateur sont malheureusement assez vite usées. Elles doivent être remplacées lorsque les ouvertures sont devenues trop larges.

L'usure des boulets est de 500 à 600 kg. par an.

# CHAPITRE IV

## AMALGAMATION DES MINERAIS AURIFÈRES

Amalgamation dans la batterie même. — Amalgamateur Attwood. —
Eureka Rubber. — Pans d'amalgamation. — Knox Pan. — Marche
de l'opération au Knox Pan. — Pan de Wheeler. — Settlers. —
Agitateurs. — Amalgame de Sodium. — Nettoyage du moulin. —
Résultats de l'amalgamation dans la batterie. — Contrôle du travail.
— Prix d'une batterie. — Eau et force nécessaires. — Personnel. —
Frais de traitement. — Pertes en or et causes d'insuccès du pro-
cédé au mercure. — Règles à suivre pour arriver à un bon ré-
sultat.

**Amalgamation dans la batterie.** — L'amalgamation
commence ordinairement dans le mortier même. En ce cas,
celui-ci est muni de deux plaques d'amalgamation. L'une a
environ $0^m,25$ de hauteur et est placée au moyen de boulons
contre la face postérieure du mortier, dont elle occupe toute
la longueur. Elle se trouve au-dessus de la surface des
dés et est protégée contre le minerai tombant dans le mortier
par un rebord oblique, faisant corps avec le mortier et venu
de fonte. L'autre plaque, beaucoup moins haute, est placée
sur la face antérieure, au-dessus des grilles, et à $0^m,025$ de la
surface des dés. — De temps en temps, à des intervalles déter-
minés, on verse du mercure dans le mortier.

Par l'amalgame chassé au travers des grilles, on peut se
rendre compte de l'état du mercure du mortier. S'il est trop
dur, la quantité de mercure n'est pas suffisante ; si, au contraire, il est liquide, il y a excès de mercure. On peut donc
attendre avant d'en ajouter.

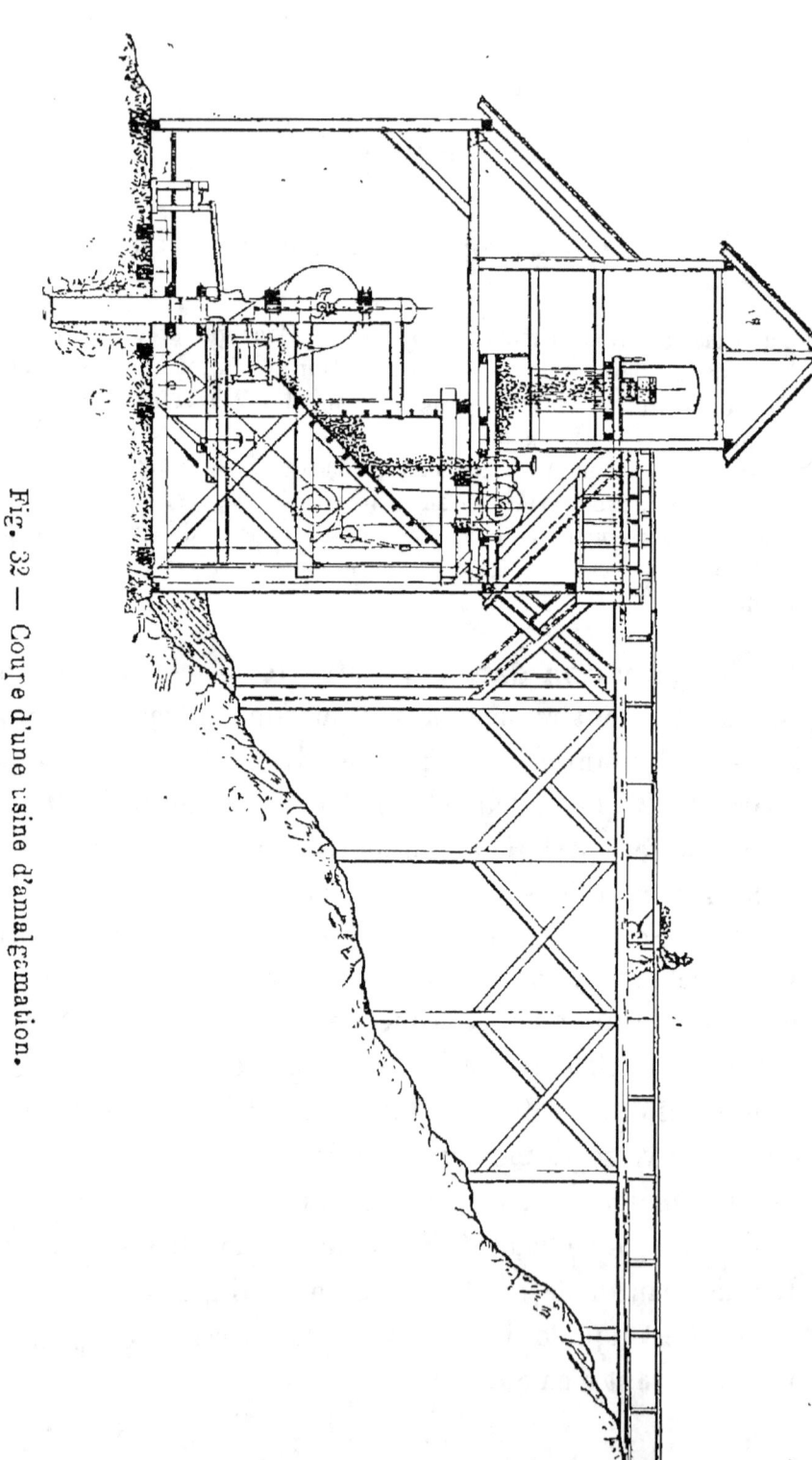

Fig. 32 — Coupe d'une usine d'amalgamation.

L'or est surtout amalgamé dans le mortier, où il est plus en contact avec le mercure que sur les tables. Car, entraîné par le courant, il ne s'arrête guère sur celles-ci. On peut d'ailleurs remédier, en partie, à ce dernier inconvénient en disposant plusieurs tables en gradins. — Des tables, le minerai passe sur des sluices garnis de couvertures sur lesquelles se déposent des sulfures, de l'or, de l'oxyde magnétique et du quartz.

Les couvertures sont lavées à intervalles fixes dans deux bacs qui servent alternativement, et les dépôts qui s'y forment sont jetés à l'entrée des amalgamateurs, dans lesquels un courant d'eau chaude les entraîne ; ou bien encore, ils sont traités au pan d'amalgamation. Dans quelques mines, le minerai passe directement des plaques de cuivre sur les appareils de concentration.

La quantité de minerai traité dans une batterie dépend de sa consistance, du poids des pilons et de leur vitesse, et enfin, des mailles des grilles. Plus la vitesse est grande, plus la quantité du minerai broyé sera considérable. Il ne faut cependant pas dépasser une vitesse de 90 coups à la minute. Avec une vitesse faible la pulvérisation est souvent trop fine. Cela s'explique. Beaucoup de grains suffisamment broyés pour pouvoir être entraînés à travers les grilles ont le temps de retomber sous les sabots, et sont ainsi par trop pulvérisés. Avec une vitesse plus grande, ces grains eussent été entraînés par l'eau. Le temps de retomber au fond du mortier leur eut donc fait défaut. Ainsi, plus la vitesse est grande, plus la quantité de minerai pulvérisé est considérable et plus elle demande d'eau pour être entraînée. Mais, comme un courant d'eau trop fort est nuisible à l'amalgamation, le résultat en serait déplorable. Il y a d'ailleurs plus d'avantages à faire rendre au minerai tout l'or que l'on peut en tirer que d'augmenter la production par la quantité de minerai traité.

La quantité d'eau nécessaire dépendra de la teneur du minerai en sulfures, en oxyde magnétique et en autres particules lourdes qui, lorsque le courant n'est pas suffisant, ont la tendance à s'arrêter sur les plaques. L'ouvrier amalgamateur a à sa disposition l'extrémité d'un tube en caoutchouc d'environ un centimètre de diamètre, branché sur la conduite d'eau. Ce tube lui permet d'enlever les dépôts qui se forment accidentellement, en projetant sur eux un mince filet d'eau. — Cet ouvrier est également chargé de nettoyer les plaques toutes les six heures, plus souvent même si elles ne sont pas brillantes. A cet effet, il projette avec le tube une petite quantité d'eau sur la surface à nettoyer qu'il frotte ensuite très légèrement avec une brosse trempée dans une solution de sel ammoniac.

Cette solution, qu'il laisse agir un moment, est enlevée avec un peu d'eau. La plaque doit, en outre, être traitée avec une solution de cyanure de potassium appliquée à la brosse. On y ajoute aussi du mercure. Mais, il faut éviter qu'il ne coule et ne soit entraîné. Pour ne pas projeter sur les plaques trop de mercure à la fois, on tient ce dernier dans un flacon muni d'un solide bouchon, percé d'un petit trou, par lequel ne peuvent s'échapper que de fines gouttelettes.

**Amalgamateur Attwood.** — Cet appareil se compose de deux auges cylindriques A construites, soit en bois, soit en fer, et remplies de mercure, sur lequel vient passer la matière déposée au lavage des blankets qu'on verse à l'entrée de l'amalgamateur. Cette matière doit être assez épaisse pour être transportée à la pelle.

Ces auges mesurent $0^m,50$ de longueur, $0^m,35$ de largeur et $0^m,10$ à $0^m,15$ de profondeur. Elles peuvent contenir de 150 à 200 kg. de mercure.

L'une des auges est placée à $0^m,15$ au-dessous de l'autre à

laquelle elle est réunie par un plan incliné B muni de riffles.
Au-dessus de chaque auge tourne un cylindre en bois garni
de pointes de fer recourbées à leur extrémité et disposées par
rangs de 8 sur 12 lignes longitudinales. Ces pointes, placées de
manière à passer aussi près que possible de la surface du
mercure D, sans cependant le toucher, maintiennent constamment la pulpe en agitation. La matière E est entraînée dans
l'amalgamateur par un jet d'eau chauffée à 50° qui, par
un mouvement automatique C, vient en frapper la surface
inclinée.

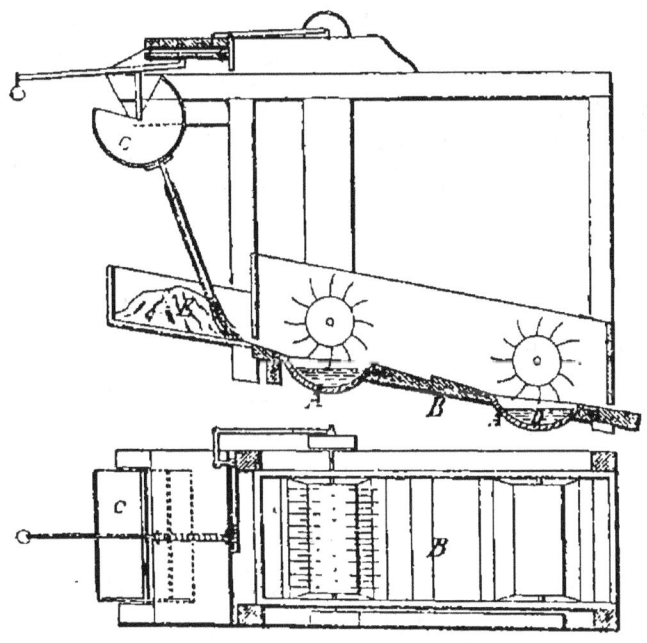

Fig. 33 — Amalgamateur Attwood.

L'or libre est amalgamé en passant sur le mercure qu'on
décrasse constamment en mettant les écumes de côté pour les
traiter ensuite dans un pan d'amalgamation. Les *tailings*
qui sortent de l'amalgamateur descendent dans deux sluices
de 2ᵐ,50 de longueur et de 0ᵐ,50 de largeur. Ces sluices sont

garnis de plaques de cuivre amalgamées, ou de riffles remplis de mercure.

Un amalgamateur peut traiter la matière provenant du dépôt des lavages, des couvertes de deux batteries de cinq pilons. L'or récupéré par l'amalgamateur est de 65,5 % de celui renfermé dans la matière traitée.

**Eureka Rubber.** — L'Eureka Rubber est encore utilisé dans certaines mines pour traiter les sables venant des amalgamateurs. Dans d'autres mines, on y fait passer directement la pulpe venant des plaques de cuivre. Dans les rubbers les particules d'or sont nettoyées et rendues brillantes et peuvent être saisies par les plaques amalgamées qui s'y trouvent.

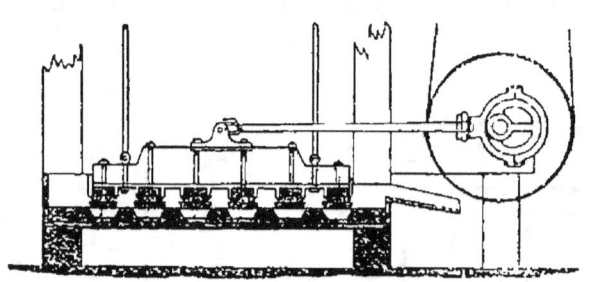

Fig. 34 — Eureka Rubber.

L'Eureka Rubber est une caisse en fonte de $0^m,175$ de profondeur, munie d'un faux-fond formé de dés ou de plaques en fonte. Sur ceux-ci se trouvent des sabots, fixés à un solide cadre en bois qui est suspendu et qui reçoit un mouvement rectiligne de $0^m,10$ de longueur, communiqué par une excentrique. Les plaques amalgamées sont fixées sur les côtés des pièces de bois qui maintiennent les sabots.

Il y a généralement un Eureka Rubber par batterie de cinq pilons.

**Les pans d'amalgamation.** — Les pans d'amalgamation sont destinés à traiter les *skimmings* ou écumes des amalgamateurs Attwood et le sable lourd recueilli par le lavage des blankets. On les utilise aussi pour traiter directement au mercure, additionné de certains réactifs, le minerai finement pulvérisé. Par le mouvement continu de la machine, le mercure est très divisé, et offre, par conséquent, à l'or libre une surface de contact considérable.

Dans les installations qui comprennent des pans destinés à l'amalgamation directe du minerai, on occupe en même temps une série de pans pour le broyage fin de celui provenant de la batterie. La pulpe, d'abord traitée dans des pans d'amalgamation proprement dits, est mise après en contact avec le mercure.

Le pan d'amalgamation se compose d'une cuve, soit entièrement en fonte, soit mi-bois et mi-fonte. Ce dernier genre de cuve a un fond en fonte pourvu d'une bague sur laquelle s'appuient les douves en bois. Dans cette cuve tourne une meule, qui consiste tout simplement en un disque plat relié à un cône central percé d'ouvertures de formes différentes. Ce cône est suspendu et peut, pour effectuer ou prévenir le broyage, être abaissé ou monté à volonté. Quelques modèles de pans sont munis de doubles fonds destinés au chauffage à la vapeur. Ce chauffage peut être simplifié en introduisant directement la vapeur dans l'eau par un tube en caoutchouc qu'on plonge à $0^m,10$ ou $0^m,15$ du fond. L'eau est ainsi rapidement portée à 90°, température reconnue excellente pour l'amalgamation.

La vapeur utilisée en ce cas doit provenir directement d'une chaudière. Il faut bien se garder de se servir de la vapeur d'échappement, celle-ci ne pouvant être destinée qu'au chauffage des pans à doubles fonds, car elle entraîne toujours des matières graisseuses très nuisibles à l'amalgamation.

Les pans d'amalgamation ont ordinairement $1^m,50$ de diamètre. Ils utilisent 5 chevaux de force, et consomment 550 litres d'eau par heure.

Nous ne décrirons que le Knox-Pan et le pan de Wheeler qui,

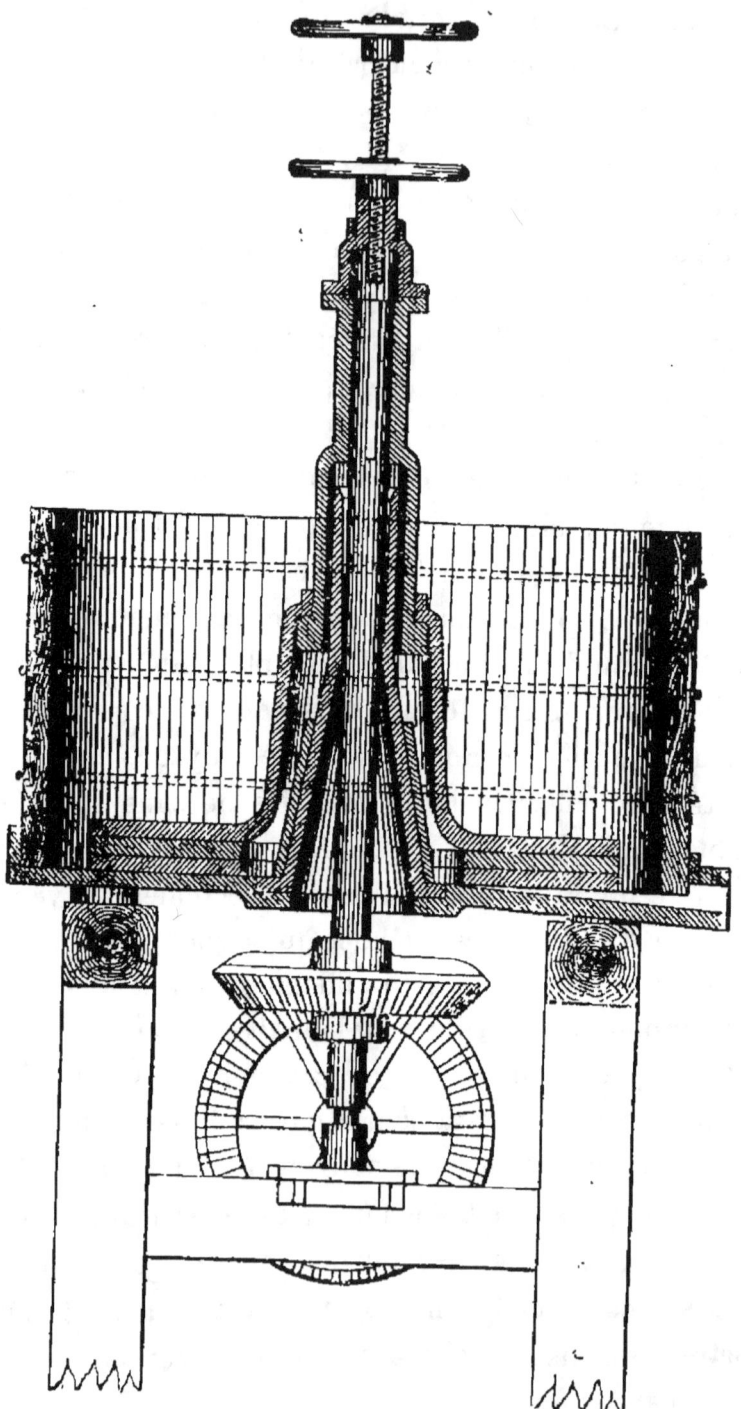

Fig. 35 — Pan d'amalgamation.

tous deux, servent au traitement des écumes et des sables des blankets. Plus loin nous aurons l'occasion de parler du Boss-Pan, du procédé d'amalgamation directe qui permet de traiter immédiatement dans les pans la pulpe venant de la batterie.

**Knox-Pan.** — La cuve du Knox-Pan est en fonte. Elle repose sur quatre pieds également en fonte et solidement

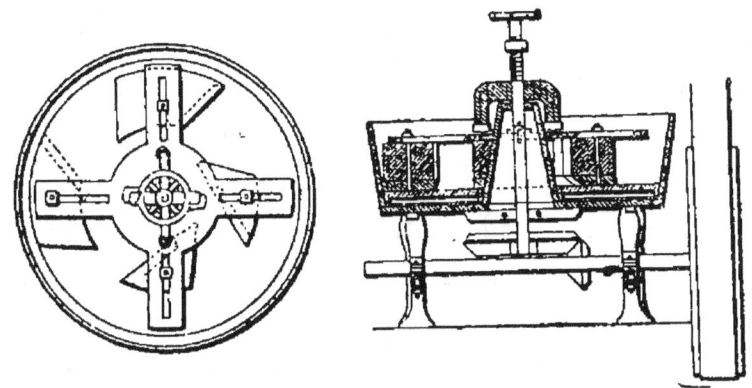

Fig. 36 — Knox-Pan.

boulonnés sur le plancher. Cette cuve, qui a $1^m,20$ de diamètre et $0^m,35$ de profondeur, est pourvue d'un double fond pour le chauffage à la vapeur. Ce double fond porte une rainure radiale qui est en communication avec un trou de décharge. Elle est destinée à recueillir le mercure et l'amalgame. D'autres trous, dont le plus rapproché est à $0^m,10$ au-dessus, servent à l'évacuation de la pulpe et se ferment au moyen de tampons en bois. La meule est formée d'un cercle en fonte ayant un diamètre intérieur de $0^m,25$, a une largeur de $0^m,112$ et une épaisseur de $0^m,025$ ; il supporte quatre bras placés à angle droit les uns des autres, et munis de sabots mobiles fixés au moyen de boulons. La meule est suspendue à un joug en fonte, porté par un arbre traversant le centre du pan et muni d'une vis permettant d'en varier la hauteur. Entre la meule et le sabot en fonte, on place un sabot en bois de même forme, chargé d'empêcher la pulpe de passer sur le premier sabot et d'échapper à la trituration. La face supérieure du sabot arrive ainsi à la surface de la pulpe. Le mouvement de rotation est donné à la meule au moyen d'une transmission conique ; elle marche à raison de 15 tours à la minute.

**Marche de l'amalgamation dans la Knox-Pan.** — La marche de cette opération est la suivante : La charge d'écumes ou de sables des blankets, d'environ 150 kg, est versée dans la cuve, puis à cette charge on ajoute la quantité d'eau nécessaire pour délayer un peu la pulpe. Ceci fait, on laisse tourner la meule pendant trois heures consécutives, à une vitesse de 12 à 15 tours à la minute. A la masse obtenue on ajoute alors 25 kg de mercure et une certaine quantité d'un mélange, à parties égales, de chlorhydrate d'ammoniaque et de nitrate de potasse. Après une nouvelle marche de trois heures, la cuve est remplie d'une forte quantité d'eau, additionnée d'un peu de chaux caustique destinée à délayer complètement la pulpe et à faciliter la réunion des globules de mercure. Le liquide doit arriver à quelques centimètres des bords. La meule étant de nouveau mise en mouvement, on commence à décanter après une demi-heure, en ouvrant d'abord l'orifice supérieur, puis les autres. La pulpe, qui est encore très riche, est conduite dans un settler, et l'amalgame et le mercure sont recueillis pour subir un traitement que nous indiquerons plus loin.

**Pan de Wheeler.** — Ce pan, un des plus anciens, a ordinairement 1$^m$,50 de diamètre. Il est le plus souvent construit avec des parois en bois. Les dés sont fixés sur le fond de la cuve au moyen de queues d'arondes ajustées dans des alvéoles. Les sabots sont attachés à la meule de la même façon.

Une roue à main permet de régler la distance entre les dés et
les sabots, en élevant ou en abaissant le bloc sur lequel
tourne l'axe vertical, qui traverse le cône au milieu du pan.
Dans le but de briser le courant ascendant de la pulpe et de
recueillir de l'amalgame, des plaques de cuivre amalgamées,

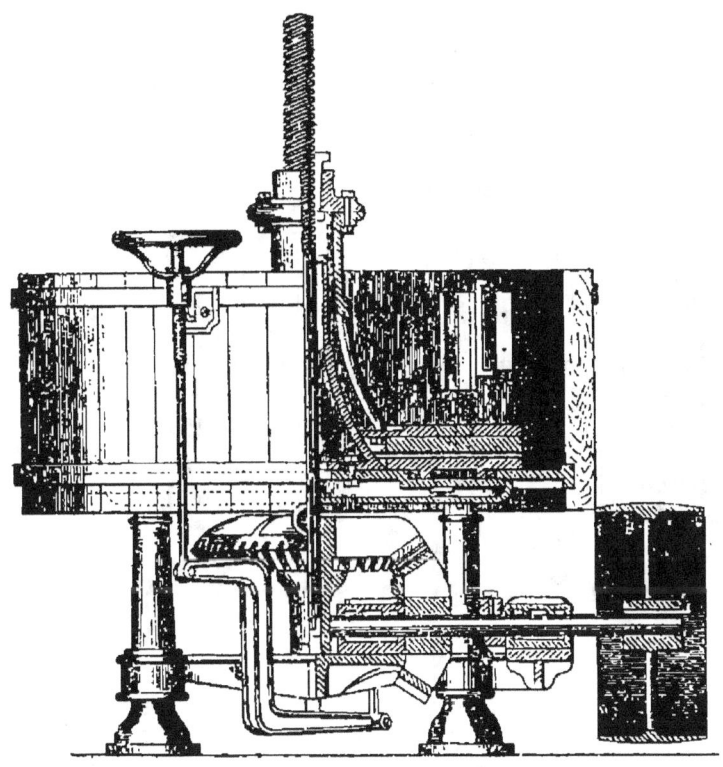

Fig. 37 — Pan de Wheeler.

coupées en forme d'ailettes, sont fixées sur les parois de la
cuve.

**Les settlers.** — Après plusieurs heures de traitement dans
les cuves (voir les détails ci-dessus) la pulpe est déversée
dans le settler. Cet appareil consiste en une cuve circulaire
dont le fond est en fonte, tandis que les parois sont en bois ou
en tôle. Le settler a de 2$^m$,40 à 2$^m$,70 de diamètre et 0$^m$,90 de

hauteur. Il présente une partie centrale mobile fixée au cô :

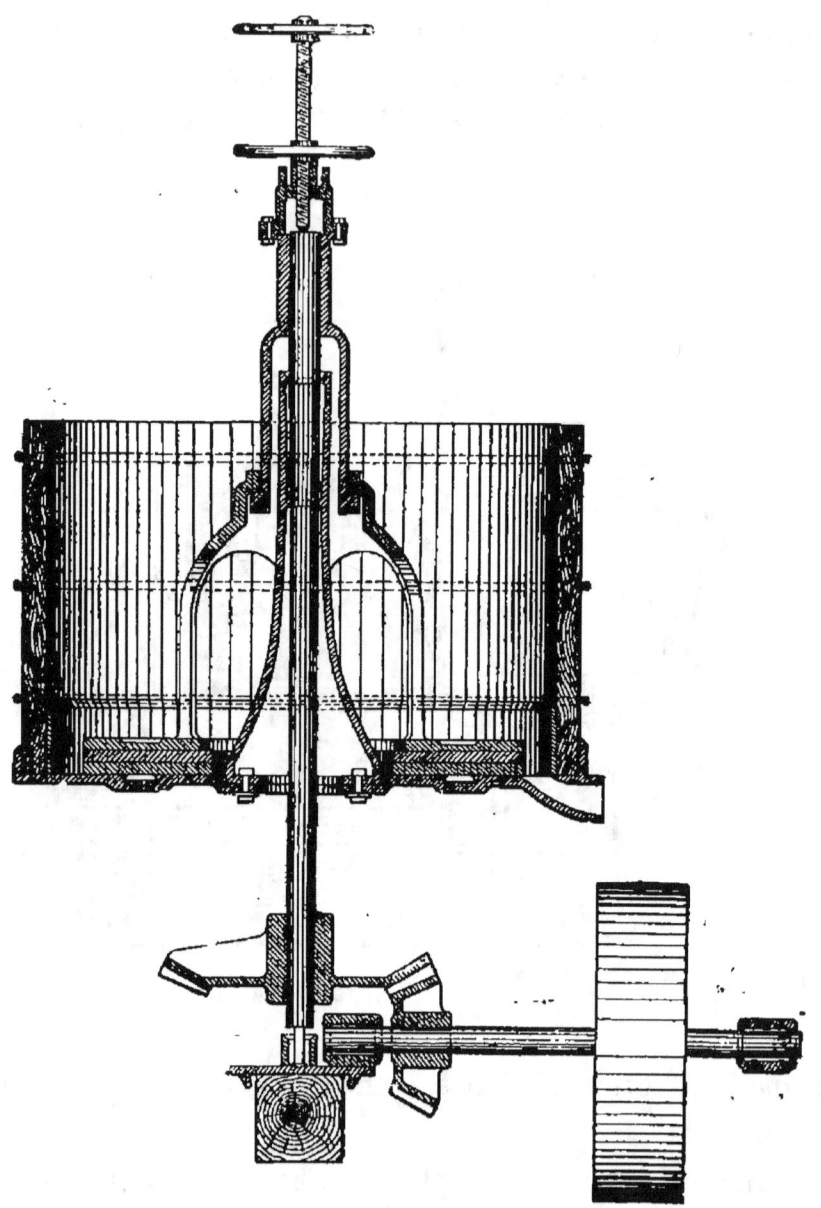

Fig. 38 — Pan simplifié de MM. Fraser et Chalmers.

moteur et formée de bras auxquels sont adaptés des sabol
tantôt plats qui tiennent la pulpe en agitation, tantôt c

rme de socs de charrue qui coupent et remuent le dépôt au fur
à mesure de sa formation. Les orifices de décharge faits
ans la paroi sont fermés pendant la marche, au moyen de

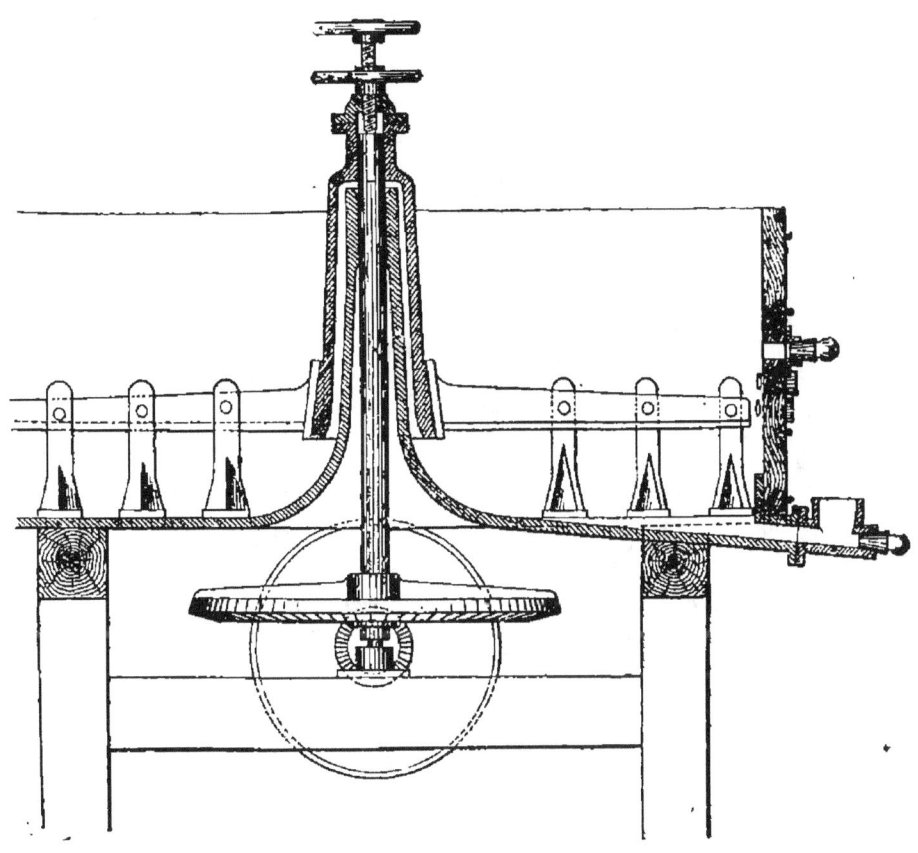

Fig.39 — Settler avec sabots en forme de socs de charrue.

mpons en bois. L'eau est amenée jusqu'au centre de l'appa-
eil par un tuyau percé de petits trous.

Pour la mise en marche, les sabots sont d'abord maintenus à
ne certaine hauteur du fond, la pulpe n'étant pas diluée
résenterait une trop grande résistance. On les abaisse au
ur et à mesure que l'eau augmente dans le settler et délaye

la pulpe. Lorsque le niveau de l'eau atteint $0^m,15$ au-dessous
du bord supérieur de la cuve, on arrête l'écoulement. A ce
moment les sabots de la meule doivent frotter sur les dés du
fond. Après trois heures de marche, pendant lesquelles le

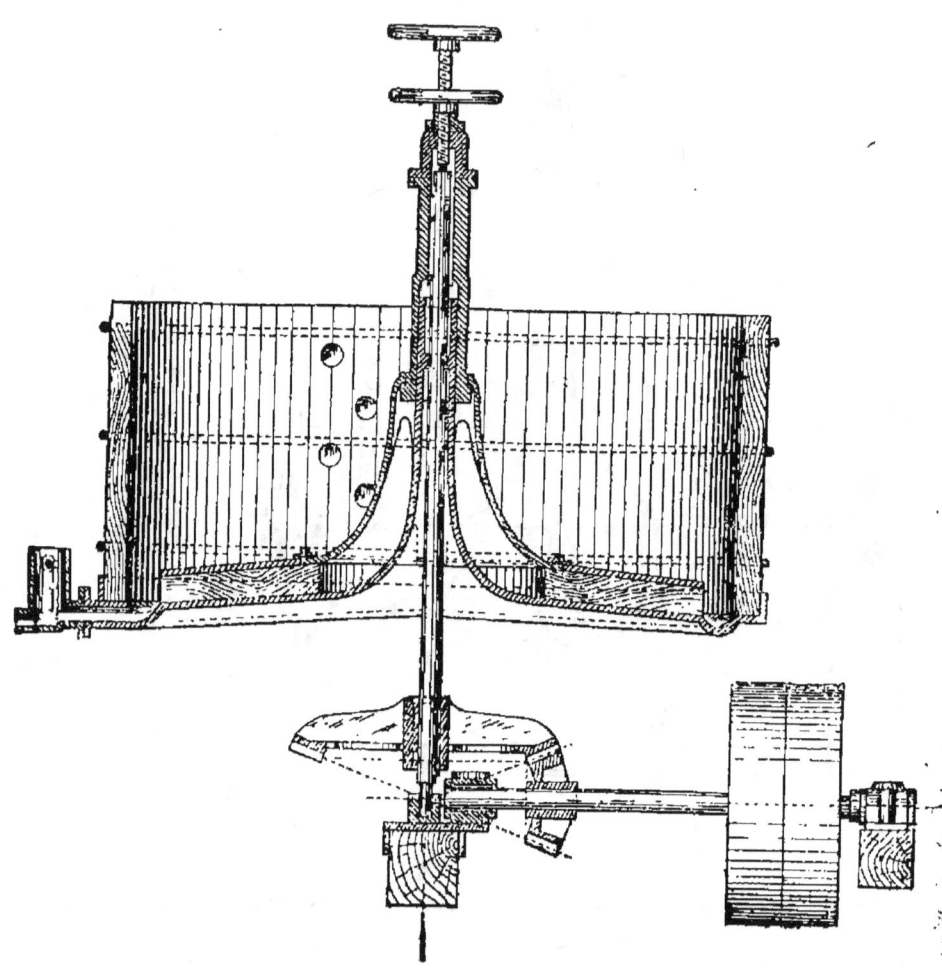

Fig. 40 — Settler avec sabots plats.

mercure s'est en grande partie rassemblé, on ouvre le trou
de décharge du sommet et, tandis que le moulin continue
à marcher, on laisse arriver de l'eau claire durant une demi-
heure. On opère successivement de même pour les autres

ouvertures de décharge. Le mercure est ordinairement recueilli dans un récipient fixé par des boulons contre la paroi du fond, et qui communique à une rainure circulair$^e$ aménagée dans le fond du settler.

**Les agitateurs.** — D'autres appareils de dépôt font ordi-

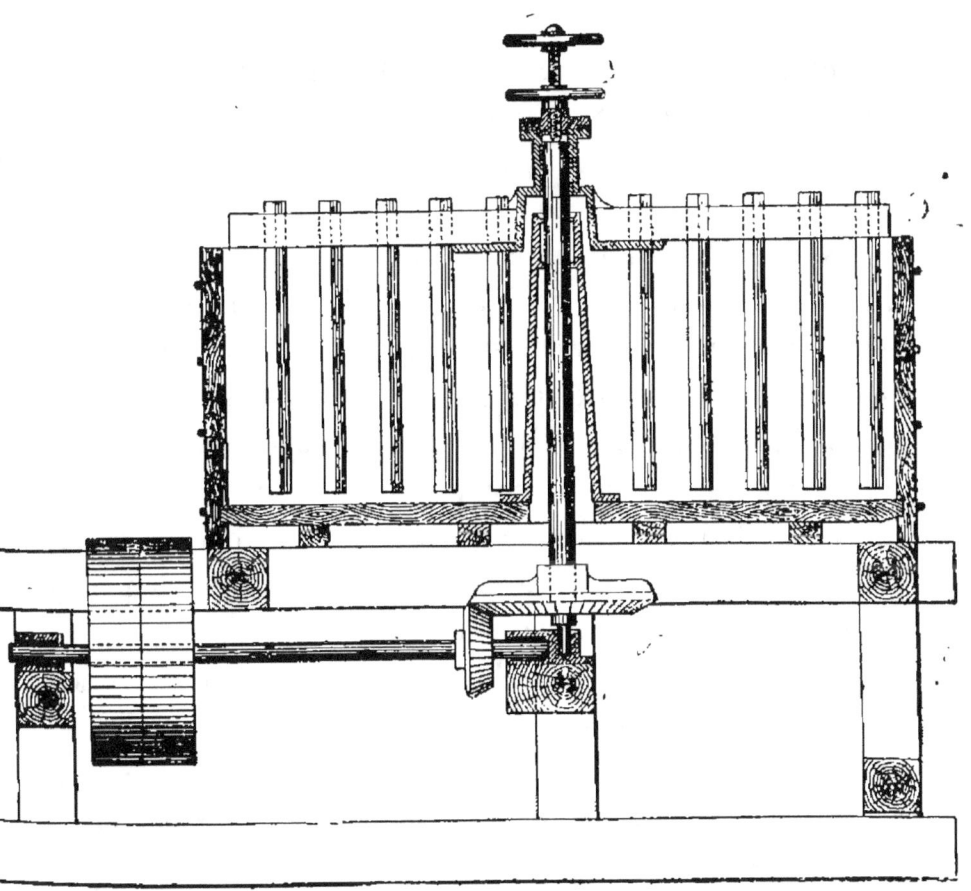

Fig. 41 — Agitateur.

nairement suite aux settlers. Ce sont les agitateurs. Ces appareils se composent d'une grande cuve ayant de 2$^m$,40 à 6 mètres de diamètre et de 0$^m$,75 à 1$^m$,20 de hauteur, dans laquelle tourne autour de l'axe central une petite meule. Cette meule est munie de quatre bras auxquels sont fixés des tiges verticales en bois. Elle peut être abaissée ou élevée à volonté ; elle marche à 10 ou 20 tours à la minute. Un agitateur peut recevoir la charge de 5 à 6 settlers, qu'on y conduit en même temps qu'un courant d'eau continu. Le dépôt qui se forme sur le fond de la cuve renferme des pyrites, du sable et de l'amalgame, et est assez riche pour être traité à nouveau.

**Amalgame de sodium.** — L'emploi d'amalgame de sodium a donné quelques résultats dans le traitement au pan d'amalgamation. Cet amalgame, facile à préparer, se fait de la manière suivante : On chauffe dans un creuset de fer, placé sur un bain de sable, la quantité de mercure voulue pour former un amalgame à 3 % de sodium et 97 % de mercure. Lorsque le mercure commence à entrer en ébullition, on le retire de la chaleur, puis on y projette par petits fragments le sodium préalablement décrassé. Il se forme à l'addition de chaque fragment une vive incandescence, souvent même des projections dont il faut se garer en prenant les fragments de sodium avec une longue pince et en se couvrant la main d'un linge. L'amalgame ainsi préparé est encore fluide, et peut se conserver dans un flacon sans addition d'huile de naphte. Il a la propriété de rendre le mercure plus brillant et, par conséquent, plus actif. Le sodium de l'amalgame agit donc ici comme désoxydant. Si on étale quelques gouttes de cet amalgame sur une plaque de métal : de cuivre, d'étain ou de zinc, légèrement humectée, il se forme aussitôt une couche brillante de mercure. Il peut donc être utilisé avec succès pour les p'aques d'amalgamation. Le sodium préparé par le procédé Castner est maintenant à un prix abordable. Par électrolyse on pourrait fabriquer économiquement de l'amalgame de sodium. Il y aurait donc, croyons-nous, intérêt à étudier l'emploi de l'amalame de sodium un peu abandonné ces derniers temps. Il a probablement été par trop prôné au début pour le traitement de tous les minerais réfractaires.

**Nettoyage du moulin.** — Les appareils d'amalgamation sont ordinairement nettoyés tous les huit jours. Le nettoyage des batteries se fait tous les mois. Les crasses ou écumes qu'on y peut enlever en triturant à la main l'amalgame des almagamateurs, sont mises de côté pour être traitées ensuite au pan d'amalgamation. Elles se composent généralement de pyrites, de galène et d'autres sulfures.

L'amalgame qui recouvre les plaques d'amalgamation et qui forme souvent une couche épaisse et dure est enlevé au moyen d'un ciseau peu dur. Ce faisant, il faut prendre la précaution de ne pas dégarnir par trop le cuivre, car on doit se rappeler que les plaques ne sont vraiment bonnes que quand elles sont recouvertes d'une couche d'amalgame d'or. Tous les mois on fait un nettoyage complet, en procédant par batterie. Les pilons sont maintenus en l'air au moyen des supports. Les dés sont enlevés avec un ciseau qu'on introduit dans les ouvertures formées par les pans coupés des embases. L'amalgame des plaques intérieures est enlevé de la même façon que sur les plaques extérieures. Le sable et les graviers qui se trouvent dans le mortier sont déversés dans la batterie suivante qui continue à marcher. Lorsque le nettoyage d'une batterie est terminé, on met celle-ci en marche et l'on passe au nettoyage de la suivante.

**Résultats du procédé d'amalgamation dans la batterie.** — Si le procédé au mercure avec plaques de cuivre amalgamées donne 70 °/$_0$ de l'or renfermé dans le minerai traité, on peut considérer cela comme un très beau résultat. Ce rendement ne peut guère être atteint que lorsque l'or est brillant, en gros grains et de teneur élevée. Il ne faut pas non

plus que le minerai renferme de l'or rouillé ni de l'or flottant, ni qu'il soit accompagné de sulfures, d'arséniures, ou
de roches magnésiennes ou alumineuses, car le résultat tom-
berait à 30 % de l'or qui y est contenu.

L'or obtenu par ce procédé peut se répartir ainsi :

Or recueilli dans la batterie sur les plaques . . . . . . . 60 %
  «       dans les amalgamateurs . . . . . . . . . . 15 %
Or provenant des concentrés . . . . . . . . . . . . 25 %

## CONTROLE DU TRAVAIL

**Travail d'un moulin**. — Comme nous le verrons à la
rubrique : *Pertes en or*, il est de tout intérêt de contrôler de
temps à autre le travail d'un moulin, et cela, en établissant
par des essais la teneur en or du minerai qui arrive à la
batterie, des *tailings* qui en sortent et de l'eau qui s'écoule. Si
on considère la faible quantité de minerai soumise à l'analyse
et la répartition très inégale de l'or dans sa gangue, on peut se
rendre compte, qu'une petite quantité d'or en plus ou en
moins peut faire varier totalement les résultats. Il faut donc
suivre, pour le prélèvement des échantillons, une règle déterminée, règle qui permet d'arriver à une moyenne.

On prélève, à intervalles réguliers, par exemple toutes les
dix ou quinze minutes, deux kilogrammes de minerai sortant
du concasseur. Les échantillons ainsi réunis en 24 heures sont
ensuite mélangés et étalés sur une aire, de manière à former
un carré sur lequel on trace des lignes distantes de 0m,25 les
unes des autres.

De chaque carré ainsi obtenu on prend une quantité de
minerai suffisante pour faire une masse de 20 kg, que
l'on pulvérise complètement dans un mortier en fer pour
que la poudre puisse passer dans un tamis à mailles de

3 millimètres. Sur l'échantillon tamisé et bien mélangé on fait un nouveau prélèvement de 1 à 2 kg. Cette petite quantité est réduite en poudre assez fine pour pouvoir passer au tamis de 1 millimètre. De cette poudre on prend le poids voulu pour un essai. L'échantillonnage des *tailings* doit être fait aux mêmes intervalles de temps que celui du minerai. A

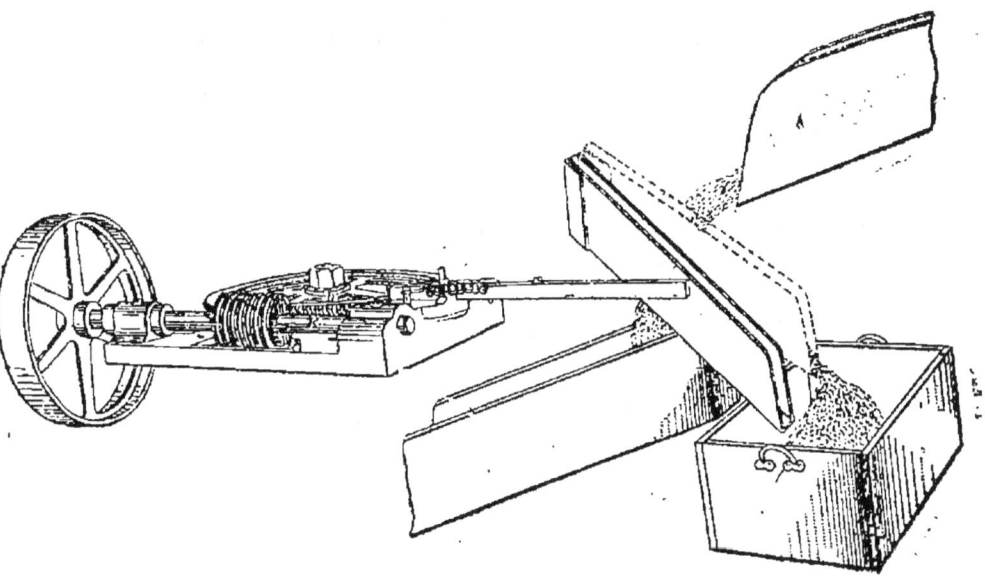

Fig. 42 — Echantillonneur Mac Dermott.

cet effet, on place sous la décharge des *tailings* un vase qu'on laisse se remplir et qu'on met déposer pour être décanté. Le liquide qui surnage est versé dans un grand baquet. Nous recommanderons pour l'échantillonnage l'appareil très pratique inventé par M. Mac Dermott (voir Fig. 42). Les *tailings* ainsi récoltés pendant 24 heures sont séchés, mélangés, échantillonnés et essayés. Quant au dépôt qui s'est formé dans le baquet, il est récolté après une soigneuse décantation, puis séché et essayé. Ce dernier résultat indique l'or flottant. Dans certaines mines la quantité d'or flottant est très considérable. Les essais de dépôts d'eaux prélevés à environ

1 kilomètre de batteries californiennes ont permis d'estimer à 0 fr. 06 l'or entraîné par mètre cube d'eau ; or, la quantité écoulée en 24 heures était de 28 800 mètres cubes.

**Prix d'une batterie.** —Le prix d'une batterie de 20 pilons prise dans un grand centre manufacturier peut être estimé à 75 000 francs. Dans ce prix sont compris : la chaudière, la machine, les Frue Vanners et autres accessoires. Rendue sur place, une batterie coûte parfois le double. Il ne faut pas oublier que la plupart des mines d'or sont très éloignées, et très souvent à des distances considérables des lignes de chemin de fer, ce qui nécessite, par conséquent, des transports par chariots, transports toujours très onéreux et qui durent souvent plusieurs mois.

**Eau nécessaire.** — On estime généralement de la manière suivante l'eau nécessaire :

Pour une chaudière : 40 à 45 litres par heure et par cheval.

Pour un pilon : 325 à 330 litres par heure.

Pour un pan : 545 à 550       «        «

Pour un settler : 270 à 275   «        «

Dans quelques mines qui disposent de peu d'eau, celle-ci peut être à nouveau utilisée, après dépôt et avec 25 à 30 °/₀ de pertes.

**Force nécessaire.** — La force nécessaire pour une batterie de 10 pilons est de 30 chevaux, répartie comme suit :

| | |
|---|---|
| Un concasseur Blake. . . . . . . . . . . . . . | 6 chevaux. |
| Dix pilons de 373 kg. . . . . . . . . . . . . | 12 « |
| Quatre Frue Vanners . . . . . . . . . . . . | 2 « |
| Un pan . . . . . . . . . . . . . . . . . . . | 3 « |
| Un settler . . . . . . . . . . . . . . . . . | 3 « |
| Frottement . . . . . . . . . . . . . . . . . | 4 « |

Une telle batterie peut broyer, en 24 heures, 20 tonnes de minerai de dureté moyenne.

Pour une batterie de 20 pilons, l'augmentation de force nécessaire ne sera que de 16 chevaux, 10 pour les 10 pilons, 2 pour 4 Frue Vanners et 3 pour augmentation de frottement.

**Personnel**. — Le personnel d'une batterie varie beaucoup, car, dans certains pays, la journée ouvrière est de 12 heures, tandis que dans d'autres, comme par exemple dans les divers États de l'Afrique du Sud, elle n'est que de 8 heures.

Le personnel d'une batterie de 20 pilons, avec service de 12 heures par équipe, est ordinairement le suivant :

2 ouvriers au concasseur ;

2 « pour la surveillance de l'eau, le lavage des couvertes, la distribution des dépôts du lavage dans les amalgamateurs, etc. ;

2 amalgamateurs auxquels incombe la surveillance de tous les appareils d'amalgamation, la distillation, la fonte, etc. ;

2 mécaniciens chargés des chaudières et de la machine, et enfin,

1 directeur de batterie.
___
9 au total.

Avec le service de 8 heures, le personnel doit être augmenté de 3 ouvriers. Dans les batteries qui ne sont pas munies de distributeurs automatiques, il faut compter un ouvrier de plus par équipe et par 10 pilons.

Dans le Sud-Afrique, ce travail, ainsi que celui au concasseur, est ordinairement confié à des noirs peu rétribués et qui s'acquittent très bien de cette besogne.

**Frais de traitement**. — Les frais de traitement varient beaucoup suivant le nombre de pilons, le prix de la main-d'œuvre et des combustibles, voire même de l'eau, que certaines mines sont obligées d'acheter.

Ces frais oscillent donc entre 5 et 25 francs par tonne. Dans quelques cas ils sont inférieurs à 5 francs. En prenant comme moyenne le prix de 10 francs par tonne, on pourrait le répartir de la manière suivante :

| | | |
|---|---|---|
| Main-d'œuvre. | fr. | 4,75 |
| Combustible | « | 2,50 |
| Mercure, produits chimiques | « | 0,65 |
| Usure : grilles, sabots, dés, etc | « | 1,50 |
| Entretien, frais divers | « | 0,60 |
| | fr. | 10,00 |

Dans ce chiffre ne sont pas compris : l'amortissement du capital et les frais généraux répartis sur la mine et la batterie. Si l'usine traite elle-même ses concentrés, il faut compter sur une augmentation d'un franc par tonne.

**Pertes en or, et insuccès du procédé au mercure.—** Les pertes en or dans le procédé d'amalgamation sont souvent considérables et représentent 30 %, voire même 70 et 80 % de l'or renfermé dans le minerai. Les principales causes d'insuccès sont les suivantes :

1°). — Trop grande finesse de l'or dans certains minerais, dans lesquels il est en particules très tenues qui ne se déposent, même dans un liquide en repos, qu'après un temps très long et sont, par conséquent, entraînées par le courant toujours rapide d'une batterie. Cet or reste souvent aussi dans l'intérieur de grains quartzeux qui ne peuvent être réduits par les batteries au-dessous d'une certaine dimension.

2°). — Présence, dans beaucoup de minerais, de sulfures souvent invisibles à l'œil nu et qui, comme il a été expliqué plus haut, rendent l'or non amalgamable. Lorsque la teneur en sulfures est élevée, il se forme pendant le broyage, du mercure noir qui se réduit en poussière. Souvent aussi il y a production d'hydrogène sulfuré par décomposition de sulfures sous l'action de sulfates acides formés par oxydation, surtout lorsque le minerai reste longtemps exposé à l'air et à l'humidité avant de passer à la batterie.

3°). — Présence d'arsenic, d'antimoine et de plomb qui souillent très rapidement le mercure, forment des crasses à sa surface et l'empêchent ainsi d'entrer en contact avec les grains d'or.

4°). — Présence dans la gangue de roches talqueuses, au toucher savonneux, donnant au bocardage une poussière extrêmement fine et formant en quelque sorte avec l'eau une émulsion qui rend l'or glissant et l'empêche d'adhérer à l'amalgame.

Quelquefois aussi, on rencontre dans les mines quartzeuses de l'or réfractaire à l'amalgamation, appelé *or rouillé* par les mineurs.

A toutes ces causes bien naturelles, il faut encore ajouter les fautes souvent commises pendant la marche de la batterie, comme vitesse défectueuse, débit d'eau mal réglé, etc.

Cette courte énumération démontre l'intérêt qu'il y a de contrôler le travail d'un moulin à or, par des essais du minerai et des *tailings*, ainsi que de l'eau qui s'écoule de la batterie ; il prouve, en outre, la nécessité d'étudier soigneusement un minerai avant d'adopter un procédé pour son traitement.

## RÈGLES A SUIVRE POUR OBTENIR DE BONS RÉSULTATS

Comme on a pu s'en rendre compte, le procédé au mercure, quoique simple en apparence, demande beaucoup de pratique et beaucoup d'attention, pour pouvoir être utilisé avec succès. Nous nous permettons de reproduire ici les règles à suivre pour l'emploi de ce procédé, règles que M. Essler (1) a établies :

(1) The Metallurgy of gold.

1º. — Broyage fin, si l'or est fin ;

2º. — Maintenir une couche d'amalgame d'or sur les plaques de cuivre. — Ne pas enlever d'amalgame jusqu'à ce qu'il se soit formé une forte couche sur les plaques.

3º. — Employer la quantité d'eau nécessaire. Trop d'eau occasiönnerait un broyage grossier, une exposition moins complète de l'or fin, moins de contact de l'or avec le mercure, et un rapide entrainement des deux. L'addition de trop de mercure, quoique donnant lieu à plus d'amalgame, ne servirait qu'à le faire entrainer par l'eau.

4º. — L'eau de la batterie doit avoir la température voulue. Elle ne doit être ni trop chaude, ni trop froide ; la meilleure température est de 90º à 110º Farh, si on peut l'obtenir artificiellement.

5º. — Ajouter le mercure en quantité nécessaire. Comme il y a toujours une forte perte en mercure, les conditions doivent en être soigneusement étudiées dans chaque moulin. Le mercure introduit dans la batterie est finement divisé par les pilons, et présente ainsi des facilités à l'amalgamation des fines particules d'or. — La motion violente de l'eau occasionnée par la chute des pilons entraine des particules d'or, d'amalgame et de mercure sur les plaques de cuivre auxquelles elles adhèrent.

6º. — La hauteur de la charge dans le mortier doit être exacte. Elle ne doit pas s'élever plus haut qu'environ 0m,075 au-dessous de l'arête la plus basse des plaques intérieures. Si le quartz et la pulpe de la batterie arrivent trop près des plaques, il y a trop de matière, et de la trop grossière. Celle-ci, jetée sur les plaques, empêche l'accumulation d'amalgame, ou l'enlève si elle a déjà eu lieu.

7º. — L'alimentation doit être régulière.

8º. — Il faut prendre soin de tenir les plaques propres.

9°. — Eviter l'introduction dans la batterie de graisses ou de substances graisseuses. — Ne pas utiliser la vapeur surchauffée pour chauffer l'eau destinée à l'amalgamation. En graissant l'arbre à cames, les paliers, les cames et les taquets, éviter de laisser tomber de la graisse dans le mortier.

10°. — Rejeter les roches renfermant de l'oxyde de fer, des silicates de magnésie, et les roches alumineuses, qui font mousser l'eau et forment autour de l'or une boue qui résiste à l'amalgamation.

11°. — Eviter les eaux minérales pour l'amalgamation dans la batterie, surtout si celles-ci contiennent du soufre sous forme d'hydrogène sulfuré, car il se ferait autour des particules d'or un enduit qui empêcherait l'amalgamation.

12°. — Eviter que l'amalgame des plaques de cuivre ne devienne trop dur, car il ne pourrait dissoudre l'or. Lorsqu'on s'aperçoit que l'amalgame durcit trop, on fera bien d'y laisser tomber quelques globules de mercure qu'on serre dans une peau de chamois. Si, par contre, l'amalgame devient trop tendre il y a danger de le laisser couler et de le perdre avec une certaine quantité d'or.

13°. — On doit toujours avoir à portée de la main une solution de cyanure. Lorsque des taches jaunes se forment sur les plaques il faut en verser un peu dessus. Si cela ne suffit pas pour les enlever, il faut les frotter avec un fragment de cyanure, ce qui produira l'effet désiré.

14°. — Si le minerai renferme des sulfates solubles provenant de la décomposition de pyrites, l'addition de chaux sera utile au moment où on le passe à la batterie.

15°. — Lorsqu'on traite des roches aurifères renfermant du manganèse, il est nécessaire de nettoyer les plaques tous les huit jours et de leur donner une nouvelle couche de mercure.

16°. — On trouvera bien des cas dans lesquels l'amalgamation peut être favorisée, en déchargeant le minerai directement de la batterie sur les concentrateurs, qui ramasseront toutes les parties minérales lourdes, nuisibles au procédé ordinaire d'amalgamation. — Les *tailings* qui passeront les concentrateurs, abandonneront facilement leur or sur des plaques amalgamées, au cas où de fines particules en auraient échappées, car le minerai a subi un nettoyage dans la séparation du minerai pyriteux qui nuit à l'amalgamation sur les plaques. Si les concentrés sont traités dans des pans, on doit faire passer les *tailings* du settler sur des tables à boue de manière à pouvoir saisir toutes les parties minérales de valeur qui ont échappé.

17°. — Pour traiter des minerais pyriteux lourds, on trouvera avantageux d'avoir un tube en fer, percé de nombreux petits trous, et projetant une pluie fine sur les plaques extérieures de cuivre, de manière à aider à l'entraînement des sulfures lourds qui couvriraient les plaques et empêcheraient ainsi l'or libre d'être mis en contact avec elles.

# CHAPITRE V

TRAITEMENT DES MINERAIS AURIFÈRES ET AURO-ARGENTIFÈRES PAR
VOIE D'AMALGAMATION

Procédé Boss ou système continu. — Batterie. — Grinding Pans. —
Standard-Pans et Settlers. — Distributeurs de réactifs. — Marche
de l'opération. — Force nécessaire. — Nettoyage de l'amalgame. —
Filtres à amalgame. — Distillation de l'amalgame. — Purification du
mercure.

Avant de passer à l'étude des procédés de traitement des
minerais réfractaires à l'amalgamation, nous décrirons rapidement le Procédé Boss, connu aussi sous le nom de système
continu, procédé actuellement très en vogue dans les usines
américaines, pour le traitement des minerais auro-argentifères.

**Procédé Boss ou système continu.** — Autrefois,
les usines américaines qui traitaient leurs minerais aux pans
d'amalgamation ne le faisaient que par charges fractionnées.
Le minerai était d'abord bocardé, puis entraîné par l'eau dans
de grands bacs de dépôt. A la suite de plusieurs opérations,
la pulpe presque sèche, était alors passée aux pans d'amalgamation et liquéfiée de nouveau par une addition d'eau.

Cette manière de procéder n'était pas rationnelle et occasion-
nait des dépenses élevées en main-d'œuvre et en frais
d'installation ; elle fut donc peu à peu remplacée par le procédé Boss.

Ce procédé consiste à pulvériser le minerai dans une batterie
ordinaire et à évacuer la pulpe dans une série de Grinding-
Pans, destinés à parfaire la trituration. Des Grinding-Pans, la

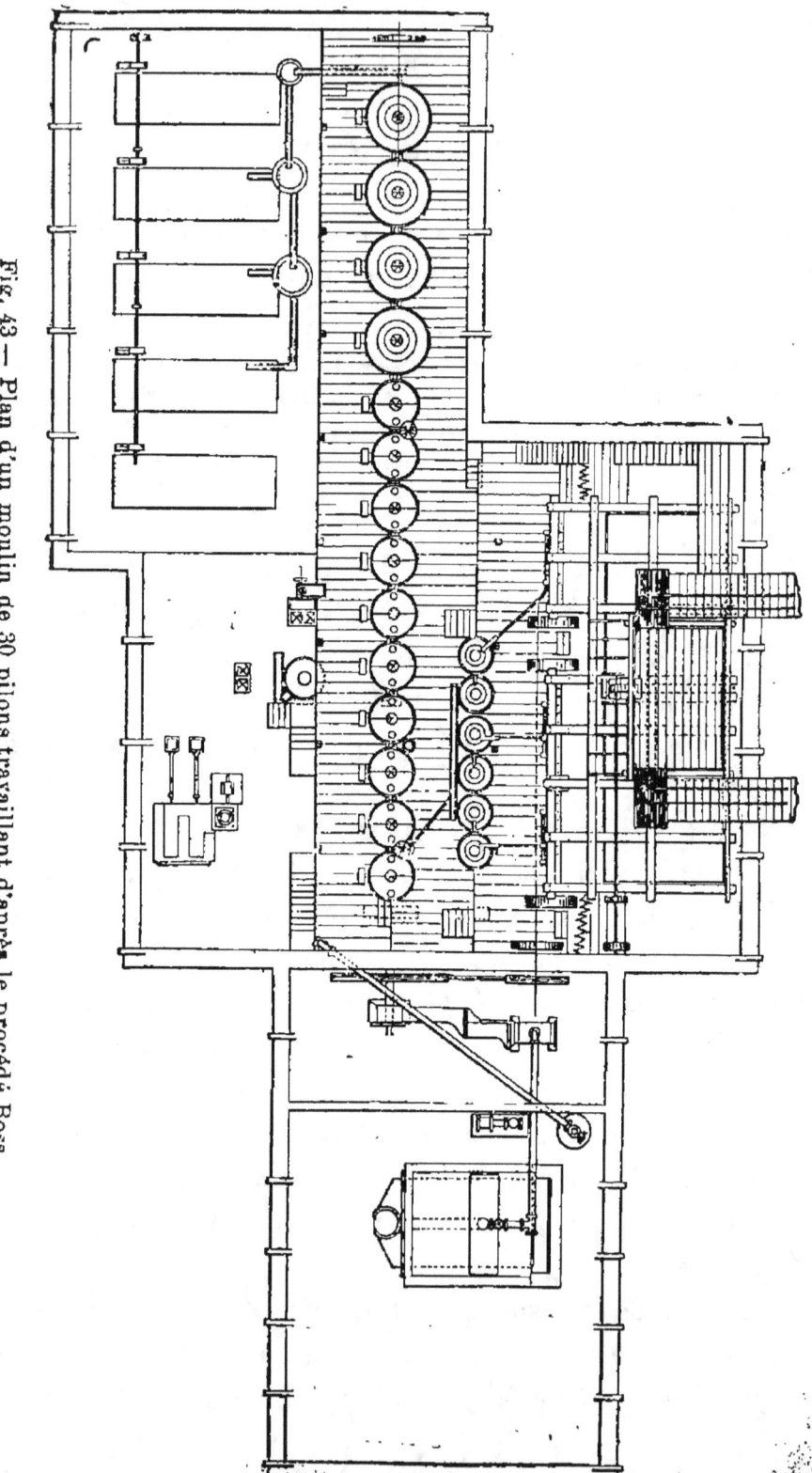

Fig. 43 — Plan d'un moulin de 30 pilons travaillant d'après le procédé Boss.

pulpe passe par une série d'autres pans dans lesquels elle est mise en contact avec le mercure ; celui-ci est maintenu actif par l'addition de produits chimiques, tels que le chlorure de sodium, le sulfate de cuivre et la chaux. — Chaque pan déverse dans le suivant, par un tube placé à sa partie supérieure, la pulpe qui y a déjà subi une première amalgamation. Le minerai après avoir traversé ces pans, dont le nombre dé-

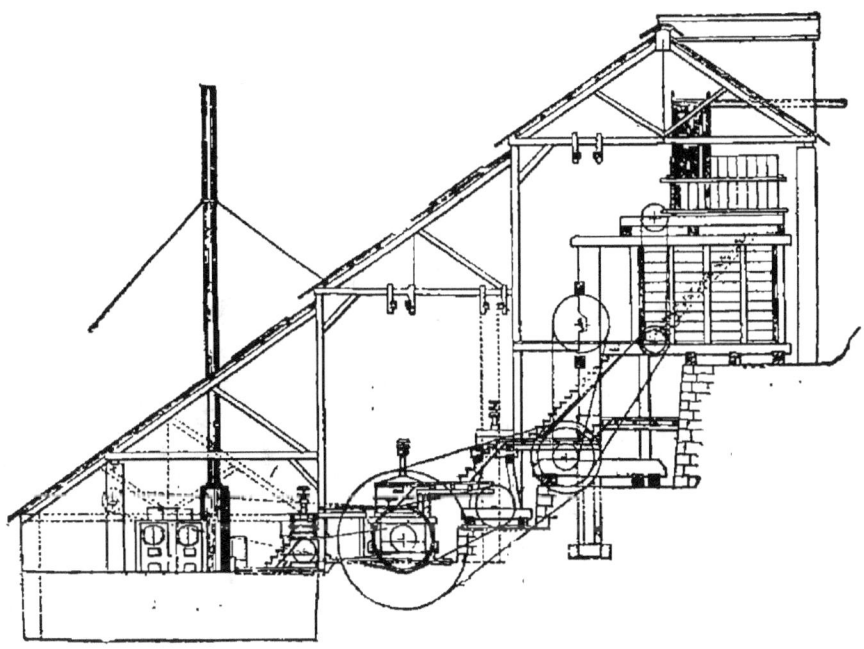

Fig. 44 — [Coupe d'un moulin de 30 pilons travaillant d'après le procédé Boss.

pend de la nature de celui-ci, passe encore par une série de settlers et quelquefois même dans des bacs d'agitation, ou directement sur des Frue-Vanners, qui permettent de retirer encore la partie utile des *tailings*. Dans quelques mines, la pulpe sortant des settlers est considérée comme épuisée et est abandonnée.

**Batterie.** — La batterie employée est celle que nous avons déjà décrite. Comme la pulvérisation se termine dans les Grinding-Pans, il n'est pas nécessaire de pulvériser d'avance très fin. De sorte qu'en employant un numéro de grille moins élevé, le rendement sera plus considérable. Les mortiers sont munis de boîtes à éclaboussures d'où la pulpe s'écoule dans des sluices conduisant aux Grinding-Pans.

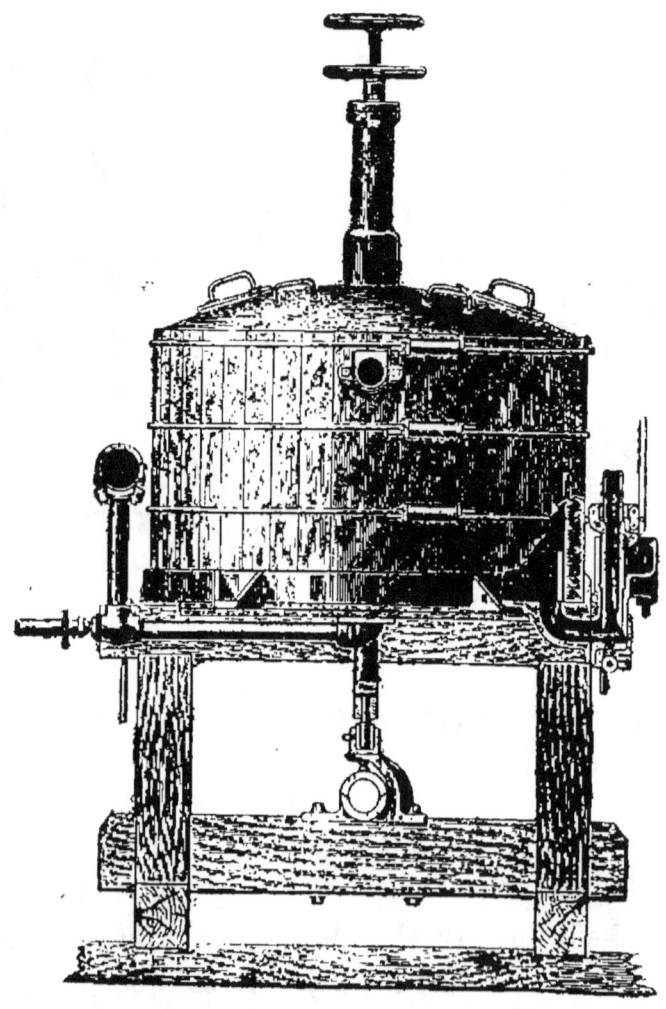

Fig. 45 — Standard Pan.

**Standard-Pans et Settlers.** — Le fond des Standard-Pans est en fonte, les parois sont formées de douves en bois qui s'appuient sur une bague venue de fonte avec le fond. La surface de chauffe a été considérablement augmentée en disposant une boîte à circulation de vapeur non seulement dans le fond, mais aussi dans le cône de la meule, de manière à porter rapidement la pulpe à la température voulue, car l'espace de temps pendant lequel elle circule dans le pan est très court. Les pans sont munis à la partie supérieure de leurs parois de deux ouvertures dans lesquelles on ajuste deux tuyaux destinés à relier les pans entre eux, et à assurer ainsi le passage de la pulpe d'un pan dans l'autre. Le dernier pan communique de la même manière avec le premier des settlers. — Nous ne reviendrons pas ici sur la description déjà faite de ces derniers appareils. Dans le système continu, ils ont 2m,40 de diamètre et sont pourvus de deux siphons à mercure avec décharge automatique. Le mercure tenant de l'amalgame en suspension, est conduit au moyen d'un tube sur un filtre qui retient l'amalgame et permet au mercure de s'écouler dans un bassin d'où il est élevé au moyen d'une pompe jusque dans les distributeurs automatiques.

**Distributeurs de réactifs.** — La distribution des divers réactifs devant être faite à intervalles réguliers, est confiée à un appareil automatique qui consiste en une roue portant douze poches qu'on charge de réactifs. Cette roue fait un tour par heure. Un système de déclanchement renverse toutes les cinq minutes une de ces poches, dont le contenu tombe dans le pan par un trou ménagé dans le couvercle.

**Marche de l'opération.** — Le premier Standard-Pan ne renferme généralement pas de mercure. Il est seulement destiné à mettre en présence la pulpe et les réactifs qui sont : le sel marin et la chaux pour les minerais facilement réductibles, et le sel marin et le sulfate de cuivre ou vitriol bleu pour les minerais plus difficiles à amalgamer. Nous ajouterons ici à ce que nous avons dit sur les réactifs, que la quantité employée est ordinairement très faible et ne s'élève qu'à environ 1/2 % pour le sel et 1/3 % pour le sulfate de cuivre.

Dans quelques mines on ajoute simultanément le mercure et les réactifs.

Le nettoyage peut s'effectuer sans arrêt du travail. A cet effet, on met hors de série, et à tour de rôle, le pan à nettoyer, en faisant communiquer les autres par un tuyau en caoutchouc.

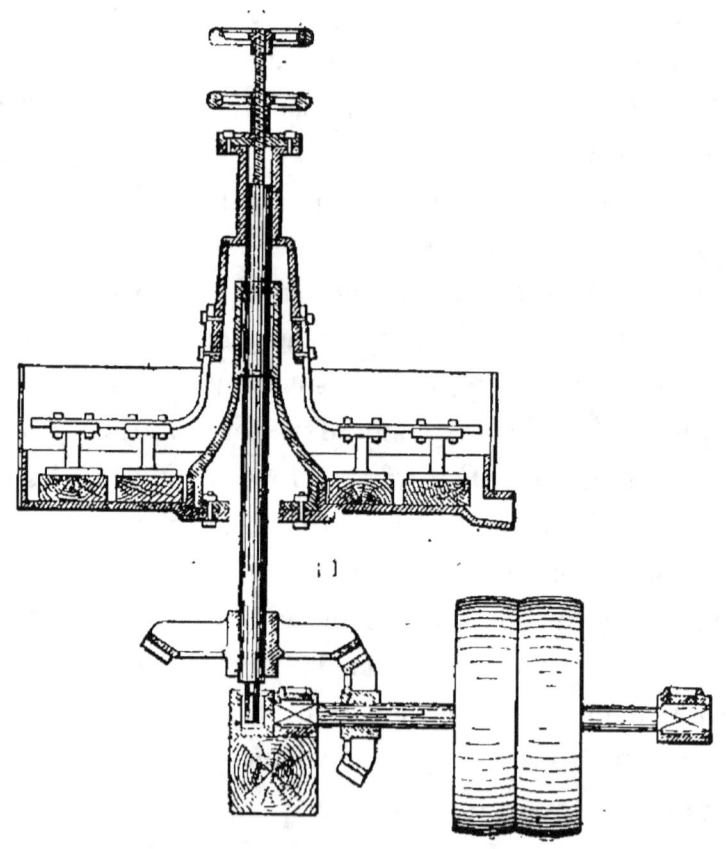

Fig. 46 — Clean-up-Pan.

**Force nécessaire.** — La force nécessaire pour une installation de 10 pilons, suffisante pour traiter de 18 à 20 tonnes de minerai en 24 heures, est de 64 chevaux répartis comme suit :

| | |
|---|---|
| 1 concasseur Blacke n° 2. . . . . . . . | 6 chevaux |
| 10 pilons de 340 kilogrammes. . . . . . . | 12    « |
| 6 pans de 1m,50 diamètre. . . . . . . . | 30    « |
| 3 settlers de 2m,40 diamètre. . . . . . . | 9    « |
| Frottement . . . . . . . . . . . | 7    « |
| Total. . . . . . | 64 chevaux |

Dans le cas de concentration des *tailings*, il faut compter un demi-cheval en plus par Frue Vanner.

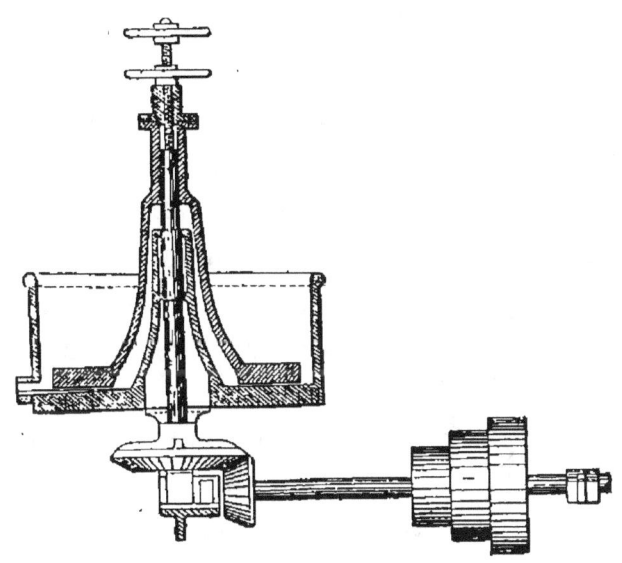

Fig. 47 — Clean-up-Pan.

**Nettoyage de l'amalgame.** — L'amalgame recueilli dans les divers appareils renferme ordinairement comme bas métaux : du plomb et du cuivre alliés au mercure, du fer entraîné mécaniquement et provenant de l'usure des pièces de la machinerie, comme des sabots, des dés, etc., et enfin des sulfures qu'on peut éliminer d'une manière mécanique. Lorsque l'amalgame est épais et dur, on y ajoute un tiers ou

6

une moitié de mercure, puis on le triture dans un mortier avec de l'eau additionnée de carbonate de soude. Ce travail peut aussi être exécuté dans des Clean-up Pans que l'on fait marcher à 15 ou 20 tours à la minute, en ajoutant constamment de l'eau propre, jusqu'à ce que la surface de l'amalgame soit brillante. C'est le moment de le filtrer sur une toile serrée.

**Filtre à amalgame.** — Dans les mines importantes, dans lesquelles on utilise surtout le procédé Boss, procédé qui nécessite une grande quantité de mercure, on se sert de filtres où l'amalgame arrive automatiquement, et est ainsi à l'abri de vols. Ce filtre consiste en un récipient cylindrique pourvu d'un couvercle fermant à clef, et muni au centre d'une ouverture par laquelle passe le tube conducteur de l'amalgame provenant des pans. L'amalgame tombe dans un sac conique, de forte toile, ayant de $0^m,25$ à $0^m,30$ de diamètre à l'ouverture et jusqu'à $0^m,70$ de hauteur. Le mercure filtré va dans le bas du récipient et s'écoule par un tuyau dans le bassin à mercure, où s'alimente la pompe des distributeurs.

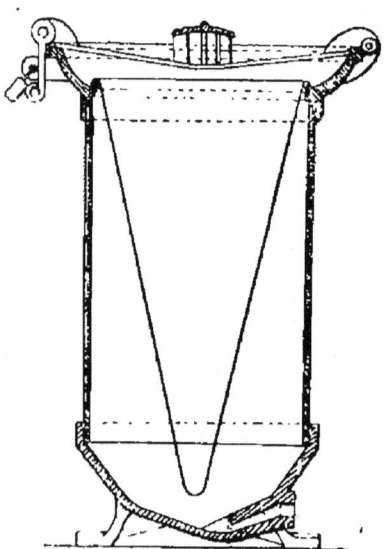

Fig. 48 — Filtre à Amalgame.

**Distillation de l'amalgame.** — L'amalgame recueilli dans les poches est encore resserré par petites portions dans un morceau de coutil, pour en exprimer le plus de mercure possible. Ainsi exprimé, il renferme de 35 à 40 % d'or qu'on recueille en le soumettant à la distillation. Les appareils à

distiller ne varient que par la forme et la capacité. Cette
dernière dépend de l'importance de la mine. La cornue ordinairement employée dans les petites usines se compose d'une
marmite en fer tourné, munie d'un couvercle fermant très
exactement, et pourvu d'une ouverture dans laquelle on peut
visser l'extrémité d'un tube de fer recourbé. Dans cette cornue
on place l'amalgame réduit à la main en forme de boulettes,

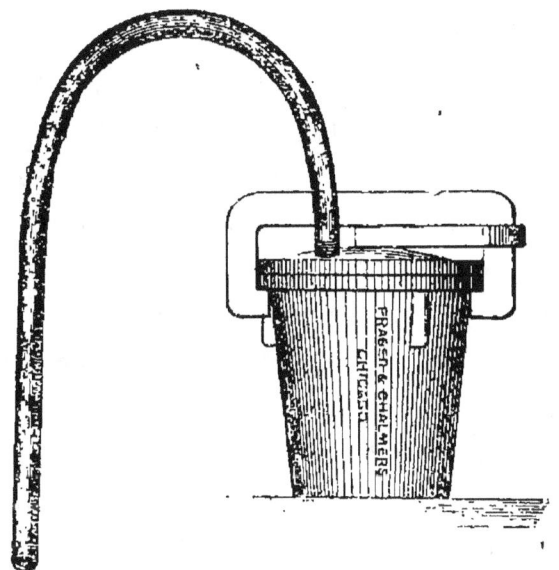

Fig. 49 — Cornue à Amalgame.

puis on la ferme avec son couvercle muni de son tube, en le
lutant sur ses bords avec un peu d'argile. Le couvercle est
maintenu solidement au moyen d'un serre-joint. La cornue
ainsi chargée est placée dans un petit four. On fait arriver à
une certaine hauteur, au-dessus d'un baquet rempli d'eau,
l'extrémité du tube de dégagement qu'on entoure d'un linge
formant, pour ainsi dire, prolongation du tube et qui plonge
dans l'eau.

Le dispositif le plus simple utilisé dans une grande mine
consiste en une cornue en fer, de forme cylindrique, mesu-

rant de $0^m,30$ à $0^m,35$ de diamètre intérieur et de $1^m,20$ à $1^m,50$ de longueur, avec une épaisseur de parois de $0^m03$. Cette cornue est placée sur de solides barres de fer, au-dessus du foyer d'un four. Une embase à oreilles termine la cornue du côté de la porte de chargement qui est maintenue à l'aide d'un serre-joint. Pour empêcher le dégagement de vapeurs mercurielles, on rend le joint parfait entre la porte et le cylindre, en enduisant les parties en contact d'un lut formé de cendres de bois additionnées d'eau. L'autre extrémité de la cornue est munie d'un long tube de distillation qui est fixé par une bride. Ce tube traverse un bac réfrigérant et arrive au-dessus d'un récipient, à moitié rempli d'eau, dans lequel se réunissent les globules de mercure condensé dans le tube.

La distillation peut être considérée comme terminée lorsque la cornue a été maintenue au rouge pendant environ deux heures. La durée de l'opération, à partir de l'allumage, varie ordinairement de quatre à six heures. Pour ne pas s'exposer aux vapeurs mercurielles, très dangereuses, on ne doit retirer l'or de la cornue qu'après complet refroidissement. L'or sortant de la cornue est plus ou moins poreux. Il renferme quelques sulfures et encore un peu de mercure. On le fond dans un creuset de plombagine, dans un four chauffé au charbon de bois, et en utilisant comme fondants : du salpêtre, du borax ou du carbonate de soude.

La perte en poids à la fonte est de 1 à 1 1/2 %. Les lingots obtenus titrent de 700 à 950 millièmes et renferment, outre de l'argent, des petites quantités de bas métaux.

**Purification du mercure.** — Le mercure peut être purifié par voie sèche, par voie humide et par voie électrolytique.

*Par voie sèche :* On le distille dans la cornue utilisée pour la distillation de l'amalgame, en procédant comme pour ce dernier. Le mercure ainsi obtenu n'est jamais parfaitement pur, car il entraîne pendant sa vaporisation, une partie des métaux qu'il renfermait ; mais il l'est suffisamment pour l'amalgamation.

*Par voie humide.* — On agite le mercure avec de l'eau additionnée de 50 %/$_0$ d'acide nitrique, de manière à renouveler constamment la surface de contact. L'acide nitrique forme du nitrate mercureux, dont le mercure est déplacé par les métaux étrangers qui se transforment en nitrates. On lave ensuite à grande eau.

*Par électrolyse.* — On dispose une lame de plomb dans un récipient à moitié rempli d'une solution de sulfate de soude, puis on plonge au milieu du liquide un vase en terre poreuse dans lequel on a mis, avec un peu d'eau, le mercure à purifier : ceci fait, on met la lame de plomb en contact avec le pôle positif et le mercure avec le pôle négatif d'une source d'électricité.

# CHAPITRE VI

## CONCENTRATION DES MINERAIS

## PRINCIPES DE LA CONCENTRATION

Pour rendre le traitement métallurgique ou chimique plus facile et plus économique, on concentre les minerais, c'est-à-dire qu'on élimine par une série d'opérations physiques la plus grande partie de la gangue.

Il est impossible de donner une règle générale pour le choix des machines à concentrer. Aucune ne peut être appliquée à tous les minerais, car ceux-ci ont entre eux des caractères physiques très variables.

Plus le poids du métal à extraire est supérieur à sa gangue, plus la concentration mécanique est facile. C'est le cas pour le minerai aurifère, l'or ayant une densité élevée. Si le minerai pouvait être réduit en fragments de mêmes dimensions, la séparation par ordre de densité serait très simple. Il suffirait de laisser tomber dans l'eau le minerai en poudre : les fragments gagneraient le fond du liquide dans l'ordre de leur densité et formeraient des couches de richesse décroissante.

En pratique, le classement ne peut se faire par ordre de densité, car on ne peut obtenir des fragments de dimensions égales. Malgré de nombreux passages aux cribles, il y aura toujours irrégularité de forme et de dimension. Or, le développement de la surface extérieure augmente le frottement contre le liquide et compense ainsi jusqu'à un certain point l'augmentation de densité. Chaque couche de minerai est alors caractérisée, non par la différence des densités, mais par un certain rapport entre la densité et la dimension.

On est cependant arrivé à un classement par densité par l'application successive de la chute libre dans l'eau en repos, et de la chute libre dans l'eau à laquelle on donne une vitesse suffisante et convenablement dirigée, de manière à exagérer les différences de grosseur.

Dans les appareils employés actuellement, on utilise le frottement du minerai soumis à l'action d'un courant d'eau sur un plan incliné. Lorsque la force du courant est supérieure à la résistance due au frottement, le minerai est entraîné. Le frottement offrira d'autant plus de résistance que le poids du minerai sera plus élevé. Et la force du courant dépendra de la surface présentée à la nappe de l'eau. Des fragments de densités différentes, mais d'égales dimensions, les plus légers seront entraînés le plus loin.

Il y a rapport entre la densité et la dimension des fragments différents de densité et de dimension, la variation de l'une corrigeant la variation de l'autre.

Dans certains appareils on soumet aussi le plan incliné à une série des chocs. Sa vitesse se trouve ainsi supprimée par le choc, tandis que celle acquise par les fragments fait projeter ceux-ci d'autant plus loin que leur masse est grande ou leur densité plus élevée, s'ils sont de même dimension.

Supposons une mince nappe d'eau coulant sur un plan in-

cliné ; la surface, la partie supérieure de cette nappe d'eau,
aura une vitesse plus grande que la partie inférieure qui est
ralentie par le frottement. Les plus gros fragments, ceux qui
présentent le plus de prise à la partie supérieure du courant,
seront donc entraînés plus loin que les fragments du même
poids, mais plus petits.

Généralement, la partie métallifère d'un minerai est plus facilement pulvérisée que sa gangue, le plus souvent elle est
réduite en poudre fine. L'influence de la densité, qui diminue
avec la finesse du minerai, est presque nulle lorsque cette
poudre est trop fine. La séparation de cette dernière est
d'autant plus difficile. En règle générale, il y a intérêt à faire
subir un classement au minerai avant de le passer aux appareils de concentration.

**Labyrinthe.** — Cet appareil, peu usité actuellement, se
compose d'un certain nombre de rigoles dont la largeur et la
longueur varient considérablement. Le minerai en poudre
fine, entraîné dans ces rigoles par un courant d'eau presque
horizontal, se dépose en couches devenant de moins en moins
riches au fur et à mesure qu'il s'éloigne de son point de
départ. Ce minerai est enlevé à la pelle.

**Caisses triangulaires.** — Ces caisses, inventées par M. de
Rittinger, comprennent une série de quatre caisses en forme
de pyramides rectangulaires renversées.

Le principe de cet appareil est le même que celui du labyrinthe. — Le minerai entraîné par un courant d'eau passe sur
ces caisses dont la dimension va en augmentant. La première,
très petite, ce qui force l'eau d'y passer rapidement, ne permet
par conséquent qu'aux particules lourdes de s'y déposer. La
seconde, plus grande, reçoit des parcelles de moindre poids,
et ainsi de suite. Les boues qui restent après le passage de la
dernière caisse sont recueillies dans de grands bacs, où elles

se déposent et dont l'eau est décantée au moyen d'un siphon.

L'eau et le minerai arrivent par A (voir fig. 50). Le minerai qui tombe au fond de la caisse est éliminé d'une manière continue par le canal CD qui, en s'ouvrant à la partie inférieure et en remontant le long de la paroi jusqu'à une certaine hauteur, forme un siphon, continuellement parcouru par un courant d'eau suffisant pour entraîner le minerai. — L'augmentation de dimension des caisses va dans la proportion de 1, 2, 4 et 8.

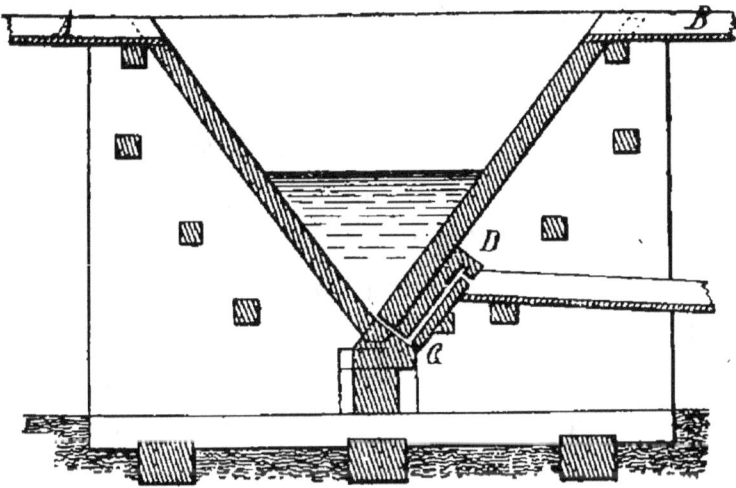

Fig. 50 — Coupe d'une caisse pointue.

L'inclinaison des parois est d'au moins 50°.

Les rendements des caisses sont les suivants :

La 1re donne. . . . . . . . . 40 %
» 2e » . . . . . . . . 26 %
» 3e » . . . . . . . . 18 %
» 4e » . . . . . . . . 10 %

4 % environ entraînés par l'eau sont recueillis dans les bacs.

**Le Berceau.** — Une caisse plate, ayant ordinairement de 3 à 3m,50 de longueur sur 0m,50 à 0m,60 de largeur et 0m,12 à 0m,20 de profondeur, constitue la pièce principale de cet appareil. Cette caisse, construite en bois épais, est fixée à chaque extrémité sur un support formant bascule. Elle est inclinée dans le sens de sa longueur et ouverte sur un des petits côtés pour permettre l'écoulement du minerai. A cet effet, la partie supérieure est posée sur une traverse en bois qui la hausse, et sur laquelle elle est maintenue par une pointe en

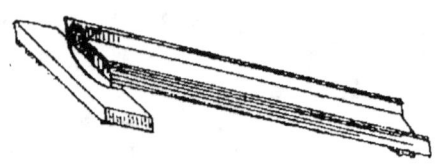

Fig. 51 — Berceau.

fer jouant dans une coulisse, ce qui lui permet d'osciller latéralement tout en l'empêchant de glisser longitudinalement. L'inclinaison et le mouvement d'oscillation de la caisse varient avec la grosseur du sable. — Celui-ci est jeté avec la pelle à la partie supérieure de la caisse où il est soumis à l'action d'un jet d'eau. Les particules légères sont entraînées, petit à petit, en laissant les parties métallifères plus lourdes qu'on ramène constamment vers le haut au moyen d'une racle en bois. Le berceau peut être mu à la main ou mécaniquement. Quoique très rudimentaire, cet appareil donne d'assez bons résultats et permet de traiter, en 24 heures, de 1 à 2 tonnes de sables venant des sluices.

**Les cribles à secousses du Hartz.** — Le crible à secousses le plus simple se compose d'un récipient divisé par une paroi verticale en deux compartiments communiquant entre eux. Dans l'un de ces compartiments se meut un piston qui reçoit son mouvement d'une excentrique. Dans l'autre est fixé un cadre horizontal muni d'une toile métallique sur laquelle le minerai forme une couche de 15 à 25 centimètres d'épaisseur. La caisse étant remplie d'eau jusque vers le niveau du minerai, le mouvement du piston refoule celle-ci à travers le crible et soulève les fragments de minerai, qui retombent librement. Ces fragments sont donc ainsi soumis à une suite de chutes libres. Après un certain nombre de coups de piston, le classement du minerai est parvenu au degré maximum de perfection qu'il peut atteindre. On arrête donc la marche du piston et, au moyen d'une racle, on sépare les couches différentes du minerai en produits stériles, produits intermédiaires à traiter de nouveau, et produits riches.

Cet appareil, tel que nous venons de le décrire, a reçu de nombreuses améliorations qui sont : augmentation de vitesse du piston et accouplement de plusieurs cribles pour en faire une machine continue. Les cribles ont aussi été recouverts d'une couche de grenailles plus grosses que les mailles et de densité égale ou très légèrement inférieure à celle de la partie métallifère que l'on veut séparer de sa gangue. Ce lit de grenailles ne se laisse traverser que par des fragments de densité supérieure ou égale à la

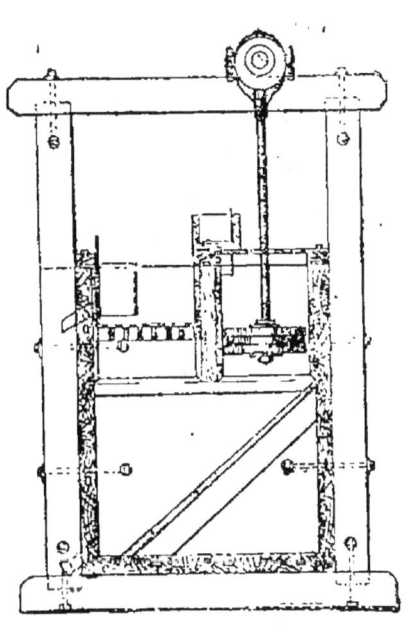

Fig. 52 — Crible à secousses.

sienne. On peut donc, si l'on veut séparer des pyrites d'une gangue plus légère, garnir les grilles d'une couche de fragments de pyrites. Les particules de pyrite du minerai les traversent seules, laissant à la surface de la couche de grenailles les parties les plus légères. Dans un appareil continu, celles-ci sont entraînées par un courant d'eau sur d'autres cribles. Cet appareil permet ainsi de classer par densité d'une manière exceptionnelle, des sables qui ont déjà subi un classement de surface dans la caisse triangulaire. Les figures 53 et 54 représentent un crible à secousses du Hartz à trois compartiments. Les trois pistons sont mûs par trois excentriques

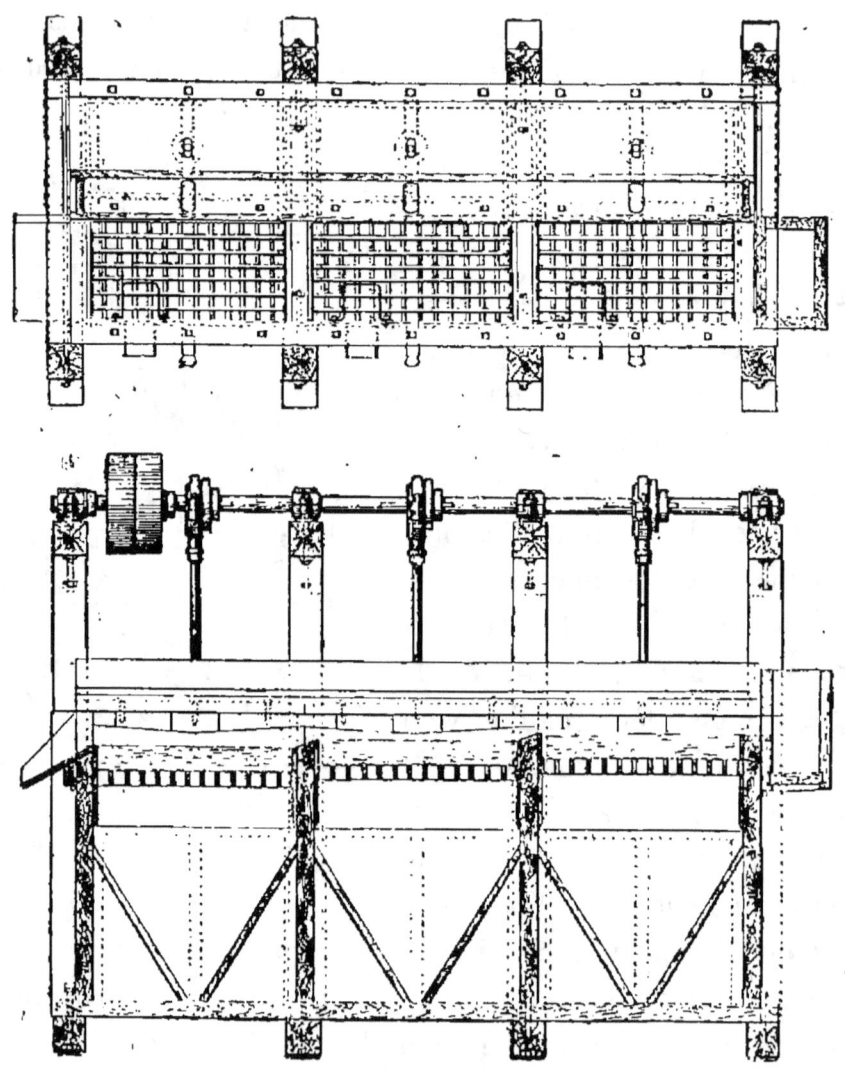

Fig. 53 et 54 — Cribles à secousses

d'un arbre qui reçoit son mouvement par l'intermédiaire d'une poulie. Les trois cribles sont à des niveaux différents. La pulpe à classer arrive dans un distributeur qui la verse sur le premier crible. Tout ce qui ne peut passer ce crible est entraîné par l'eau sur le second qui en laisse traverser encore une certaine quantité. Le reste passe enfin sur le troisième, et les parties complètement stériles s'écoulent par un canal de déversement.

Les caisses des cribles sont ordinairement munies, à leur partie inférieure, d'ouvertures par lesquelles s'écoule le minerai qui a traversé les grilles. Ce minerai est ensuite conduit par des canaux dans des réservoirs. Le crible à secousses a donné naissance à des appareils plus perfectionnés, parmi lesquels nous ne citerons que le *Green's Jigger*.

**Tables dormantes et tables à toiles.** — Nous ne parlerons qu'à titre de curiosité de l'ancienne table dormante. Cette table se compose d'un plan incliné muni de rebords dans sa longueur, à la tête duquel on fait arriver, par le même distributeur, de l'eau chargée de minerai, puis de l'eau claire. L'inclinaison de la table est telle que les parties entraînées qui s'écoulent avec l'eau sont presque toutes stériles. Ce qui reste sur le plan est encore une fois lavé par un courant d'eau claire qui entraîne de nouveau quelques parties légères de gangue. Le minerai ainsi enrichi est poussé avec un balai ou chassé à l'aide d'un fort courant d'eau dans un canal destiné à le recevoir.

De nombreuses tentatives ont été faites pour améliorer les tables dormantes. La surface en fut d'abord recouverte de toile et de drap à longs poils qui devaient retenir les paillettes d'or. Plus tard on fit des tables continues. — Au sujet du Fruc-Vanner, nous aurons l'occasion de parler de l'ancienne table Brunton qui fut jadis fort employée.

**Le round buddle.** — Le round buddle est en quelque sorte une table dormante circulaire, à surface conique, dont le diamètre varie de 4m,80 à 6 mètres. Au centre du buddle tourne, sur un petit cône, une auge circulaire munie de plusieurs trous vers sa partie inférieure. Le minerai et l'eau arrivent dans cette auge au moyen d'un canal et sont versés au sommet du cône, d'où ils s'écoulent vers la circonférence, laissant en route les particules les plus denses. La surface du dépôt est constamment régularisée par des toiles ou des balais suspendus, par un système de poulies et de contrepoids, à quatre bras qui tournent avec l'auge, et dont la vitesse de rotation est de 3 à 4 tours à la minute. Le minerai est déposé en cercles concentriques, dont la richesse va en décroissant vers la circonférence. Un round buddle de dimension ordinaire peut traiter de 15 à 20 tonnes en 24 heures ; mais le classement en est complexe et défectueux.

Fig. 55 — Round Buddle.

**Les tables tournantes.** — Parler de tous les modèles de tables tournantes qui ont été construits nous mènerait trop loin ; nous ne nous arrêterons donc qu'aux plus usités.

La table tournante ordinaire est formée par une surface conique en bois, atteignant souvent une très grande dimension. Elle est portée par un axe vertical construit soit en bois, soit en fer, etqui reçoit son mouvement de rotation au moyen

de roues à engre-
nages. Un canal
circulaire, divisé
en plusieurs com-
partiments desti-
nés à recevoir les
divers produits
de la concentra-
tion, entoure la
table . Certaines
parties de celle-ci
sont soumises à
l'action combinée
de jets d'eau et de
brosses ou balais.
La disposition
des appareils tra-
vaillant sur les
tables est très va-
riée. Ordinaire-
ment, la pulpe
arrive dans une
auge placée au
centre de la ta-
ble, d'où elle se
répand sur sa
surface, pour y
être lavée ensuite
par un courant
d'eau qui en-

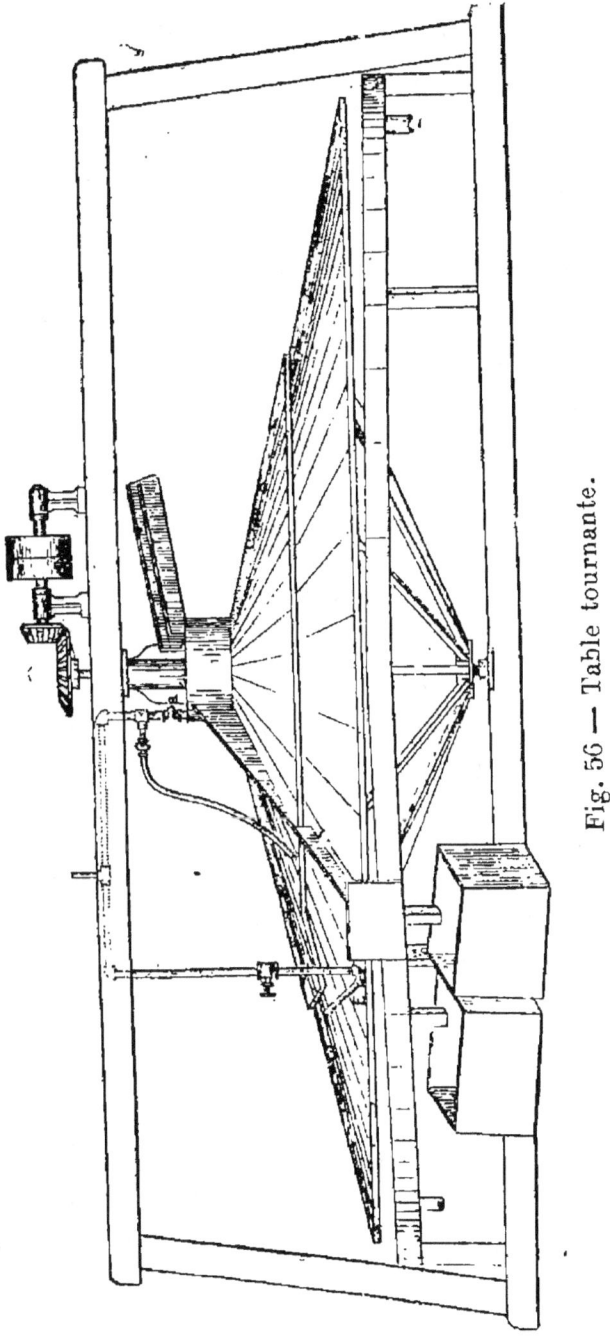

Fig. 56 — Table tournante.

traîne la partie stérile. La base de la surface de la table est
soumise à l'action combinée de jets d'eau et de brosses qui en-

lèvent le produit intermédiaire. Quant au produit fini qui reste sur la table, il vient, par suite du mouvement de rotation, devant des brosses qui l'entraînent dans un des autres compartiments.

Parmi les appareils de ce genre, un des mieux appropriés au traitement des minerais aurifères est le *Collom's Buddle*, dont la table tournante est divisée en deux ou trois parties ou cercles concentriques disposés sous des angles différents. La surface est soumise à une série de jets d'eau et de brosses ingénieusement disposés ; elle est, en outre, munie de rigoles ou rainures concentriques remplies de mercure, auquel le minerai abandonne en passant une partie des métaux précieux qu'il renferme.

**Concentrateur Hendy**. — Le concentrateur Hendy se compose d'une cuve en fonte peu profonde, ayant de $1^m,50$ à $1^m,80$ de diamètre, et qui est supportée à son centre par un arbre vertical. Cette cuve, qui doit être parfaitement horizontale, reçoit, au moyen d'un excentrique, un mouvement circulaire alternatif. Le fond est relevé au centre presque jusqu'au niveau de la bordure extérieure ; et cette partie surélevée est munie d'une ouverture annulaire destinée à l'évacuation des produits stériles, tandis que les produits concentrés se rassemblent vers le pourtour de la cuve. La pulpe arrive dans une trémie centrale, tournant autour de l'axe et munie d'un tuyau communiquant au distributeur. Ce distributeur la répand régulièrement sur tout le pourtour de la cuve, d'où il est déplacé par le mouvement alternatif de cette dernière cuve dont la bordure est garnie d'une crémaillère. Des rateaux fixés à la partie inférieure de la trémie centrale tournent avec le distributeur et remuent ainsi sans cesse la masse de sable qui tend à se déposer. Les concentrés sont évacués d'une manière continue par une porte ménagée dans la bordure de la cuve dont on règle l'ouverture. Quant à l'amalgame et au mercure qui ont été entraînés de la batterie, ils s'accumulent dans une dépression du fond de la cuve.

L'excentrique fait en moyenne 210 révolutions à la minute. Ce concentrateur permet de traiter la pulpe venant directement des batteries, à raison de 5 tonnes par 24 heures. — Il faut donc employer 2 concentrateurs Hendy par batterie de cinq pilons.

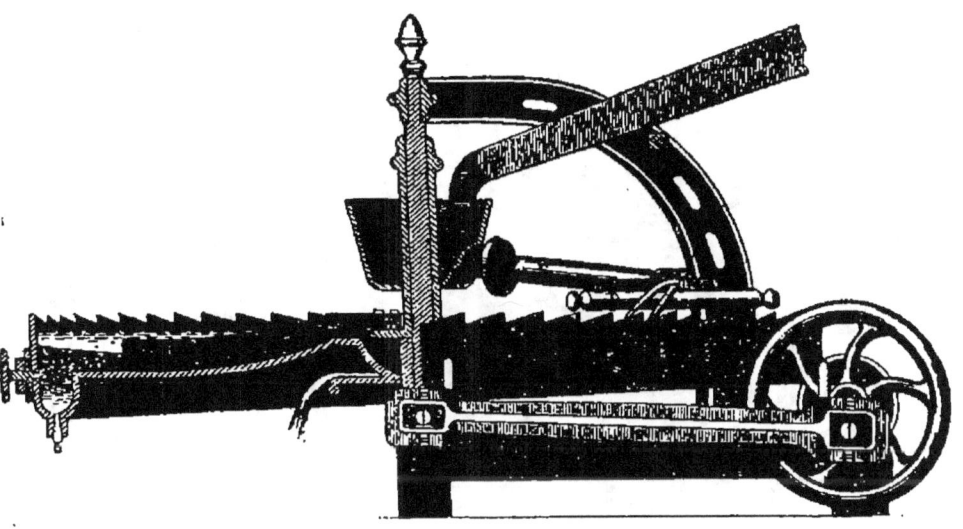

Fig. 57 — Concentrateur Hendy.

**Le Frue-Vanner.** — De tous les concentrateurs actuellement utilisés, le Frue-Vanner est certes le plus renommé. La partie essentielle de cet appareil est une courroie sans fin, en caoutchouc, qui se déplace longitudinalement sur des rouleaux et en sens contraire à l'inclinaison de l'appareil. Cette courroie est, en outre, soumise à des secousses latérales et reçoit une série de jets d'eau. Les secousses ont pour but de donner à la pulpe une mobilité suffisante pour permettre aux particules les plus grosses et les moins denses de se dégager et d'être entraînées par le courant d'eau. Les jets d'eau qui tombent à

la partie supérieure du plan incliné que forme la courroie,
chassent les derniers grains de gangue qui tendent à remon-
ter, et ne laissent passer que les matières assez denses pour
ne pas être entraînées. Les concentrés arrivent donc en tête de
la table, tandis que les produits stériles s'écoulent en sens
inverse du mouvement progressif, qui entraîne les premiers
jusque dans un bassin de réception. Dans ce bassin, en
passant dans l'eau, la courroie subit un lavage et est, en
outre, soumise à l'action de plusieurs jets d'eau destinés à en
détacher les concentrés qui n'auraient pas encore été enlevés.

Fig. 58 — Frue-Vanner.

Les succès des Frue-Vanners ont donné lieu à une imitation,
dont l'exploitation appartient à la même maison que les brevets Frue.

Dans cet appareil, connu sous le nom de Embrey-Vanner, les
secousses, au lieu d'être latérales, sont longitudinales. Les résultats obtenus ne sont pas supérieurs à ceux du concentrateur
Frue. Aussi, nous considérons ce dernier comme le mieux approprié au traitement des minerais aurifères, et nous allons en
donner une description détaillée.

*Description.* — La courroie, sans fin, en caoutchouc $E$ (Fig. 59, 60, 61) est portée par les deux rouleaux $A$, qui forment les deux extrémités de la table. Cette courroie $E$ a $1^m,20$ de largeur et $8^m,25$ de longueur et est munie de rebords faisant saillie. Le mouvement de translation lui est donné par le rouleau de tête $A$. Les rouleaux $A$ en tôle galvanisée ont $1^m,27$ de longueur et $0^m,33$ de diamètre. Ils sont supportés par des petits paliers fixés aux extrémités du cadre mobile $F$. Les autres rouleaux, $B$ et $C$ sont également construits en tôle galvanisée et ont aussi $0^m,33$ de diamètre. L'un au-dessous, l'autre au-dessus de la courroie servent à conduire celle-ci dans le bassin à réception. La partie roulante du rouleau $C$ est plus courte que celle des autres et ses extrémités sont arrondies, permettant ainsi à la courroie sans fin, pourvue d'un rebord en saillie, de passer par dessus. La courroie passe dans l'eau au-dessous de $B$, dépose les concentrés dans le bassin (4) et remonte sur le rouleau $C$. — $B$ et $C$ servent à régler la tension de la courroie en inclinant plus ou moins leurs supports au moyen de vis de rappel. On peut également modifier la position des rouleaux $A$ qui influencent le plus le mouvement de la courroie. Si cette dernière tend à se porter, soit d'un côté, soit de l'autre, on peut immédiatement y remédier en éloignant ou en rapprochant une extrémité ou l'autre des rouleaux $A$, en se rappelant que la courroie tend toujours à glisser du côté où elle est moins tendue. Les petits rouleaux $D$, qui sont aussi en tôle galvanisée, supportent la courroie de manière à en former exactement un plan. Comme pourtant le rouleau de tête $A$ est un peu au-dessus du plan de la table, le premier rouleau $D$ doit être légèrement plus élevé. Cette position permet d'économiser de l'eau.

Le cadre $F$ est construit en bois léger, et consolidé par cinq pièces de bois transversales, parallèles aux rouleaux $ABCD$.

Tout cet ensemble est suspendu par des pièces d'une cons-

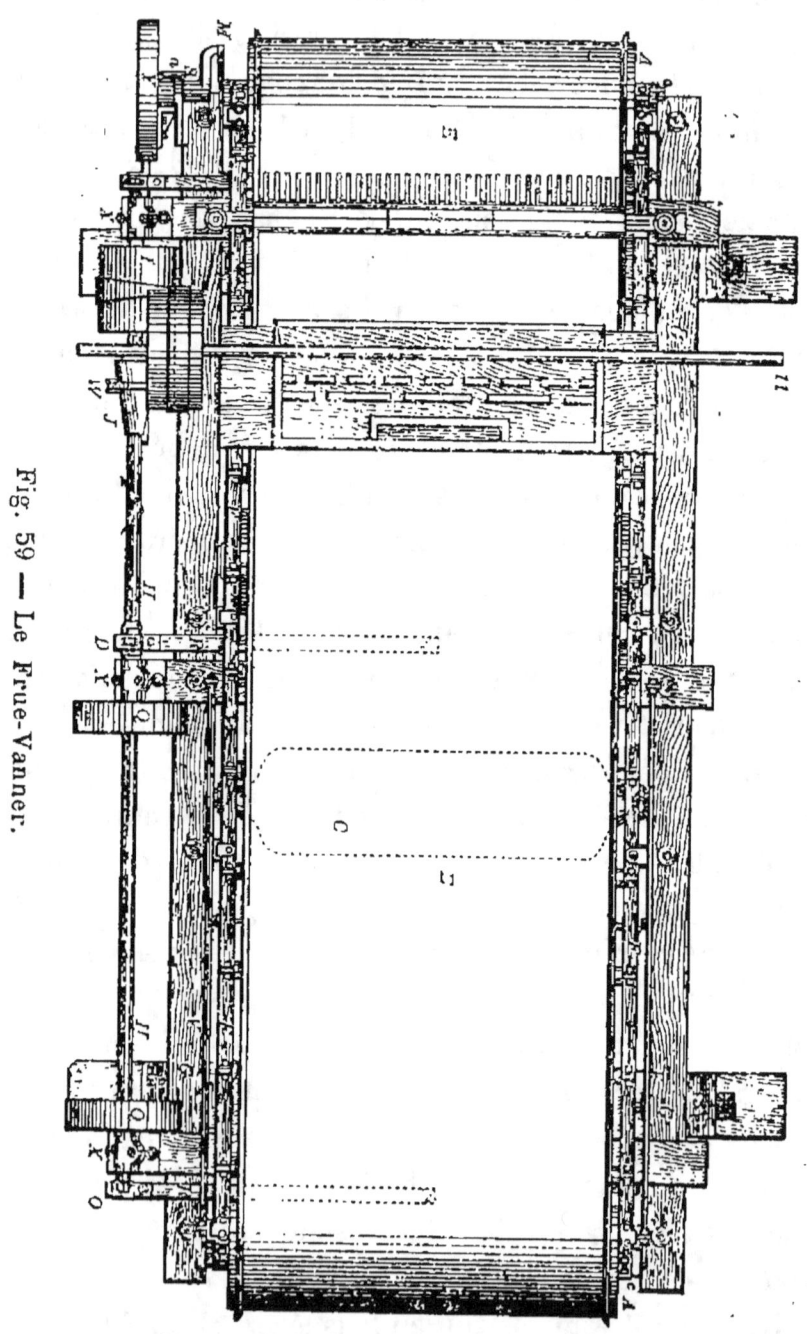

Fig. 59 — Le Frue-Vanner.

truction spéciale, reposant à leur partie inférieure sur le bâti

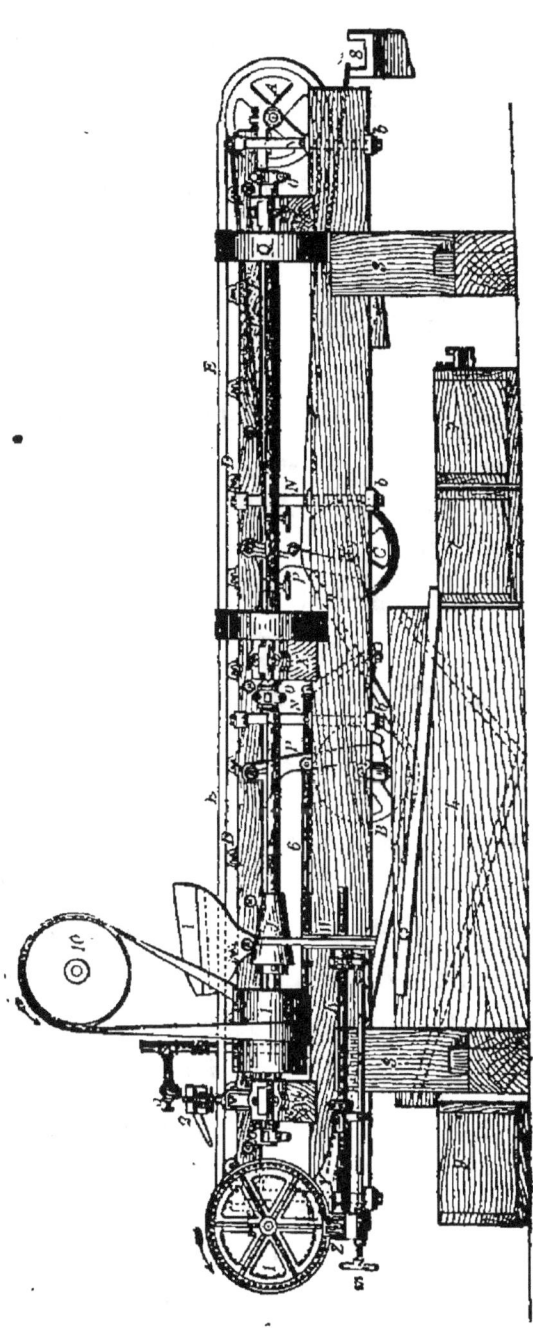

fixe de la machine. Ces pièces $N$, au nombre de 8, 4 de chaque
côté, oscillent sur
leurs extrémités,
et leur position
peut être changée
de manière à faire
varier l'inclinai-
son latérale du
cadre $F$. Tout dé-
placement longi-
tudinal est empê-
ché par deux ti-
rants en fer $V$,
qui relient l'une
des extrémités du
cadre mobile à la
traverse médiane
du bâti fixe $G$. Ce
dernier est formé
de deux traverses
longitudinales, re-
liées au moyen de
boulons à trois
pièces transver-
sales qui se trou-
vent dans le cir-
cuit de la courroie
sans fin. Ces piè-
ces, qui dépassent
d'un côté, forment
ainsi un support pour l'arbre $H$.

Le bâti $G$ se pose sur des montants (3) entaillés à mi-bois

Fig. 60 — Le Frue-Vanner.

pour recevoir les extrémités des traverses longitudinales. Pour permettre d'y introduire des coins en bois destinés à faire varier l'inclinaison de la table, les deux montants de l'une des extrémités sont entaillés plus profondément. Ces montants sont boulonnés sur deux grosses traverses transversales qui forment les fondations de la machine.

L'arbre $H$ porté par les 3 paliers $X$ munis de graisseurs, communique à l'appareil le mouvement de translation et les secousses latérales. La poulie $I$ reçoit son mouvement de l'arbre commun à tous les appareils de concentration. Cet arbre est muni, au-dessus de chaque Frue-Vanner, d'une poulie fixe et d'une poulie folle.

L'arbre $H$ porte trois excentriques auxquelles sont reliées trois lames d'acier boulonnées à trois des traverses transversales du cadre mobile $F$. Ce sont ces ressorts qui communiquent le jeu latéral (200 secousses à la minute). En transmettant au petit arbre $K$ le mouvement de $H$ par l'intermédiaire de la poulie conique $J$ et de la poulie à gorge $W$, on peut faire varier la vitesse de la courroie sans fin sans changer celle des secousses. Une petite roue à main (m) permet de faire varier la position de $W$ sur l'arbre $K$, de manière à ce qu'elle corresponde au diamètre, plus ou moins grand, de la poulie conique $J$. Les paliers du petit arbre $K$ sont fixés à l'enveloppe de fer $Y$ qui protège la vis sans fin $Z$ et la roue dentée $L$. La pièce de fer $Y$, pièce qui tourne autour de l'axe même de l'engrenage, est le point d'appui de l'arbre $K$ et de la poulie $W$ dont le poids tire sur sa courroie, la rendant ainsi active tout en l'empêchant de glisser.

Une vis (a) permet de débarrasser cette courroie du poids de $W$ et de $K$, et d'arrêter ainsi instantanément la marche de translation, si on le désire.

Le petit arbre $K$ se termine par une vis sans fin, qui s'engrène dans une roue dentée. Cette dernière ne participe pas au mouvement latéral du rouleau *A* auquel elle communique cependant son mouvement de rotation. Un ressort plat, en acier (une section de cercle) relie l'axe du rouleau *A* à l'extrémité du bras dont est muni l'arbre très court qui tourne avec la roue dentée. Cette disposition permet ainsi de transmettre au rouleau le mouvement de rotation tout en lui laissant son va et vient. Le distributeur d'eau claire (2) est une auge en bois, dans laquelle l'eau arrive par le tuyau (6). L'eau s'écoule du distributeur sur la courroie sans fin par des fentes, éloignées les unes des autres de $0^m,075$. Dans certains appareils, l'auge en bois est remplacée par une auge en fer munie de jets en bronze, éloignés les uns des autres de $0^m,035$, de sorte qu'en fermant un jet sur deux, on peut également avoir des écoulements distants de $0^m,075$.

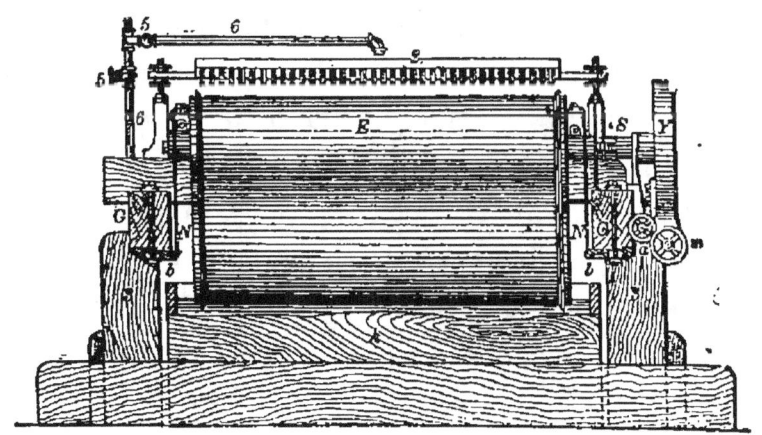

Fig. 61 — Le Frue-Vanner.

Le distributeur de minerai (1) marche avec le cadre *F* et déverse également la pulpe sur la largeur de la courroie sans fin.

Les robinets (5) sont destinés à régler le débit des tuyaux (6).

Le bac aux concentrés (4) renferme toujours de l'eau à hauteur suffisante pour laver la courroie sans fin pendant son passage. Un branchement qui s'étend dans ce bac, en arrière de la courroie, permet de diriger sur elle un certain nombre de petits jets d'eau qui en détachent les concentrés restés adhérents. L'eau qui surnage les concentrés et qui tient encore en suspension de fines particules de pyrites coule dans les bacs 7 où elle reste. Le bassin 9 reçoit les concentrés retirés du bassin 4 au moyen d'une racle. Quant au canal 8, il est destiné à l'écoulement de la pulpe stérile.

La vitesse des secousses, la quantité d'eau nécessaire, l'inclinaison de la table et la marche ascendante sont réglées d'après le genre de minerai.

La courroie sans fin avance de $0^m,60$ à $3^m,60$ à la minute, avec une pente variant de $0^m,075$ à $0^m,15$ (au $3^m,60$) ; et l'arbre principal marche à une vitesse de 180 à 200 révolutions à la minute. Sur la courroie, la couche d'eau et de sable ne doit en aucun cas dépasser $0^m,0125$ de hauteur. En traitant directement la pulpe venant de la batterie, on a quelquefois trop d'eau pour la marche des Frue-Vanners ; on obvie à cet inconvénient en intercalant entre ces derniers et la batterie un bac de dépôt, ou une caisse triangulaire munie dans le bas d'un trou de décharge par lequel on ne laisse passer que le sable rapidement déposé et la quantité absolument nécessaire au concentrateur. L'eau en excès qui, en s'écoulant par dessus les bords du bac, entraîne du minerai, est dirigée dans de grands bacs de dépôts. Lorsque les matières qui s'y déposent sont en quantité suffisante on les soumet au traitement.

**De la consistance de la pulpe pour la concentration au Frue-Vanner.** — Pour la bonne marche de la concentration, il est de toute importance de n'employer que la quantité d'eau exactement nécessaire et de ne le faire que très régulièrement. Sur chaque côté de la courroie sans fin doit se former une légère bordure de sable ; en d'autres termes, il doit y avoir une certaine quantité de sable renfermant moins d'eau que le reste de la pulpe qui s'y trouve, sinon ces bordures seraient fangeuses et donneraient lieu à des pertes. De telles bordures sont dues à la trop grande quantité d'eau amenée avec le sable de la batterie. Il arrive quelquefois aussi que la quantité d'eau nécessaire fasse défaut à la pulpe, et que les bordures de sable soient alors trop fortes ; en y ajoutant l'eau voulue on fait disparaître ces inconvénients. Quant au débit des distributeurs d'eau claire (2), il doit être juste suffisant pour couvrir d'une nappe d'eau l'espace qui s'étend entre les deux distributeurs, afin qu'on ne voie aucune pointe de sable. La courroie sans fin doit être mouillée sur toute sa largeur car, s'il y avait des points ou des lignes sèches, l'eau s'écoulerait par petits filets au lieu de s'étendre en nappe. Les particules de minerai seraient d'ailleurs saisies et entraînées par ces petits filets d'eau, et cela, non pas parce qu'elles sont trop légères, mais parce qu'elles sont trop sèches et entourées d'une couche d'air. Lorsque le débit de l'eau qui doit passer par les distributeurs est définitivement fixé, on règle l'entraînement des concentrés au-delà du dernier distributeur, par un changement de vitesse dans la marche, de translation de la courroie sans fin. A la mise en marche, il arrive fréquemment que le sable et l'eau se répartissent très inégalement sur la courroie, que tout le sable soit porté d'un côté en y formant une lourde bordure, et toute l'eau de l'autre en y formant une masse fangeuse. Avant de chercher à y porter remède, il faut d'abord s'assurer s'il n'y a rien de dérangé dans le mécanisme du concentrateur, ou si des pièces travaillent trop librement· La machine doit toujours marcher sans bruit. — Si l'on ne découvre aucun défaut et que, néanmoins, les inconvénients ci-dessus cités continuent à se présenter, on cherche à répartir également la charge sur la courroie en variant soit dans un sens, soit dans l'autre, la position des paliers des supports *N* du cadre mobile *F*. On peut aussi, en ce cas, courber l'extrémité du ressort moteur fixé dans le collier du côté où se forme la bordure épaisse. Enfin, en faisant varier plus ou moins la direction de la table on arrive au même résultat, souvent même plus rapidement ; au besoin, on peut aussi changer la position des rouleaux inférieurs, qui ne sont pas sans influence sur les bordures.

L'eau du bassin aux concentrés est constamment agitée par les mouvements de la courroie sans fin, de sorte qu'elle s'écoule, entraînant toujours de la pyrite en poudre très fine, très riche en or, et qui reste très longtemps en suspension. On évite ces pertes en dirigeant cette eau dans des bacs de dépôt qu'on nettoie chaque mois.

**Eau nécessaire, et rendement du Frue-Vanner.** — La quantité d'eau claire dépensée à la tête de la table par le distributeur d'eau varie entre 4 1/2 et 6 1/2 litres à la minute ; et celle qui coule avec le minerai par le distributeur à pulpe est de 6 1/2 à 13 litres pendant ce temps. La chaudière d'une batterie de cinq pilons, munie de deux concentrateurs, exige 4 1/2 litres à la minute. On pourra donc, dans les mines où l'eau est peu abondante, faire resservir celle déjà employée, après l'avoir laissée déposer. Avec une dépense de 9 à 10 litres d'eau par minute, on pourra donc alimenter cinq pilons, deux concentrateurs et une chaudière.

Une longue expérience a permis de constater que le rendement du Frue-Vanner ne dépasse guère 6 tonnes en 24 heures. Comme une batterie bien établie pulvérise pendant ce temps plus de 6 tonnes de minerai, il faut donc deux concentrateurs par cinq pilons, surtout lorsque ces derniers sont lourds et que

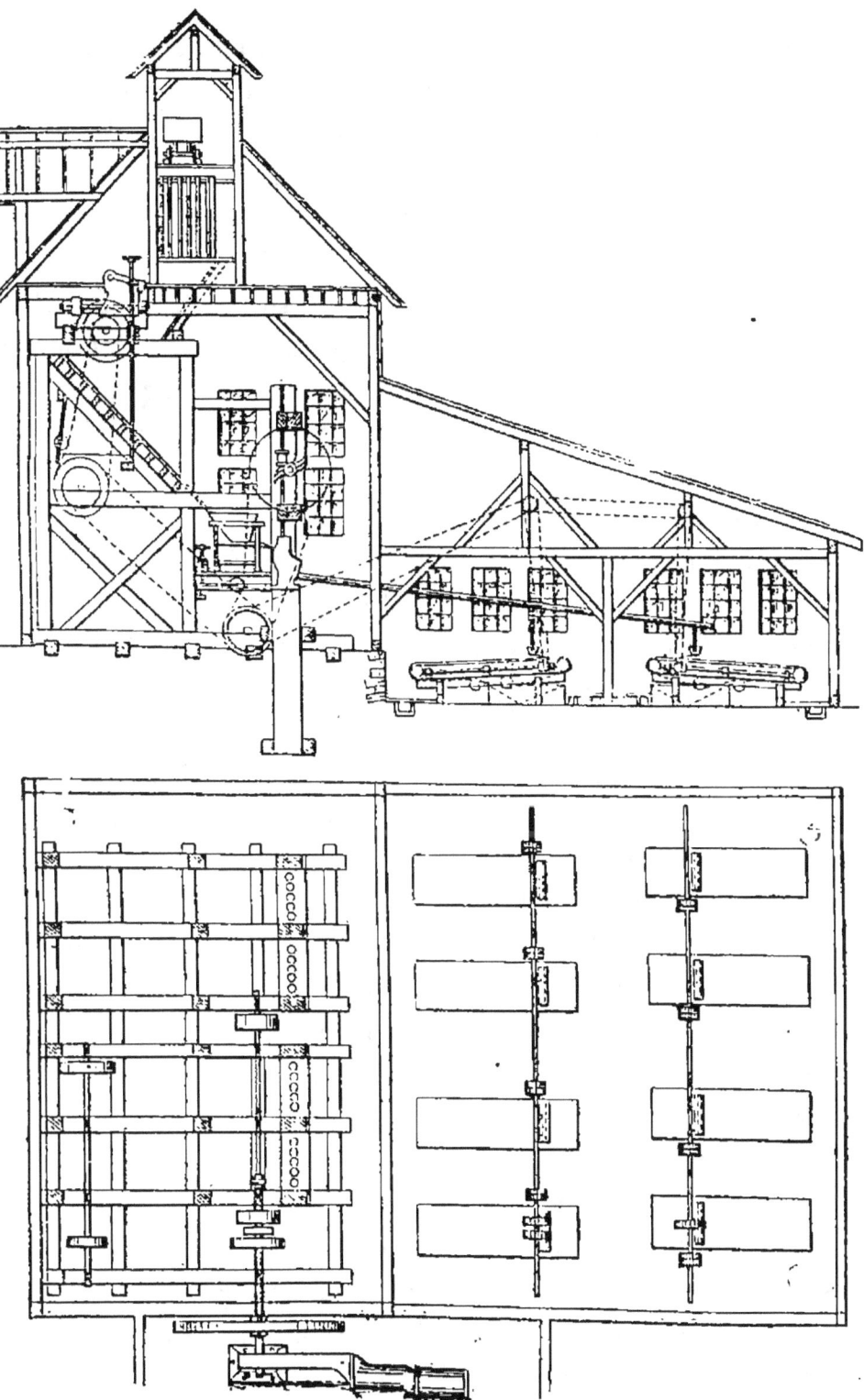

Fig. 62 — Coupe et plan d'une batterie de 20 pilons munie de 8 Frue-Vanners.

le minerai est difficile à concentrer et renferme beaucoup de pyrites. Les concentrateurs d'une batterie sont ordinairement placés en deux lignes, tête contre tête (sur le même niveau), permettant ainsi à l'ouvrier chargé des machines de les surveiller plus facilement en passant entre les deux lignes.

Il y a des cas où trois concentrateurs suffisent largement pour traiter la pulpe venant de dix pilons. Un Frue-Vanner peut même concentrer le minerai broyé par cinq pilons, lorsque la gangue des minerais est légère et le poids des pilons pas trop élevé.

Le plus grand avantage de ce concentrateur est donc d'éviter toute classification et de pouvoir traiter la pulpe venant, soit directement de la batterie, soit des plaques d'amalgamation. Les parties stériles rejetées pendant la concentration par un tel appareil bien conduit ne doivent renfermer que de légères traces d'or.

**Remarques additionnelles sur le Frue-Vanner.** — Dans l'appareil Brunton, qui a été jadis très employé en Angleterre, la surface de la table était, comme celle du Frue-Vanner, formée d'une lame de caoutchouc, sans fin, portée sur des rouleaux. L'un de ces rouleaux était mobile et communiquait à la lame un mouvement de translation dirigé de la partie inférieure vers la partie supérieure. La matière riche qui restait à la surface de cette lame, sans être entraînée par le courant d'eau, suivait celle-ci dans son mouvement ascendant et allait se déposer dans un bassin rempli d'eau. L'inconvénient de cet appareil était de ne faire qu'une division grossière. Pour arriver à un certain résultat, il fallait donc faire subir à la partie enrichie un nouveau traitement.

Un principe nouveau a été introduit dans le Frue-Vanner. Ce sont les secousses données à angle droit de la longueur et

de la direction de marche de la courroie sans fin. Par l'introduction de ce mouvement secondaire, le sable est maintenu
en agitation et dispersé uniformément sur toute la largeur de
la courroie ; et les parties les plus lourdes traversent la couche
de sable, adhèrent à la courroie et sont entraînées par elle
au-delà des petits jets d'eau, pour être déposées, bien nettoyées,
dans les bassins destinés à cela.

Cet appareil demande donc moins d'eau pour séparer de la
gangue la partie minérale utile, la courroie en est moins
inclinée ; et le courant d'eau, proportionnellement plus faible,
laisse aux parties minérales la facilité de se déposer avant que
le sable ne soit dirigé de la partie inférieure dans le canal des
stériles. Il permet donc de traiter des minerais qu'il était impossible auparavant de concentrer. Pour le traitement de minerais grossièrement pulvérisés pour lesquels des machines
telles que les Jiggers suffisent complètement, on ne se sert pas
de cet appareil.

En réduisant un minerai en grains d'une grosseur suffisante pour subir la concentration, il se forme en même temps
aussi une quantité de poussière fine qui, mélangée à l'eau,
donne de la boue. Cette boue est plus difficile à concentrer
que les sables. Elle est dans un état de division telle que l'eau
l'entraîne, et elle ne peut pas être séparée par dépôt des grains
plus gros qui l'accompagnent.

Pour nous rendre plus exactement compte des conditions
dans lesquelles une machine doit opérer pour parvenir à séparer les parties métallifères de la boue et des particules de
gangue ou de roc qui les accompagnent, examinons d'abord
le vannage dans le pan ou dans une vannelle.

En vannant du minerai pulvérisé, on communique au
pan un mouvement particulier de jet en avant qui force le
minerai à avancer par petits sauts. Les particules métallifères,

plus denses que le sable, avancent plus vite que lui et forment une ligne bien distincte du reste de la masse. La marche de l'opération est toute différente lorsqu'il s'agit de traiter des boues. Par un mouvement circulaire du pan, l'eau boueuse doit d'abord pendant un certain temps, être maintenue en agitation, et cela jusqu'à ce que les particules métallifères impalpables se déposent sur le fond du récipient. Pour laisser s'effectuer le dépôt encore davantage, on arrête le mouvement. Sur ce dépôt, on fait ensuite passer un léger courant d'eau pour entraîner les fines particules qui sont restées au-dessus des parties métallifères, plus lourdes et, par conséquent, plus résistantes à l'action de ce courant.

On a pu voir que, dans de tels cas, le minerai ne peut être jeté en avant comme lors du vannage, car il n'a ni assez de corps ni assez de poids, mais qu'il peut être séparé du sable par la plus grande résistance qu'il offre à l'eau une fois qu'il s'est déposé. Cette propriété d'adhésion est facile à démontrer ; pour cela, on n'a qu'à prendre une petite quantité de galène finement pulvérisée ou de tout autre minerai du même genre, qu'on humecte et que l'on secoue sur une plaque. En essayant de laver la plaque par un courant d'eau, on remarquera que, aussi longtemps que le minerai est couvert d'eau, le courant n'a pas d'action sur lui et ne peut, par conséquent, pas l'entraîner.

C'est à cette propriété d'adhésion que doit être attribuée une large part du succès acquis par le Frue-Vanner. Les secousses séparent les parties métallifères de la gangue en lui permettant de se déposer pendant le temps que la pulpe met à s'écouler doucement sur la table. Cela s'explique : tous les grains sont ici en mouvement comme dans un vannage ordinaire.

La quantité de minerai qu'on peut traiter avec le Frue-Vanner dépend beaucoup de la finesse des grains. Le traitement des boues demande plus de temps que celui des minerais en grains.

La force nécessaire pour faire marcher un Frue-Vanner est d'un quart de cheval. Un seul ouvrier peut surveiller 16 machines. Son principal travail consiste à les nettoyer et à les graisser, à régler le débit de l'eau, et enfin, à enlever de temps en temps au râteau les concentrés déposés dans le bassin.

# CHAPITRE VII

**Grillage oxydant et chlorurant.** — On grille les minerais dans le but d'oxyder les sulfures et les arséniures qu'ils
renferment. Nous prendrons comme exemple un minerai renfermant des pyrites arsénicales. Lorsqu'on grille ce minerai,
il y a d'abord formation d'acides arsénieux et sulfureux
qui se volatilisent, et d'oxydes fixes ; puis d'arséniates et de
sulfates qui, à leur tour, se transforment en oxydes sous
l'influence de la chaleur. La transformation des sulfates en
oxydes est de la plus haute importance, car le sulfate de fer,
étant un précipitant de l'or, gênerait les opérations dans le cas
où le minerai devrait être traité au chlore. Par le grillage l'or
devient il amalgamable. On pourrait donc traiter au mercure les
minerais grillés. Le grillage est rendu difficile lorsque la gangue est argileuse, ou renferme du talc, du calcaire ou de la ba-
ryline. En ce cas, on ajoute du sel au minerai, de manière à
faire un grillage chlorurant, ce qui permettra d'économiser

une quantité élevée de chlore et du temps à la chloruration
proprement dite, qui est à faire dans la suite. Dans d'autres
cas, il faut s'en rapporter à l'expérience. On peut faire des
essais de grillage en petit, soit avec du sel, soit sans sel, passer à la chloruration proprement dite, et se rendre compte
par les résultats obtenus, du procédé de grillage à adopter. La
quantité de sel à employer varie de 5 à 10 %. Mais, en général, on en prend 5 % qu'on ajoute, réduit en poudre, au minerai, en prenant soin d'en faire un mélange intime. Si le
minerai renferme de la galène, la solution provenant des appareils chlorurants contiendra toujours un peu de plomb.

**Description et fonctionnement des appareils de
grillage.** — Il y a trois types d'appareils de grillage : 1° les
fours à réverbère, à une ou à plusieurs soles ; 2° les fours rotatifs cylindriques, et 3° les fours à cuve.

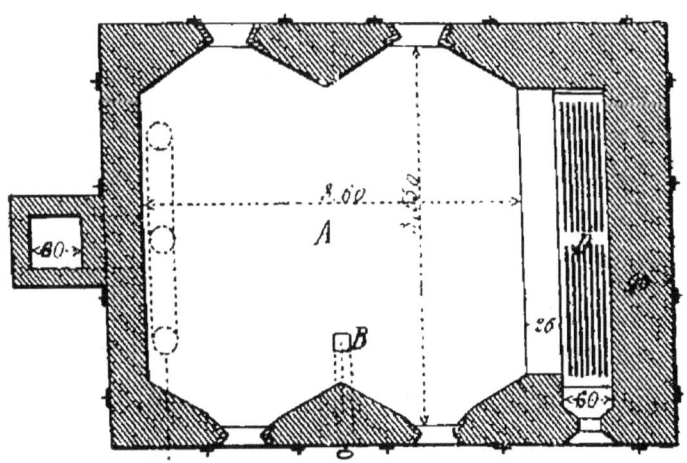

Fig. 63 — Plan d'un four à réverbère.

*Fours à réverbère.* — Dans le four (Fig. 63), le minerai est
versé par une ouverture pratiquée dans la voûte, sur la sole A
où il est grillé par les gaz qui viennent du foyer D. La sole est
munie d'une ouverture B, fermée pendant la marche par un

registre, et débouchant dans la voûte C, sous laquelle on amène un wagonnet destiné à recevoir le minerai grillé. On fait tomber ce minerai par le trou de décharge au moyen de râbles qui se laissent manier sur la sole à travers quatre trous — deux de chaque côté — disposés de manière qu'avec eux les ouvriers puissent atteindre tous les points de la sole.

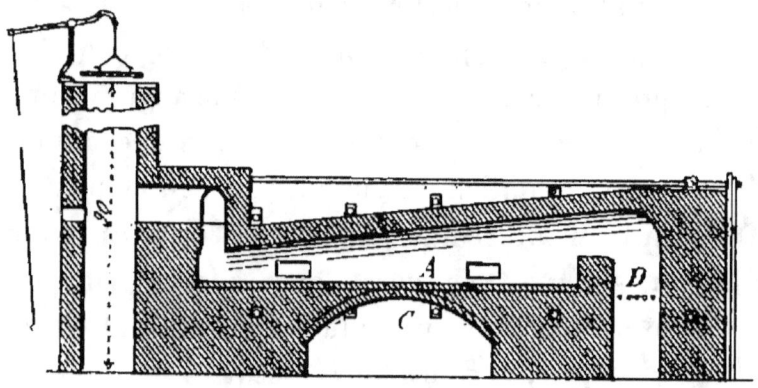

Fig. 64 — Coupe d'un four à réverbère.

La sole d'un four à réverbère pour le grillage d'une tonne a généralement 3$^m$,60 de côté, et est construite en briques réfractaires très dures. Les murs extérieurs du four doivent être suffisamment épais pour éviter la déperdition de chaleur, et assez solides pour supporter la voûte. Ils sont, en outre, presque toujours consolidés au moyen de tirants en fer.

**Four à réverbère continu.** — Ce four diffère du four à réverbère ordinaire par la longueur de la sole, car celle-ci a souvent 26 mètres de longueur sur 4 de largeur. Cette sole est inclinée du rampant vers l'autel. Les ouvriers y font passer le minerai d'une extrémité à l'autre par un travail au râble, à l'aide de portes échelonnées le long du four. Pendant ce trajet, le minerai subit toute la série des réactions. Près du rampant, il est desséché et chauffé; au milieu du four, il est grillé; et près de l'autel, il reçoit le coup de feu qui active la chlorura-

tion et décompose les sulfates nuisibles aux opérations ultérieures du traitement.

**Four à sole tour-
nante.** — Ce four circu-
laire a été inventé par
MM. Gibbs et Gerltharp.
Il mesure 4m,80 de dia-
mètre. La sole est formée
d'une taque en fonte, mu-
nie d'un rebord et garnie
de dalles réfractaires. Elle
est portée par un axe en
fer qui reçoit son mou-
vement de rotation d'une
chaine sans fin enroulée
autour d'une poulie pla-
cée immédiatement au-
dessous de la taque. La
voûte a une ouverture,
qui suit un rayon de la
sole, pour laisser passer
un châssis composé de
plaques en fonte légère-
ment inclinées sur le plan
de celui-ci. Ce châssis
peut être facilement retiré
du four par une chaine
qui y est attachée. Cette
chaine passe sur deux
poulies. Pour en faciliter

Fig. 65 — Four à réverbère continu.

la manœuvre, elle est munie à son autre extrémité d'un contre-poids. La voûte du four est, en outre, percée d'une ouverture surmontée d'une trémie qu'on peut fermer à l'aide d'une porte à coulisse. Cette trémie est destinée à l'enfournement du minerai à calciner. Un ringard, avec une tête en forme de soc de charrue, est mû mécaniquement dans le sens du rayon de la sole. A chaque tour que fait celle-ci, il parcourt la longueur de son rayon. Le minerai introduit par la trémie est étendu sur la sole mise en mouvement. Là il est chauffé jusqu'au rouge par les gaz du foyer placé à côté du four, en regard de l'ouverture destinée à l'évacuation des gaz et de la fumée. Lorsque le minerai a atteint la chaleur voulue, on met le ringard en marche et on descend sur la sole le châssis en fonte, de manière à le remuer constamment. Ce four, très défectueux, exige un trop grand entretien et est souvent arrêté par l'encrassement du pivot causé par les poussières, qui pénètrent par les fissures laissées entre les diverses pièces.

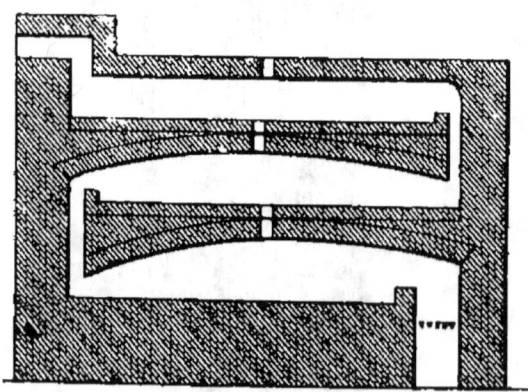

Fig. 66 — Four à trois soles

**Fours à soles multiples**. — Dans ce genre de fours les soles sont superposées, de sorte que les gaz qui se dégagent du foyer passent sur la première sole, montent par un carneau sur la deuxième qu'ils traversent pareillement pour se rendre à l'autre extrémité sur la troisième, de laquelle ils s'échappent enfin par la cheminée. Le minerai est d'abord introduit sur la troi-

sième sole où il est desséché. De là, on le fait tomber sur
la seconde où il est grillé ; et enfin il passe sur la première où
il reçoit le coup de feu. Le travail au râble est exécuté par des
portes communiquant aux différentes soles : deux ouvriers
sont généralement chargés de la conduite d'un four. L'un surveille le grillage préparatoire sur les soles supérieures, l'autre
le grillage final sur la sole inférieure. Cette dernière est beaucoup plus petite que les autres. On y travaille une tonne
pendant qu'il y en a neuf sur la deuxième et la troisième.

**Four O'Hara.** — Ce four diffère des précédents par le
brassage mécanique qu'on y obtient au moyen de chaînes sans
fin, munies de pièces de fer triangulaires auxquelles sont
fixés des crochets qui remuent constamment le minerai,
exposant ainsi sans cesse une nouvelle surface à l'action des
gaz du foyer. Ce four a deux soles superposées ; et l'espace
entre la sole et la voûte est très restreint, de manière à concentrer la chaleur sur le minerai : ce dernier est, petit à petit
entraîné par les chaînes sans fin de la sole supérieure où il est
désulfuré, sur la sole inférieure où il peut être chloruré. On
n'a qu'à ajouter le sel sur cette dernière où le mélange est
parfaitement exécuté par la chaîne. Le grillage au four O'Hara
est assez rapide. Il varie entre 5 et 7 heures, suivant la nature du minerai traité.

**Four Kustel** (1). — Ce four présente plusieurs particu-
larités qui méritent d'être signalées. Il est composé de
trois soles inclinées, disposées en gradins, et non pas les
unes au-dessus des autres comme dans le four ordinaire à
plusieurs soles. Comme dans le four O'Hara, l'espace entre la
voûte et la sole est restreint de manière à concentrer le plus
de chaleur possible sur le minerai. Les portes de travail se

(1) Essler. *The metallurgy of gold.*

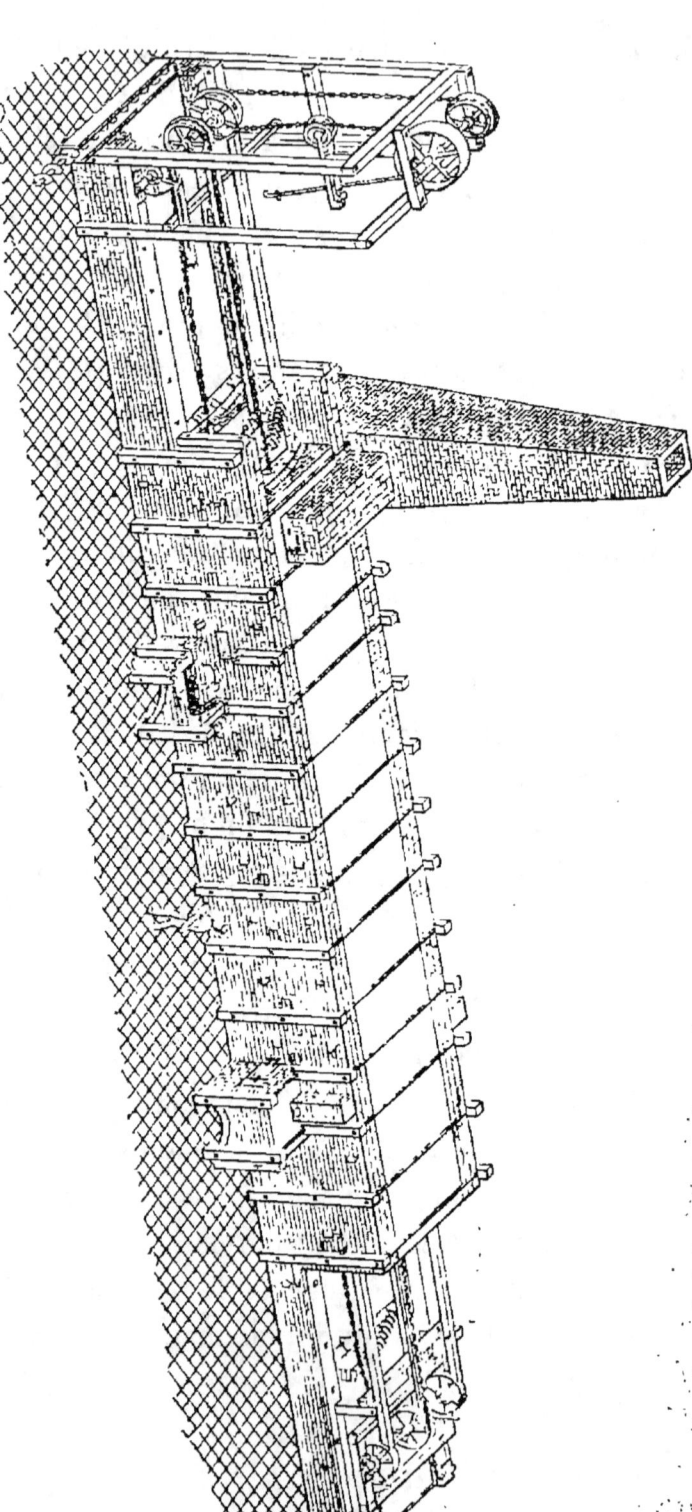

Fig. 67 — Four de O'Hara.

trouvant placées aux extrémités de chaque sole, simplifient le
râblage et le rendent moins fatiguant. Ce four, qui est muni
de trois foyers, possède encore une chambre de chloruration,
ce qui permet d'abréger considérablement la durée du grillage.
Les Fig. 68 et 69 montrent un plan et une coupe du four.
La marche de l'opération est la suivante : Le minerai est

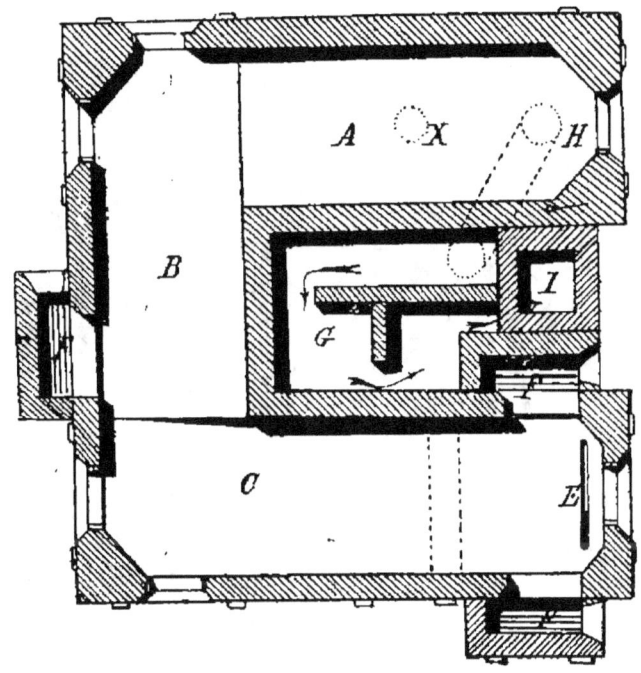

Fig. 68 — Plan du four Kustel.

versé très uniformément, par une trémie $X$ sur la sole
la plus éloignée $A$, où il séjourne pendant environ une
heure. De là, il est passé ensuite sur l'extrémité de la
sole $B$, perpendiculaire à la première, puis sur la sole $C$ parallèle à la première. De cette dernière, lorsqu'il s'agit d'un
grillage chlorurant, le minerai est versé dans la chambre de
chloruration $Z$, par une ouverture latérale $E$ placée à l'extrémité de la sole $C$. Dans cette chambre le minerai reste encore

rouge pendant quelques heures, durant lesquelles la chloruration se termine, tandis que le chlore et les chlorures volatils qui s'en dégagent se répandent dans le four et chlo-
rurent le minerai dispersé sur les soles. Les gaz provenant
des trois foyers $F$ passent de la sole $A$ dans la chambre de
condensation $G$, par un tuyau $H$ placé au-dessus du four, pour
s'échapper enfin par la cheminée $I$.

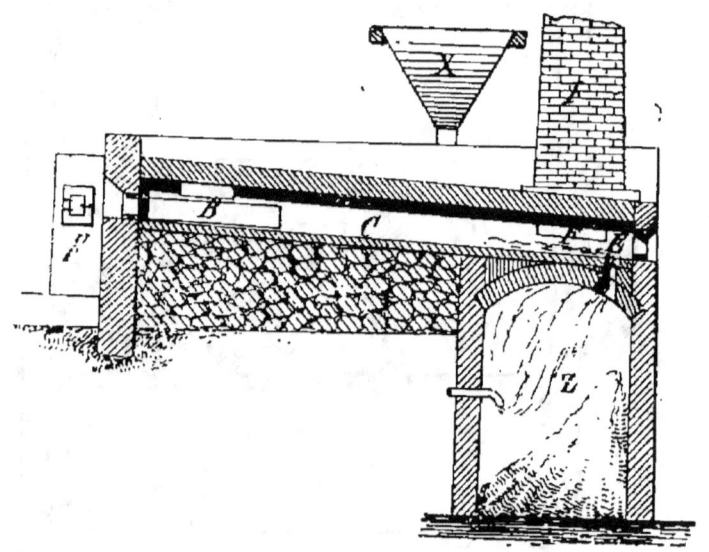

Fig. 69 — Coupe du four Kustel.

Le rendement de ce four, conduit par trois hommes par
équipe, est, paraît-il, de 15 à 20 tonnes en 24 heures.

**Le Four tournant de Bruckner.** — Le four de Bruckner, appelé aussi *Cylindre à griller*, donne d'excellents résultats pour le grillage des pyrites aurifères destinées à être
traitées par chloruration. Tout en étant plus économique à
conduire, il offre tous les avantages du four à réverbère et
présente, en outre, de nombreuses améliorations, qualités
qui font passer sur son prix d'installation assez élevé. Dans le
four tournant, les pyrites sont mieux et plus rapidement

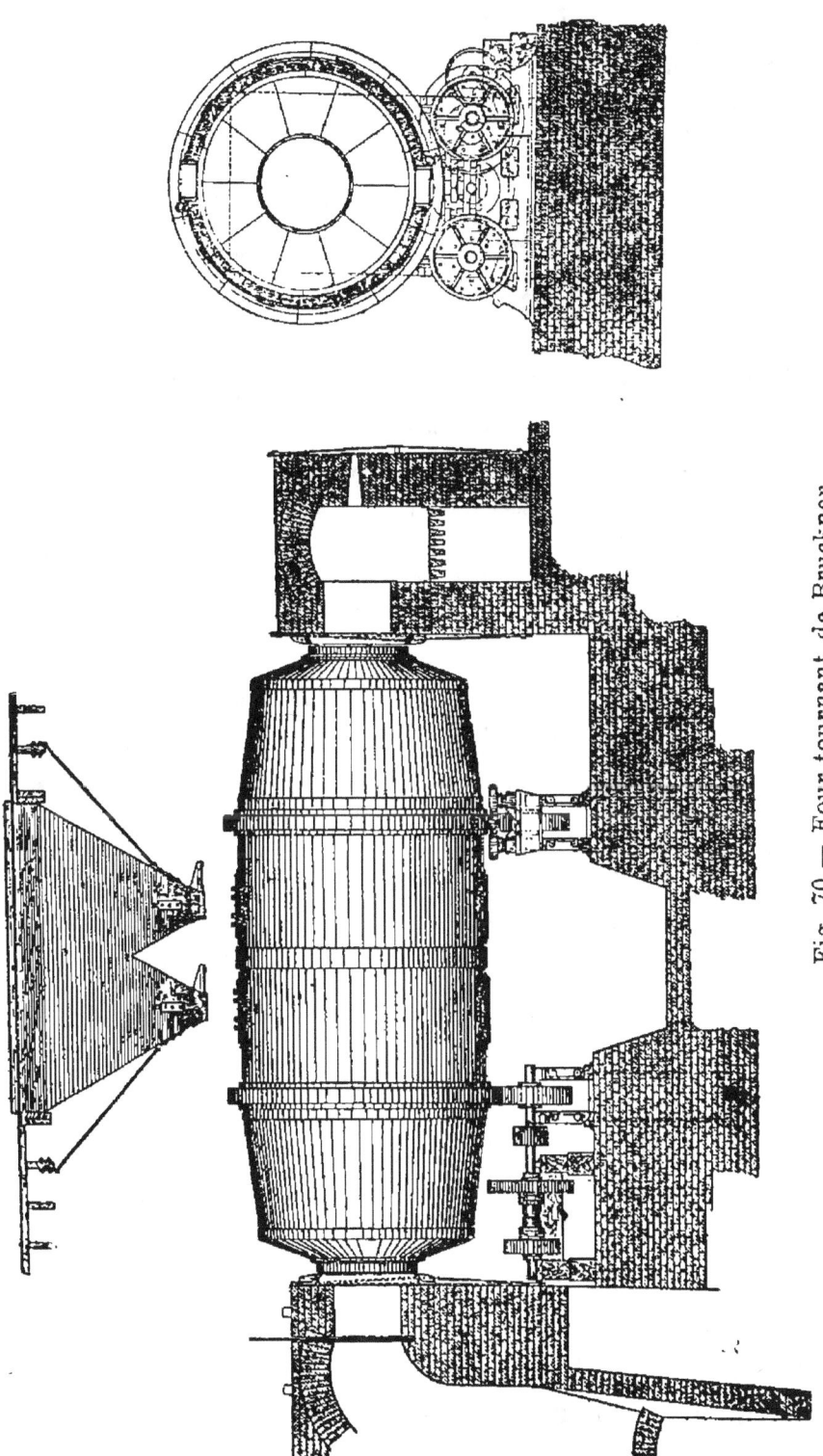

Fig. 70 — Four tournant de Bruckner.

8*

oxydées que dans le four à réverbère, parce qu'elles sont davantage en contact avec l'air.

Le type actuel du four Bruckner, construit par MM. Frasers et Chalmers à Chicago, mesure $2^m,55$ de diamètre, $5^m,55$ de longueur, et ne nécessite que 3 chevaux de force. Le cylindre est en tôle très épaisse et ses extrémités ne sont qu'en partie fermées, de manière à laisser au centre de chacune une ouverture suffisante pour le passage de la flamme. Ces ouvertures sont munies d'un rebord circulaire, faisant communiquer le cylindre — avec un jeu suffisant — d'un côté avec le rampant conduisant aux chambres de condensation qui précèdent la cheminée, et de l'autre côté avec une ouverture aménagée dans la paroi du foyer. Sur le cylindre sont fixés deux cercles tournant sur des rouleaux frotteurs. Un des cercles est ajusté entre des rouleaux munis de rebords qui maintiennent ainsi le cylindre en place. Celui-ci reçoit son mouvement de rotation d'une transmission par engrenages combinée de façon à pouvoir fournir les deux vitesses nécessaires à la bonne marche de l'opération. Le revêtement intérieur du cylindre est formé de briques posées à plat, et jointes avec une composition de terre argileuse réfractaire et de briques pilées. Ce revêtement est ancré à l'enveloppe de tôle au moyen de fers boulonnés. En prenant des briques taillées ou moulées, on peut éviter cet ancrage. Le foyer, qui communique à une des extrémités du cylindre, est construit tantôt en maçonnerie, tantôt en tôle avec revêtement en briques. A l'autre extrémité, et en communication avec le rampant, se trouvent deux chambres de condensation destinées à recueillir les poussières entraînées par le courant des gaz. On récupère ainsi les 10 °/₀ environ du minerai ; quelquefois même 25 °/₀, s'il est léger. Les grosses poussières provenant de la première chambre de condensation, sont re-

passées au four. Quant aux fines poussières de la seconde
chambre, elles sont mélangées avec du minerai et du sel et
soumises à un traitement spécial.

**Marche du grillage.** — Avant l'introduction du minerai
le four doit être porté au rouge sombre. Si, après un déchargement, il n'était point à cette température il faudrait le faire
tourner à vide pour arriver à la chaleur nécessaire au traitement de la charge suivante. Le grillage des minerais légers,
c'est-à-dire de ceux principalement composés d'oxydes, ne
demande que 3 ou 4 heures ; quant à celui des minerais
lourds, par conséquent riches en pyrites, la durée de l'opération peut atteindre de 15 à 20 heures. Pour ces derniers, la
température du four doit être élevée au point de brûler rapidement le soufre. Pour atteindre ce but, on ferme le registre
du rampant après l'introduction du minerai ; on ne le
rouvre pour lui donner l'air nécessaire, que lorsque la combustion du soufre commence. Pendant les 3 ou 4 heures que
dure cette combustion, il suffit de maintenir le feu de la grille.
On ne l'augmente graduellement que lorsque celle-ci commence à s'apaiser. Le grillage demande alors encore environ
5 heures avant d'être terminé.

Pour un grillage chlorurant, le sel n'est introduit que
lorsque la plus grande partie du soufre est brûlée. Au moment de l'addition du sel, la teneur en soufre du minerai doit
être au-dessous de 5 %. On économisera ainsi une forte
quantité de sel. Comme ce produit est d'un prix fort élevé
dans certains centres miniers pour lesquels les frais de
transports sont toujours considérables, cette économie a son
importance. La quantité de sel ordinairement ajoutée est de
5 %.

Si l'on traite des minerais ne renfermant que très peu de
sulfures — moins de 5 % — on peut ajouter le sel dès le

commencement du grillage. Le déchargement du four s'opère facilement. Un wagonnet est amené sous le cylindre dont on ouvre la porte et qu'on fait tourner à sa plus grande vitesse. Le minerai est ensuite jeté sur un plancher refroidisseur. Dans quelques mines, le produit du grillage est évacué par le mouvement de rotation du cylindre dans une trémie à demeure, d'où, puisé par les godets d'une chaîne sans fin, il est conduit dans une bâche dont les parois sont refroidies par un courant d'eau. On réalise ainsi une économie de temps et de main-d'œuvre.

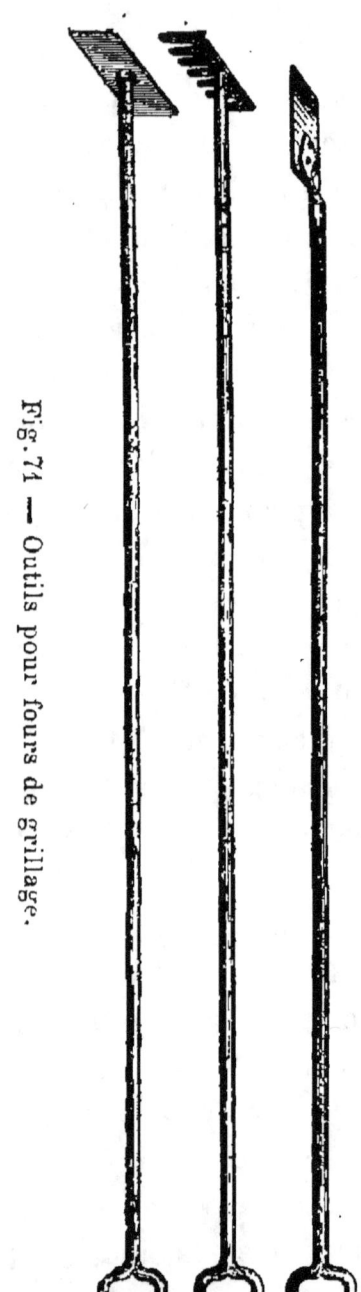

Fig. 71 — Outils pour fours de grillage.

Malgré les précautions prises pendant le grillage afin d'éviter la fusion des pyrites, il se forme toujours sur les parois du cylindre des croûtes, qu'on enlève au moyen d'une barre de fer pour les traiter ultérieurement.

Le cylindre ne doit jamais avoir une vitesse périphérique dépassant 36 mètres à la minute. Pour un grillage purement oxydant, il est recommandable d'abaisser cette vitesse à 18 mètres. Somme toute, la vitesse doit être réglée d'après le minerai à traiter ; elle ne peut être déterminée qu'après quelques essais.

La consommation en charbon de terre varie de 75 à 215 kg. par tonne de minerai.

**Appareil oxydant et désulfurant de Clark.** — Comme il a été dit plus haut, le grillage a pour but d'oxyder le soufre, l'arsenic et l'antimoine ; or, l'oxydation est d'autant plus rapide que la surface du minerai porté au rouge et exposé à l'air est plus grande. En activant donc le renouvellement de l'air dans le cylindre, on accélère l'oxydation. Un dispositif basé sur ce principe et inventé par M. Clark permet d'augmenter d'un tiers le rendement d'un four Bruckner. Ce dispositif consiste en un tube distributeur d'air traversant le cylindre dans toute sa longueur. Ce tube, pour éviter d'être trop rapidement porté au rouge et détruit par oxydation, est emboîté dans un autre tube, beaucoup plus grand. Ces deux tubes laissent entre eux un espace annulaire suffisant pour le passage d'un courant d'eau. Le tube intérieur porte une série de trous sur sa longueur à sa face inférieure, dans la direction vers laquelle le minerai, entraîné par le mouvement de rotation du cylindre, monte un peu contre la paroi. Ces trous communiquent par de petits tubes fixés à chaque extrémité par des joints étanches, à des trous pratiqués dans le tube extérieur. L'air provenant d'une soufflerie ordinaire est projeté sur la surface du minerai sans cesse remué par le mouvement de rotation. L'eau doit provenir d'un grand réservoir ou d'une source naturelle et non pas d'une pompe, car, au moindre arrêt le tube serait porté au rouge et, par conséquent, rapidement hors d'usage.

**Four White, perfectionné par Howell.** — Dans ce four, le revêtement intérieur, en briques réfractaires, est disposé de manière à faire le brassage mécaniquement. Dans chaque section droite de l'intérieur du four, 6 à 8 briques font saillie et forment ainsi à la surface du revêtement autant de

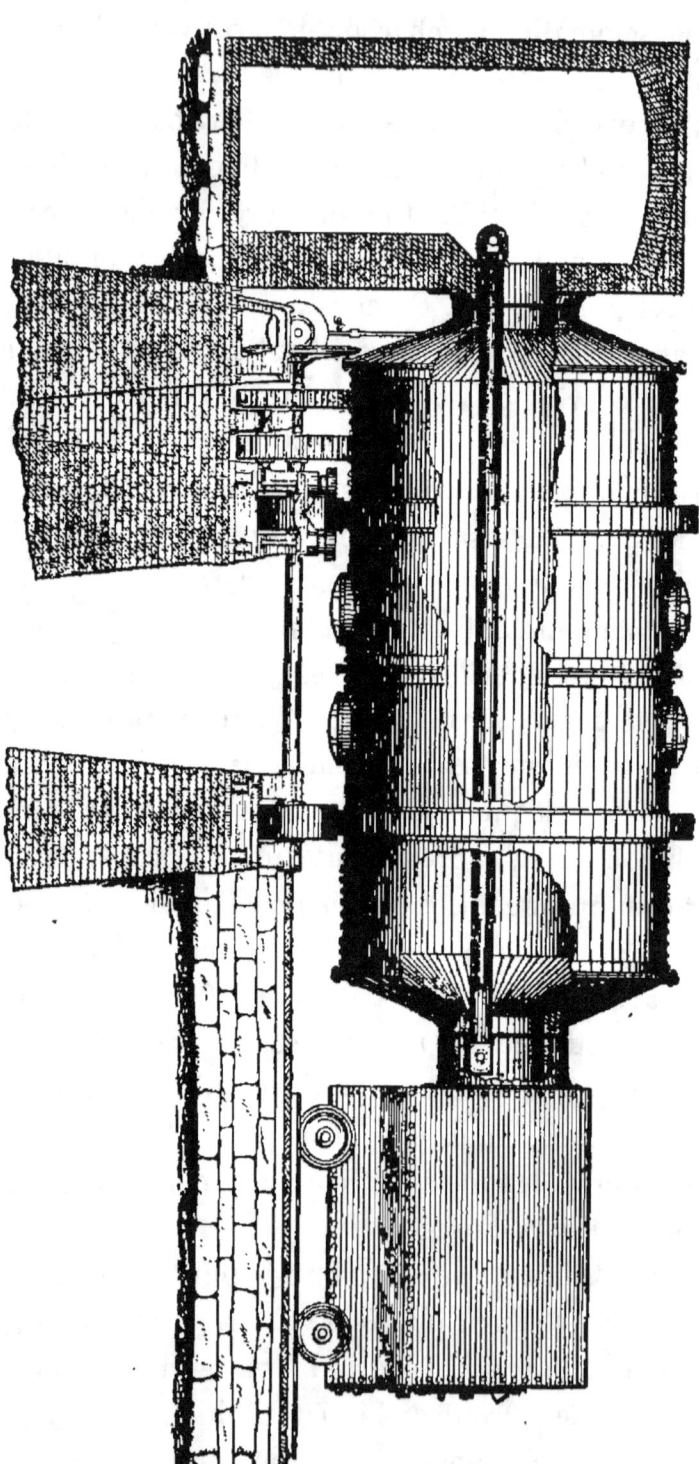

Fig. 72 — Four tournant de Bruckner avec appareil oxydant et désulfurant de Clark.

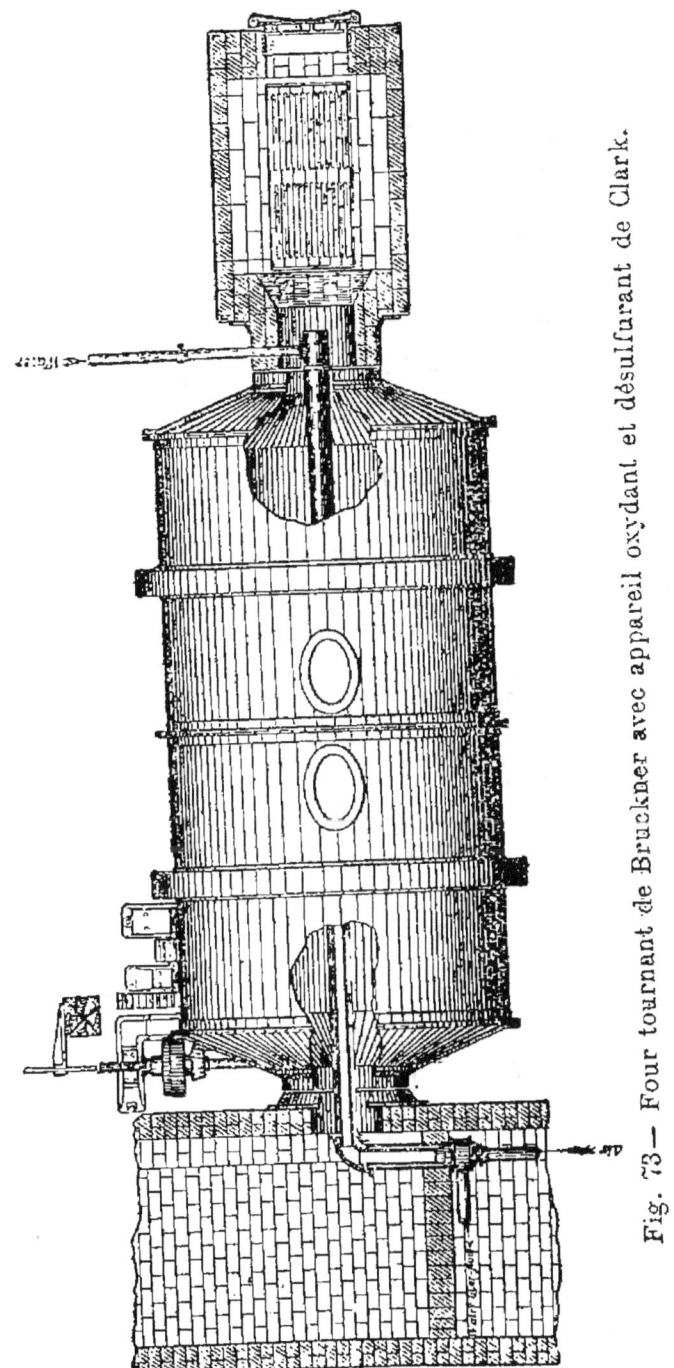

Fig. 73 — Four tournant de Bruckner avec appareil oxydant et désulfurant de Clark.

canelures en forme d'hélice, de $0^m,114$ de saillie. Ce revête-

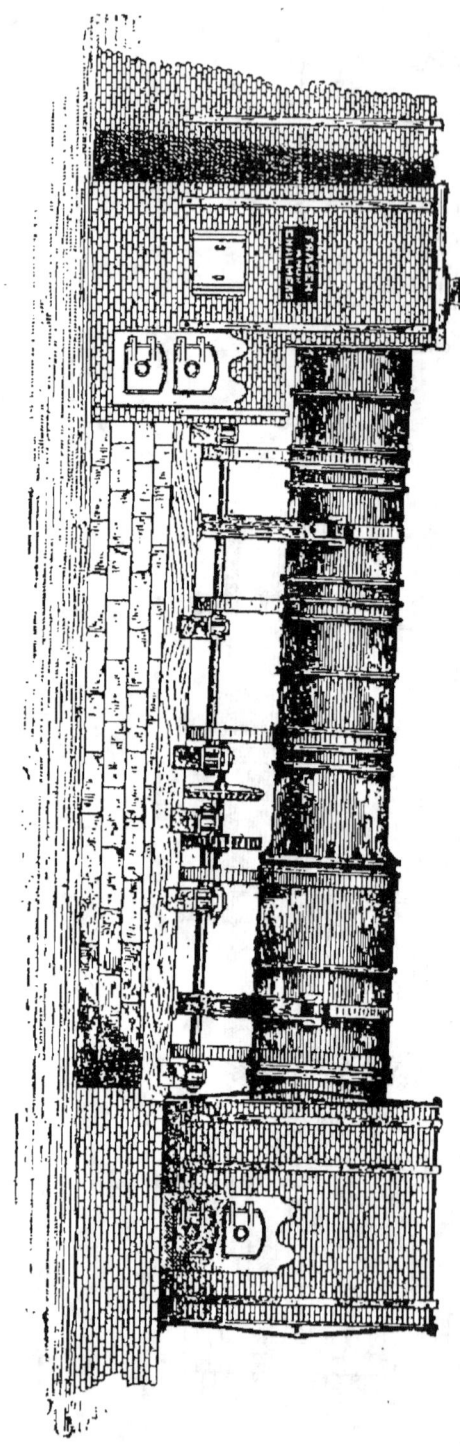

Fig. 74 — Four de White perfectionné par Howell.

8 et 10 tonnes par 24 heures.

ment a 0$^m$,114 d'épaisseur. Les cannelures en forme d'hélice remplacent avec succès le diaphragme de certains modèles du four Bruckner, diaphragme formé de 6 tubes en fer qui s'usaient très vite.

Le cylindre du four Howell, qui d'ordinaire a de 6 à 9 mètres de longueur et de 1$^m$,10 à 1$^m$,20 de diamètre intérieur, est légèrement incliné. Le minerai chargé à l'extrémité opposée au foyer, c'est-à-dire à l'extrémité la plus froide, est entraîné peu à peu par le mouvement de rotation vers la partie la plus chaude, d'où il tombe sur la sole d'un petit four à réverbère chauffé directement par les gaz du foyer.

Le rendement du four Howell varie entre

**Four Hoffmann.** — Ce four à cylindre est muni à chaque bout d'un foyer et d'un tuyau. Il peut être employé avec le même succès, soit pour le grillage des minerais qui demandent une température très basse, soit pour le grillage de ceux qui exigent une température très haute. De chaque côté du four, entre le foyer et le cylindre, se trouve un rampant qui communique avec la chambre de condensation reliée à la cheminée, de sorte qu'au moyen de registres ou clefs de réglage on peut faire passer, tantôt d'un côté, tantôt de l'autre les gaz d'un foyer et le courant d'air. Une fois le four chargé, on allume un des foyers en maintenant les registres fermés de ce côté, tandis que le tirage des tuyaux du côté opposé est ouvert. Lorsque le minerai qui est près de ce foyer est suffisamment grillé et chloruré, on allume l'autre foyer et, après avoir laissé éteindre le premier foyer, on renverse la position des clefs de réglage. La direction de la chaleur se trouve ainsi changée, et le minerai près de ce foyer est porté à son tour à une plus haute température. En alternant ainsi une ou deux fois l'action des feux, on arrive à soumettre la charge entière à la température voulue. Ce procédé se recommande surtout pour les minerais antimonifères et pour ceux qui s'agglomèrent facilement et demandent, par conséquent, à être traités très uniformément à basse température. En effet, si l'on traite des minerais de ce genre dans des fours rotatifs ordinaires en maintenant un petit feu sur l'unique foyer, le minerai près de ce dernier est suffisamment grillé, tandis que celui près du rampant, c'est-à-dire à l'extrémité opposée, ne l'est pas assez. On est donc obligé de pousser le feu si l'on veut obtenir un grillage parfait. En donnant un coup de feu, le minerai près du rampant sera à son tour convenablement grillé, tandis que celui près du foyer le sera beaucoup trop, s'agglomérera et occasionnera des pertes en métaux précieux.

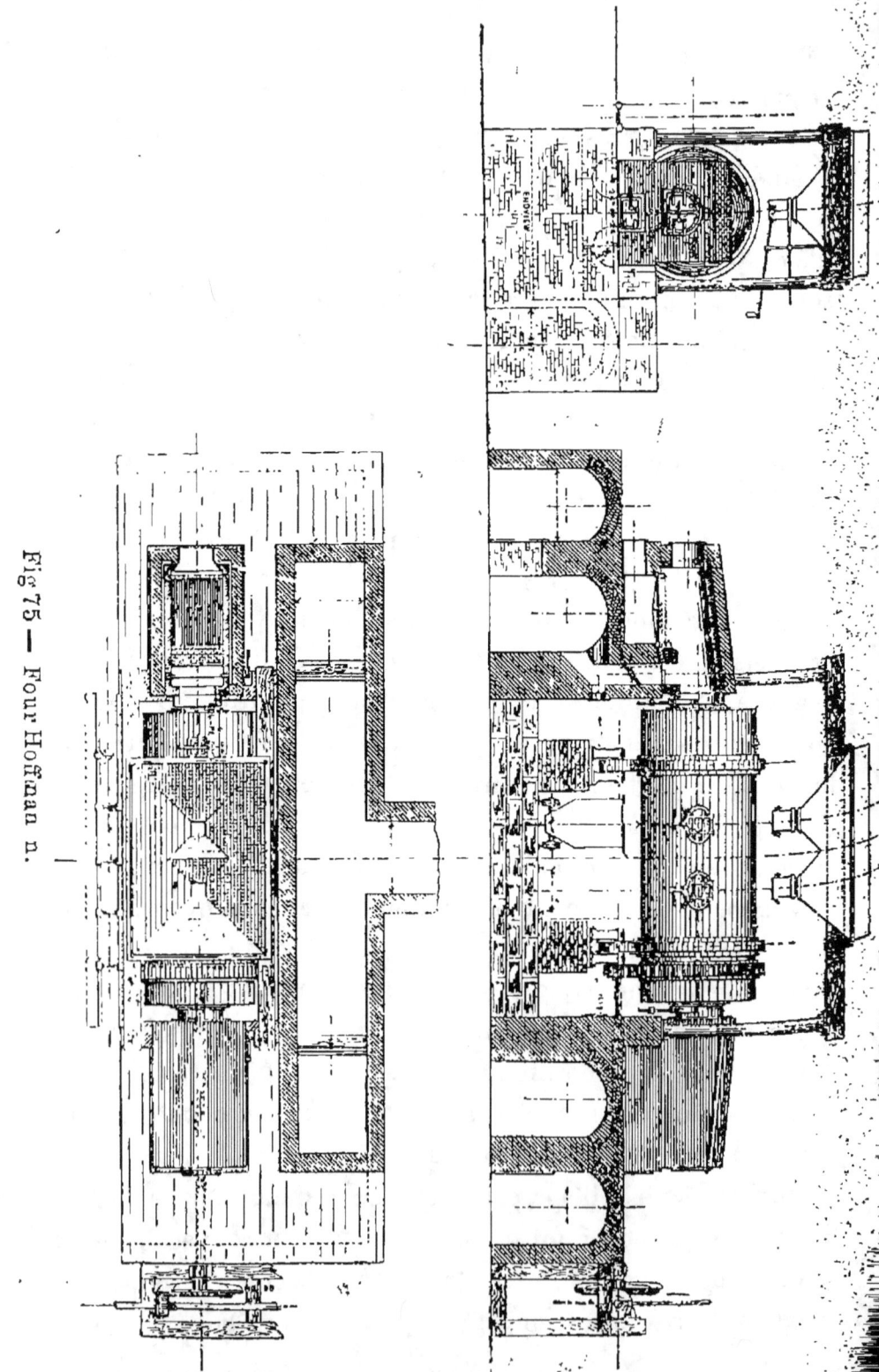

Fig 75 — Four Hoffman n.

Lors du grillage chlorurant d'un minerai quelconque, la masse près du foyer est déjà entièrement grillée et chlorurée quand celle qui se trouve à l'autre extrémité ne l'est qu'à environ 80 ou 90 %. De sorte que pour arriver à la chloruration complète on doit augmenter la température, ce qui non seulement prolonge la durée de l'opération, mais porte souvent aussi à un degré de chaleur trop élevé le minerai qui se trouve près du foyer. Or, on n'ignore pas que les pertes en métaux précieux augmentent avec la durée de l'opération.

Il y a donc, en bien des cas, un avantage réel à utiliser un four Hoffmann, qui permet d'effectuer un grillage uniforme tout en opérant rapidement. D'après le professeur Egleston, les pertes en or pendant le grillage chlorurant au four Hoffmann ne dépassent pas 10 %.

**Four Stetefeldt.** — Le four à griller et à chlorurer inventé par M. Stetefeldt, est basé sur un principe entièrement différent de celui des autres fours. Il se compose d'une grande cuve carrée, très haute, dans laquelle montent les gaz de plusieurs foyers, et où le minerai à griller et à chlorurer tombe en poudre fine régulièrement dispersée. L'oxydation et la chloruration se font presque entièrement pendant le court laps de temps que le minerai met à gagner le fond de la cuve, où la réaction se termine au sein de la masse. Une oxydation si rapide se conçoit facilement.

En tombant, les particules du minerai sont toutes isolées et offrent, par conséquent, toute leur surface à l'action des gaz contenus dans la cuve. Quant à la chloruration, elle n'est aussi complète que parce que le sel, réduit en poudre, est très intimement mélangé au minerai ; elle se termine, du reste, après la chute du minerai pendant son refroidissement.

Le minerai tombe du distributeur *A* (voir Fig. 76) dans

la cuve *B* où il rencontre dans sa chute les gaz dégagés.

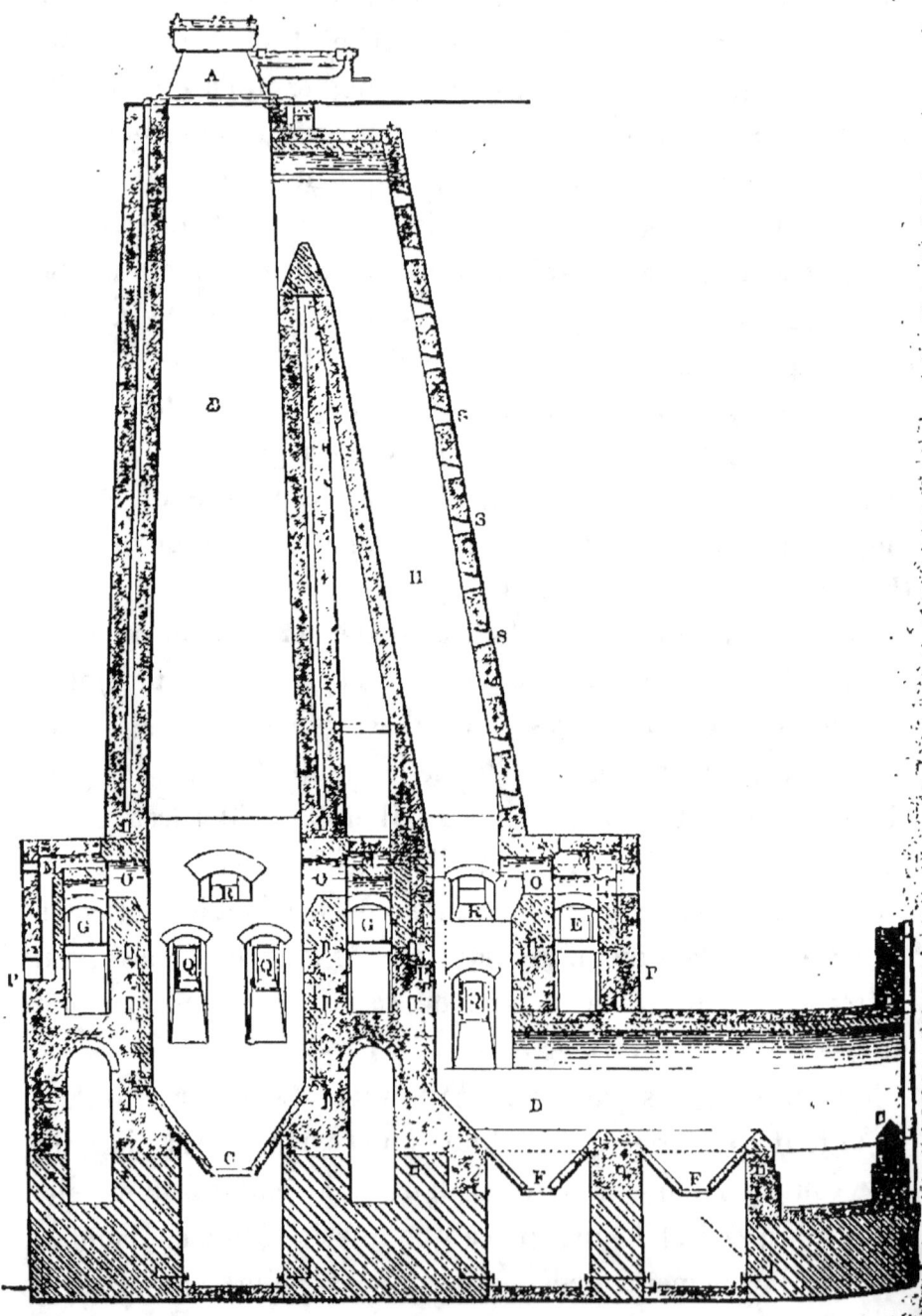

Fig. 76 — Coupe du four Stetefeldt.

des foyers *G* par les rampants *O*. Les poussières entraînées

par le courant des gaz descendent par le rampant incliné *H*
et vont se réunir dans les chambres de condensation *D* qui
précèdent la cheminée. Les carneaux *M*, qui communiquent
avec l'extérieur par deux ouvertures servant à régler l'entrée de l'air pour la combustion des gaz, débouchent dans
les rampants *O*.

L'arrivée de l'air sous les foyers se fait par des portes à
registres. On peut contrôler le travail dans la cuve B. et
le rampant incliné *H* par des portes *R* au-dessous desquelles d'autres portes *Q*, dont la partie inférieure est très
inclinée vers le bas de la cuve, permettent d'introduire des
outils pour faire tomber le minerai qui pourrait s'attacher
aux murs. Le minerai arrivant au bas de la cuve *B*
glisse dans la trémie *C* qui est munie d'une trappe, et celui
qui arrive par le rampant *H* dans les chambres de condensation *D* et qui représente 30 à 50 $\%$ de la totalité, tombe
dans d'autres trémies *F*, également munies de trappes et sur
lesquelles on le laisse s'accumuler avant de le décharger dans
des wagonnets placés au-dessous, pour le conduire enfin sur
les aires de refroidissement. Le rampant *H* est garni de nombreuses portes *S* qui permettent d'en faire le nettoyage intérieur pendant la marche.

Le distributeur *A* se compose de deux grilles placées l'une
au-dessus de l'autre, et dont l'écartement peut être modifié au
moyen de vis de rappel. La grille supérieure, sur laquelle
arrive d'abord le minerai, a des trous plus grands que la grille
inférieure. Elle est fixée à un cadre mobile porté par des rouleaux à friction et reçoit un mouvement de va-et-vient qui
permet au minerai de la traverser lentement pour tomber
sur la seconde grille.

Puis, le minerai continuellement remué par des lames
fixées à la partie inférieure de la première grille, lames dont

on peut varier la hauteur, est aussi forcé de passer la seconde.
La vitesse du cadre est de 20 à 60 coups à la minute. La section de la cuve est carrée et varie de 1$^m$,10 à 1$^m$,50, quelquefois elle atteint même 1$^m$,50. La hauteur est ordinairement de
9 à 10 mètres, rarement davantage, à moins qu'on ne veuille en
augmenter la capacité ou traiter des minerais renfermant des
bas métaux. Les parois sont formées par deux murs en briques
ayant entre eux un espace de quelques centimètres, que l'on
garnit de sables ou de cendres pour prévenir toute déperdition
de chaleur. La cheminée a de 1$^m$,20 à 1$^m$,50 de côté et en
moyenne 25 mètres de hauteur, quelquefois même davantage.
Elle est munie d'un registre qui permet d'en régler le tirage,
duquel dépend le résultat du grillage.

**Marche de l'opération.** — Le minerai est amené sur
le distributeur par des élévateurs. — Un seul ouvrier surveille
le fonctionnement des élévateurs et la marche des foyers, prélève les échantillons et veille à ce qu'il ne se forme point
d'obstruction dans la cuve et dans le grand rampant. De
telles obstructions changeraient complètement la marche de
l'opération.

Le grillage dépend donc :

1°. — De la distribution du minerai, distribution que l'on
peut varier, soit en modifiant la vitesse du cadre mobile qui
supporte la grille supérieure, soit en modifiant la distance qui
sépare les deux grilles.

2°. — Du tirage, qui doit être approprié à la nature de
chaque minerai. On le règle au moyen du registre de la cheminée d'appel et des registres des ouvertures placées au-dessus
des foyers, par lesquelles entre l'air destiné à brûler les gaz
de la combustion et à fournir l'oxygène nécessaire à l'oxydation du minerai.

Deux ouvriers sont occupés à décharger le minerai grillé

dans les wagonnets et à le transporter sur les planchers refroidisseurs.

Dans les grands fours la production est de cinquante tonnes par 24 heures.

**Contrôle chimique du grillage.** — Comme il a déjà été expliqué plus haut, le grillage a pour but d'éliminer par la chaleur les produits tels que le soufre, l'arsenic et l'antimoine, qui peuvent être volatilisés ou brûlés, et de transformer en oxydes les sulfates qui ont pu se former, principalement le sulfate de cuivre et le sulfate de fer. Lorsque le minerai renferme de l'argent ou du plomb, on fait bien de ne pas trop élever la chaleur, pour éviter la décomposition des sulfates d'argent ou de plomb.

On considère généralement un grillage comme tout à fait terminé, lorsqu'il ne renferme ni sulfate de cuivre, ni sulfate de fer. On peut en acquérir la certitude de la manière suivante : Un petit échantillon du produit du grillage est traité par un peu d'eau, puis filtré. Ce liquide filtré est partagé en deux parts. A la première on ajoute quelques gouttes de ferrocyanure de potassium : s'il se forme un précipité bleu ou bleu verdâtre, le grillage n'est pas terminé, car ce précipité indique la présence de fer dans la solution.

A la seconde part on ajoute un peu d'ammoniaque. Si la solution devient bleue, il y a présence de cuivre. Le grillage n'est donc pas complet.

**Pertes en or occasionnées par le grillage oxydant et le grillage chlorurant.** — Jusqu'à présent, on n'est pas encore parvenu, avec aucun genre de four, à éviter les pertes occasionnées soit par le grillage simple, soit par le grillage chlorurant. Après l'un comme après l'autre, l'or se trouve à l'état métallique dans la masse grillée. Pendant le grillage chlorurant, l'or est d'abord transformé en trichlorure d'or

(Au Cl³) qui, vers 200°, est décomposé en chlore et en protochlorure (Au Cl) et donne, au rouge, du chlore et de l'or
réduit.

Généralement, il y a peu de pertes en or dans le grillage
simple ; car ce n'est guère que lorsque celui-ci est exécuté
trop rapidement que de fines particules d'or sont entraînées
par les produits volatils formés. De nombreux essais, faits dans
les mines californiennes, ont montré que des minerais sulfurés, grillés pendant plus de 30 heures, ne perdent qu'une
quantité d'or extrèmement minime.

En soumettant à un grillage chlorurant des minerais auro-
argentifères, il faut y apporter beaucoup d'attention ; car dans
ces cas les pertes sont souvent considérables.

Par une opération bien conduite, et une addition de sel
convenable, on arrive à chlorurer la presque totalité de l'argent, et à ne laisser passer dans les tailings que 5 à 10 % de
ce métal ; tandis que la quantité d'or qui y passe représente
les 40 et 45 % de l'or renfermé dans le minerai. M. Stetefeldt
a trouvé que des minerais du Mexique, chlorurés dans un
four à réverbère, avaient perdu de 53 à 88 % de l'or indiqué
par l'essai. D'après ses recherches, l'or serait entraîné par le
chlorure de cuivre volatilisé. Les pertes augmentent donc
avec la quantité de chlorure de cuivre formée et volatilisée.
Il cite cependant le cas d'un minerai ne renfermant pas de
cuivre et qui, néanmoins, a perdu par le grillage chlorurant
80 % d'argent et 68 à 80 % d'or. On voit par là que les pertes
en métaux précieux varient suivant la nature du minerai.
Malheureusement, il n'a pas encore été possible jusqu'à présent de donner des explications plausibles sur les causes dont
elles proviennent.

Débuts d'une Mine d'Or Sud-Africaine

Batterie de 20 pilons (Mine Sud-Africaine)

## SÉCHAGE DES MINERAIS

Pour suivre l'ordre régulier du travail, nous aurions dû décrire les fours de séchage avant ceux du grillage, car le minerai est séché avant d'être broyé à sec et, par conséquent, avant d'être grillé. Mais c'est fait. L'analogie entre ces deux genres de fours, dont les derniers ont été suffisamment décrits, nous dispense d'ailleurs d'entrer dans de nombreux détails. Aussi nous contenterons-nous d'étudier seulement le séchoir tournant construit par MM. Fraser et Chalmers, et celui à étagères de M. C. A. Stetefeldt.

**Séchoir tournant Fraser et Chalmers.** — Cet appareil remplace avec succès les planchers en fer autrefois en usage pour le séchage du minerai, et sous lesquels s'étendaient en se divisant les flammes du foyer.

Ce séchoir consiste en un cylindre en fonte formé de plusieurs sections et tournant sur deux voies ou bandes de roues avec galets en dessous. Le mouvement de rotation est transmis au cylindre au moyen de poulies et d'engrenages. Vers le foyer le diamètre du cylindre est plus grand. Son axe est horizontal ; mais, comme le cylindre a la forme conique, le minerai qui y pénètre par l'extrémité la moins large est forcé d'avancer graduellement vers le foyer. Des palettes disposées en spirale et placées à l'intérieur du cylindre remuent constamment la masse et l'éparpillent dans la flamme. Le séchage se trouve ainsi grandement activé.

Le minerai sec tombe dans une fosse d'où il ressort par une porte en fonte. Dans cette porte est encastré un plan incliné en tôle qui le conduit aux alimentateurs automatiques des trémies qui, à leur tour, le déversent sous les bocards.

Fig. 77 — Séchoir tournant Fraser et Chalmers.

Le modèle le plus en usage a un diamètre de 1m,11 à l'extrémité la plus large et de 0m,91 à l'extrémité opposée. — Sa longueur est de 5m,50. — Son revêtement intérieur est en briques réfractaires, et sa cheminée doit avoir au moins 12 mètres. Son rendement varie entre 30 et 40 tonnes en 24 heures.

**Fours de séchage à étagères** (1). — La construction de ce four, due à M. C. A Stetefeldt, est basée sur le principe de Hasenclever. Une série d'étagères inclinées sont disposées en zig-zag, et placées les unes au-dessus des autres dans une colonne verticale, et communiquent entre elles par des ouvertures en fonte dont elles sont munies. Le minerai s'y accumule en couches dont l'épaisseur est réglée par la largeur des ouvertures et par l'inclinaison des étagères. Lorsqu'on déplace une partie de la charge à l'extrémité de l'étagère inférieure, un mouvement de glissement se produit dans tout le minerai placé au-dessus et l'étagère supérieure se recouvre d'une nouvelle couche de minerai tombé d'une trémie placée au-dessus.

La colonne est divisée par les étagères en un certain nombre d'espaces prismatiques triangulaires. Les gaz chauds qui s'échappent du foyer circulent à travers ces espaces, qui sont en communication entre eux par des carneaux aménagés dans les parois du four. Ces carneaux passent en lacet d'une paroi de la colonne à l'autre et forment ainsi un courant continuel à travers tout le four.

Les Fig. 78 et 79 montrent deux étuves réunies dans une même maçonnerie. Les étagères en fonte mesurent 1m,52 de longueur sur 0m,71 de largeur et 0m,012 d'épaisseur. Elles sont munies de montants et de dossiers de 0m,10 de hauteur.

_____

(1) Extrait d'une conférence faite à Roanoke (Virginie).

La Fig. 80 montre de quelle manière elles sont placées sur

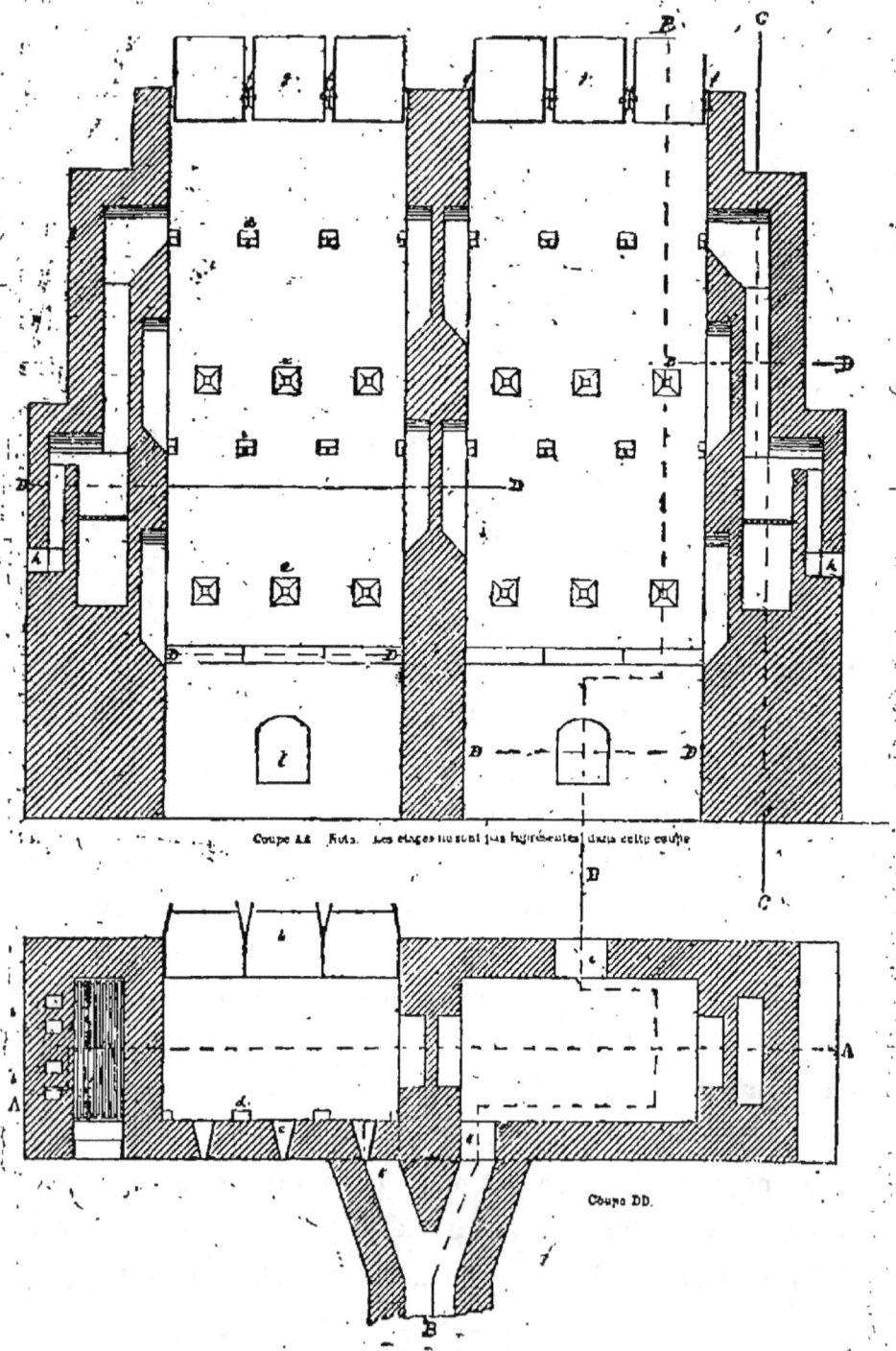

Coupe AA    Fots.    Les étages ne sont pas représentés dans cette coupe

Coupe DD.

Fig. 78 et 79 — Fours de séchage à étagères.

les tasseaux (d) et comment elles se réunissent l'une à l'autre. La colonne en briques mesure 2$^m$,14 de côté, 1$^m$,21 de hauteur et renferme trois de ces étagères placées sous un angle de 38°. Les trémies à minerai (g) reposent sur les bandes de fer (f). L'extrémité de l'étagère inférieure est munie de portes de décharge (b) avec dévaloirs faisant saillie hors du mur. Un tablier à bascule y maintient le minerai en place. En le faisant basculer, le dévaloir se remplit de minerai desséché. Les ouvertures D, par lesquelles on peut introduire un ringard, sont destinées à permettre à l'ouvrier en charge du four, de retirer les morceaux de minerai trop gros qui pourraient boucher les fentes des étagères. Le foyer se trouve à la base de l'étuve, mais les gaz chauds ne pénètrent dans

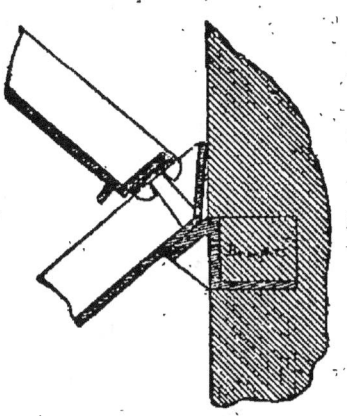

Fig. 80 — Coupe montrant la réunion de deux étagères.

le four qu'au dessous de la rangée supérieure des étagères, pour s'écouler par le bas et s'échapper ensuite par le carneau (k) en communication avec la cheminée. Cette disposition dans la marche des gaz est motivée par la raison suivante : Si on faisait pénétrer les gaz du foyer par la partie inférieure du four et sous la rangée inférieure des étagères qui sont couvertes de minerai sec et chaud, on risquerait de les surchauffer et de les gauchir par un feu trop vif. Avec la disposition adoptée, la température la plus élevée porte sur les étagères chargées de minerai froid et humide et le surchauffage devient impossible. La température du four est, en outre, uniforme et l'eau qui s'évapore ne peut venir se condenser sur le minerai froid et humide. L'ouverture (i) dans la paroi antérieure est fermée soit par une porte en tôle, soit par des briques.

La hauteur du four, depuis la porte de décharge jusqu'au sommet des trémies (*g*), est d'environ 6$^m$,50. Elle dépend en

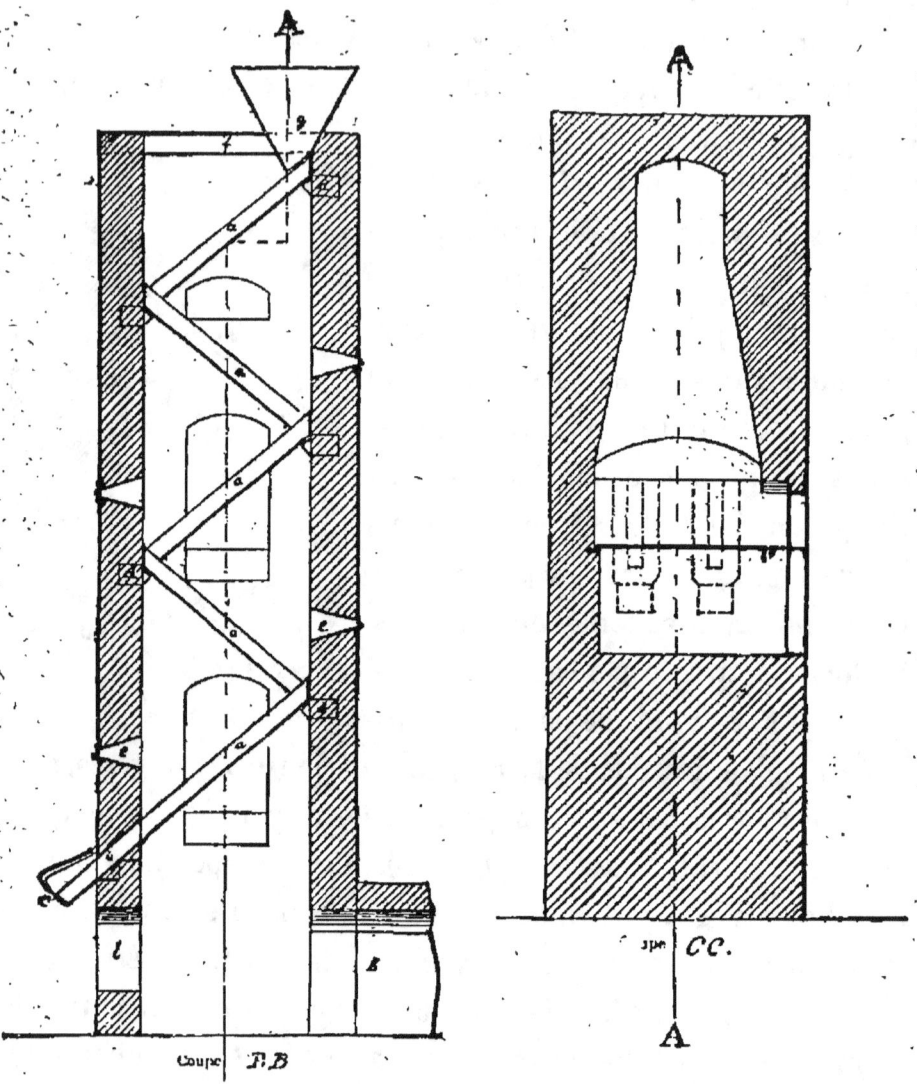

Fig. 81 — Fours de séchage à étagères.

quelque sorte de la hauteur du wagonnet qui sert à transporter le minerai desséché jusqu'aux broyeurs. Comme le séchage rapide dépend d'un bon courant d'air, la cheminée doit être élevée et dépasser d'au moins 9 mètres le sommet du four. Pour un four double, la prise d'air doit avoir 3 décimètres carrés. La maçonnerie est solidement amarrée au moyen de tirants, de rails, d'étriers et de boulons qui ne sont pas représentés dans les figures.

Nous ajouterons ici quelques remarques au sujet du séchage du sel. Ce dernier, placé sur la rangée supérieure des étagères, commence par former un bloc solide sous l'action de la chaleur. En forçant la température, la décrépitation des cristaux de sel commence et toute la masse se désagrège, à l'exception d'une croûte au sommet, qu'on brise au moyen d'un léger ringard tranchant. Si le feu est bien conduit, le sel ne se reprend pas en masse sur la deuxième rangée des étagères, mais la décrépitation continue aussi bien là que plus bas, où il arrive après avoir subi un séchage parfait. Le revêtement intérieur d'un four destiné au séchage du sel doit être en briques très dures, car le choc constant des décrépitations amènerait à la longue la destruction des briques ordinaires. Le rendement d'un four double pour minerai est de 30 à 50 tonnes en 24 heures. Une étuve simple pour sel donne de 6 à 8 tonnes dans le même laps de temps. Il faut environ 3,6 stères de bois pour le chauffage d'un double four à minerai et pareille quantité pour un simple four pour sel.

Le four à sécher à étagères présente sur le four tournant les avantages suivants :

1° Compacité plus grande dans la construction et, par conséquent, durée plus longue.

2° Économie de combustible, car la perte par rayonnement est très faible et la chaleur ayant un long espace à parcourir donne son effet maximum.

3° L'opération ne demande le développement d'aucune force.

4° Il n'y a pas de production de poussières, d'où inutilité de construire des chambres de condensation.

5° Il n'y a pas de pertes de métaux précieux.

# CHAPITRE VIII

## CHLORURATION DES MINERAIS AURIFÈRES. — PROCÉDÉ
## PLATTNER

L'idée première des procédés de chloruration est due à
Plattner. Ainsi que nous l'avons vu à l'article *Analyse par
voie humide*, méthode Plattner, la chloruration consiste à
traiter par le chlore le minerai aurifère sur une grande
échelle. Les procédés de chloruration connus ne diffèrent entre eux que par la disposition des appareils et par la manière
de produire le chlore. Tous sont basés sur la propriété que
possède le chlore de dissoudre l'or en formant du chlorure
d'or très soluble.

La disposition primitive consiste en un bac en bois ou,
tout simplement, en un tonneau revêtu intérieurement d'une
couche de goudron et muni d'un double fond sur lequel on
verse le minerai légèrement humecté, sans toutefois le tasser.
Par le fond du bac, et sous le double fond percé de nombreux
trous, on établit un courant continu de chlore. Celui-ci apparaît
à la surface du bac après avoir traversé, peu à peu, la
couche de minerai. Celui-ci se trouvant alors saturé, on

arrête le courant de chlore. Puis on verse sur le minerai une certaine quantité d'eau qu'on laisse écouler dans un autre bac. Ce lavage est renouvelé jusqu'à ce que l'eau employée ne précipite plus par le sulfate de fer. Toutes ces eaux réunies renfermeront, à l'état de chlorure, l'or qui était dans le minerai. Une solution concentrée de sulfate de fer précipite l'or sous forme de poudre brune. Cet or est recueilli par décantation, lavé, séché, et enfin fondu en lingots.

On ne traite par le chlore que le minerai réduit en poudre fine. L'or en grains reste très longtemps à se dissoudre. Les minerais dans lesquels l'or renferme de 40 à 50 % d'argent sont très difficiles à traiter par le chlore, car le chlorure d'argent qui se forme englobe l'or pour ainsi dire et l'empêche, par conséquent, de se dissoudre. On ne doit donc chlorurer que des minerais dans lesquels l'or est en particules assez fines et ne renferme pas trop d'argent.

Le minerai saturé de chlore est lavé avec de l'eau salée concentrée qui dissout à la fois le chlorure d'argent et le chlorure d'or (Le chlorure d'argent est insoluble dans l'eau pure).

Comme les frais de main-d'œuvre pour la précipitation de l'argent sont trop élevés par rapport à la valeur de ce dernier métal, on ne précipite généralement que l'or. Lorsqu'on veut traiter au chlore des minerais renfermant des sulfures, des arséniures et et des antimoniures, il faut préalablement les griller, l'or devant être libre. En présence de galène, le grillage doit être parfait.

On doit s'arranger de manière à n'avoir que de l'or en dissolution dans la solution à précipiter par le sulfate de fer. Il faut donc éviter dans le chlore la présence d'acide chlorhydrique. En voici les raisons :

1° L'acide chlorhydrique pourrait dissoudre des oxydes qui entreraient en dissolution en même temps que l'or et qui seraient précipités par le sulfate de fer. Le minerai, quoique grillé, pourrait encore renfermer une petite quantité de sulfure qui, sous l'action de l'acide chlorhydrique, donnerait de l'hydrogène sulfuré ; celui-ci précipiterait l'or à l'état de sulfure.

On parvient à éliminer cet acide en faisant passer le chlore venant des générateurs dans un appareil laveur où le gaz traverse une couche d'eau. Cette dernière, ayant une grande affinité pour l'acide chlorhydrique, retient les vapeurs acides qui distillent. Il suffit de changer l'eau lorsqu'elle en est saturée.

Le chlore est obtenu en décomposant par de l'acide sulfurique, du sel et du bioxyde de manganèse.

Par ce qui précède il est aisé de comprendre que le procédé au chlore est trop coûteux pour traiter les masses énormes de minerai sortant des mines. Aussi ne traite-t-on généralement que les minerais concentrés, c'est-à-dire enrichis par l'élimination de la plus grande partie de la gangue. Les concentrés renferment de la galène, des pyrites, de la blende et d'autres substances lourdes qui restent avec l'or.

Dans quelques mines, on expose à l'air le minerai pyriteux venant des concentrateurs, de manière à oxyder les sulfures. Cette oxydation n'est jamais complète. Les minerais doivent être grillés. Il y a même intérêt à le faire de suite. En effet, le minerai humide, exposé à l'air, se prend en blocs qu'il faut pulvériser à nouveau avant de le griller, autrement il serait imparfait. Il y aurait donc perte de main-d'œuvre.

## INSTALLATION D'UNE USINE DE CHLORURATION PAR LE PROCÉDÉ PLATTNER.

**Emplacement de l'usine.** — Le choix de l'emplacement d'une usine de chloruration est de la plus grande importance. Le chlore et l'acide sulfurique étant très nuisibles à la santé

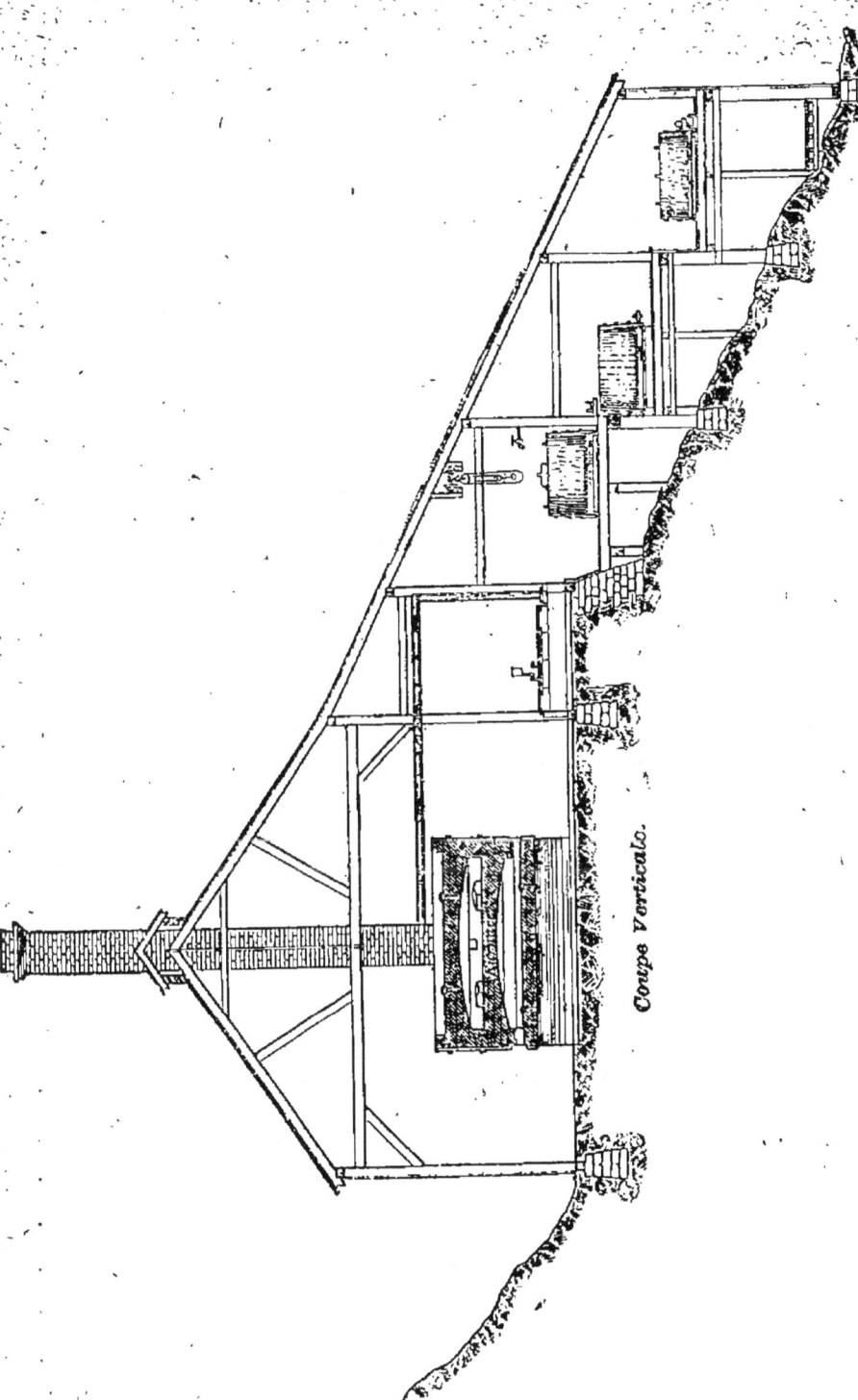

Coupe Verticale.

Fig. 82 — Usine de Chloruration.

des ouvriers et attaquant rapidement la machinerie, il faut, autant que possible, éviter de se mettre sous le vent qui souffle vers les batteries. Il faut, en outre, pouvoir disposer d'eau claire en quantité suffisante et s'installer sur une pente pour travailler économiquement, c'est à-dire, sans trop de main-d'œuvre.

Une usine de chloruration comprendra, suivant son importance : un four de grillage, un ou deux générateurs de chlore, des bacs de chloruration, de précipitation et de dépôt et quelques autres appareils d'ordre secondaire.

Nous allons passer en revue la fabrication du chlore, la chloruration, la lixiviation et la précipitation.

**Fabrication du chlore.** — Le générateur de chlore est composé d'un récipient cylindrique en plomb, ayant 0$^m$,50 de diamètre et 0$^m$,25 de hauteur. Il est surmonté d'un couvercle hermétiquement fermé au moyen d'un joint hydraulique. Ce couvercle est muni d'un tube de plomb, en forme de S, destiné à l'introduction de l'acide sulfurique, et d'un tube de dégagement pour le chlore produit. Au centre du couvercle passe l'axe d'un agitateur chargé de remuer la masse pour empêcher la formation d'agglomérations et d'éviter ainsi la fusion du plomb, car le générateur est placé sur un bain de sable disposé directement sur la voûte d'un four. L'espace annulaire entre l'axe de l'agitateur et le couvercle est également fermé par un joint hydraulique. Un appareil construit en deux pièces, la partie inférieure en fonte, et la partie supérieure en plomb, serait préférable. Un tel dispositif ne permettrait naturellement que l'emploi du mélange de sel, peroxyde de manganèse et acide sulfurique, car avec le mélange de peroxyde de manganèse et d'acide chlorhydrique, mélange dont on se sert quelquefois, il serait rapidement détruit.

La mise en marche du générateur se fait de la manière suivante : on enlève le couvercle et on introduit dans le récipient le sel, le peroxyde de manganèse et l'eau. On remet le couvercle en place, et on garnit d'eau l'espace annulaire qui forme joint étanche.

Les quantités de réactifs pour le traitement de trois tonnes sont : 10 à 12 kg de sel marin, 7 à 10 kg de peroxyde de manganèse à 70 %, et 15 kg d'acide sulfurique. — Pour éviter une réaction trop vive, on verse cet acide en plusieurs fois, et petit à petit.

La chaleur dégagée par l'acide sulfurique mis en contact

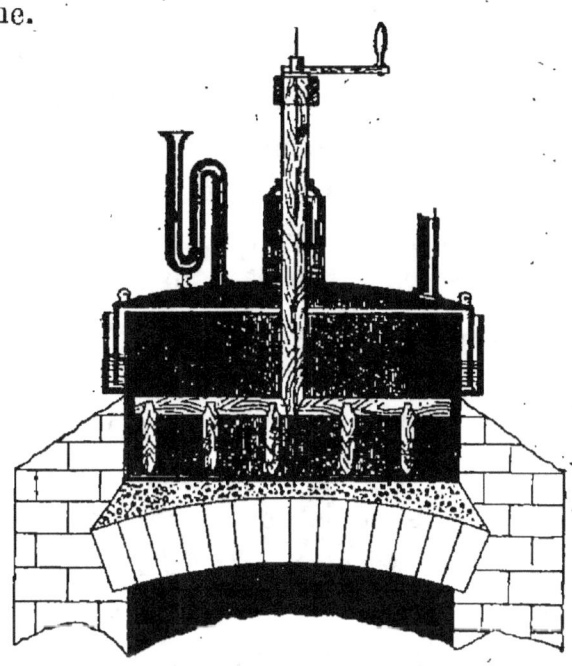

Fig. 83 — Générateur de chlore.

avec l'eau est suffisante pour commencer la réaction. Le chlore qui se dégage n'est pas directement conduit dans les bacs de chloruration : il passe d'abord, comme il a été dit plus haut, dans un flacon laveur rempli d'eau, destiné à absorber les vapeurs d'acide chlorhydrique qui pourraient distiller. Ce laveur, formé d'un flacon à moitié rempli d'eau, est muni de deux ouvertures : dans l'une passe le tube d'amenée du chlore, qui plonge dans l'eau, et dans l'autre le tube de dégagement qui conduit le chlore lavé aux bacs de chloruration. L'eau du flacon laveur ne doit être changée que deux ou trois fois pendant l'opération. Quoique saturée très rapidement de chlore, elle n'est pas moins bonne pour absorber les vapeurs d'acide chlorhydrique.

Dans quelques usines, on fait passer dans le laveur un courant d'eau presque continu. Cette pratique est mauvaise, car comme l'eau absorbe 2 fois 1/2 son volume de chlore, il en résulte une perte considérable de chlore.

Le flacon laveur est ordinairement en verre, ce qui permet de juger de la production de chlore. Cette production doit être rapide et continue. Lorsqu'un ralentissement se produit, on ajoute un peu d'acide.

Après avoir versé la quantité d'acide nécessaire, on commence à chauffer légèrement le générateur. Dès ce moment, il faut avoir soin de mettre l'agitateur en mouvement si l'on veut éviter la formation d'agglomérations.

**Bacs de chloruration.** — Les bacs de chloruration sont ordinairement de forme circulaire. Pour le traitement de 3 tonnes, un bac aura $2^m,10$ de diamètre et $0^m,90$ de hauteur. Il est muni d'un double fond placé sur de petits blocs de bois, de manière à laisser un espace libre pour l'arrivée du chlore. Ce double fond, percé de trous d'un centimètre et distancés les uns des autres de 20 centimètres, est recouvert d'une couche de quartz en fragments de grosseurs décroissantes formant filtre. Celui-ci ne doit pas dépasser 8 à 10 centimètres de hauteur. Sur les côtés du bac, entre les deux fonds, sont ménagées deux ouvertures : l'une est pourvue d'un tube en plomb qui amène le courant de chlore, l'autre, d'environ 1 centimètre plus bas, est munie d'un robinet qui permet de régler l'écoulement de la solution de chlorure d'or et des eaux de lavage. Dans le couvercle du bac, qui doit être exactement fermé, se trouvent une petite ouverture pour éliminer l'excès de chlore à la fin de l'opération et une ouverture plus grande par laquelle on introduit l'eau de lavage. Sous cette dernière ouverture est fixée une petite caisse plate percée de nombreux trous de manière à répandre l'eau sur une plus grande surface, et non sur un point unique ; en tombant toujours sur une seule place, elle creuserait un trou dans la masse du minerai.

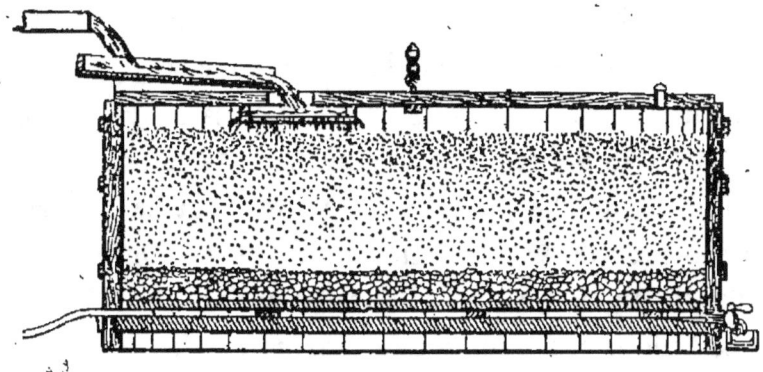

Fig. 84 — Bac de Chloruration.

Le bois du bac est rendu imperméable à la solution d'or par l'application à chaud d'une couche d'un mélange fait d'une partie de goudron et d'une partie de brai.

**Chargement des bacs.** — Le chargement du bac doit être fait sans tassement. Après complet refroidissement, le minerai grillé doit être mouillé. Cette humidification a sa raison d'être : Le minerai grillé et sec forme une masse plus resserrée que le minerai humide ; en ce dernier état, il est donc plus facilement attaqué par le chlore. Trop humide il ne serait plus perméable au chlore. L'humidification est au point voulu, lorsqu'une petite quantité de minerai serrée dans la main s'agglomère, mais se désagrège ensuite au moindre toucher. En cet état il renferme environ 6 °/₀ d'eau.

Les bacs d'un grand diamètre et d'une hauteur moyenne sont préférables, afin d'éviter le tassement du minerai qui rendrait le passage du chlore très difficile. Entre la surface du minerai et le couvercle, il faut laisser un espace libre d'environ 10 centimètres. Le chlore qui envahit cet espace sert à remplacer celui qui, après l'arrêt du courant, peut encore être absorbé.

Le bac garni de minerai doit rester découvert jusqu'à ce que le chlore arrive à quelques centimètres de la surface de celui-ci. A ce moment, le couvercle doit être rapidement mis en place et luté sur ses bords. Les ouvertures du couvercle ne sont fermées que lorsque le chlore commence à y passer. C'est le moment d'arrêter le courant et de laisser agir le chlore pendant 12 à 18 heures. Lorsque les bacs de chloruration sont très grands et la charge très forte, on peut faire arriver le chlore qui procède très lentement, avant que le chargement ne soit entièrement terminé. Pour chercher les fuites qui pourraient se produire, il faut souvent examiner les bacs de chloruration.

En promenant une baguette trempée dans l'ammoniaque contre les parois du bac où l'on a perçu l'odeur de chlore, on voit se former, à l'endroit où le gaz s'échappe, d'abondantes vapeurs blanches.

**Lixiviation.** — Pour opérer le lavage de la masse traitée au chlore, on ouvre les deux ouvertures du couvercle du bac de chloruration. Si, alors, on ne sent pas nettement l'odeur du chlore, c'est que la chloruration n'est pas encore suffisante. En ce cas, avant de procéder au lavage, il faut encore faire passer dans le bac un nouveau courant de chlore. On exécute le lavage en laissant pénétrer dans le bac un mince filet d'eau par l'ouverture ménagée à cet effet. La précipitation s'opère plus facilement lorsqu'on emploie peu d'eau. De temps en temps, on contrôle avec le sulfate de fer l'eau qui s'écoule du bac de chloruration dans celui de précipitation, et on arrête l'écoulement dès que la solution ne donne plus de réaction avec le sulfate.

Le déchargement du bac de chloruration se fait à la pelle.

En arrivant à la couche de quartz formant filtre, et qui doit servir de nouveau à l'opération suivante, il faut procéder avec beaucoup de soin.

**Bac de précipitation.** — Comme celui de chloruration, le bac de précipitation peut être en bois. Il est sans double fond; sa surface intérieure doit être lisse, de manière à ce que l'on puisse rassembler facilement l'or précipité, qui est en poudre ténue.

Le revêtement intérieur sera de préférence en feuilles de plomb. Un bac de 1m,20 de diamètre et de 0m,70 de hauteur est suffisant pour la précipitation de la solution provenant du traitement de 3 tonnes de minerai.

**Précipitation.** — Le précipitant le plus utilisé est le sulfate de fer ou vitriol vert. Ce sel, qu'on trouve dans le commerce en cristaux vert-clair donne, en solution dans l'eau, un abondant dépôt d'oxyde de fer. La solution claire peut être séparée au moyen d'un siphon. Les usines de chloruration préparent généralement elles-mêmes le sulfate de fer. A cet effet, on met dans un bac d'environ 1m,25 de diamètre et 0m,70 de hauteur une certaine quantité de ferraille qu'on recouvre entièrement d'eau. Sur le tout on verse de 4 à 5 litres d'acide sulfurique.

La solution de sulfate de fer doit être préparée 3 ou 4 jours à l'avance. On en verse une certaine quantité dans le bac de précipitation, puis on y laisse couler la solution à précipiter. Lorsque les deux solutions sont mélangées, on en prend un échantillon qu'on filtre et qu'on additionne de sulfate de fer. S'il se forme alors un précipité, cela prouve que la précipitation n'est pas complète. Dans ce cas, il faut ajouter dans le bac une nouvelle quantité de précipitant, et cela jusqu'à ce qu'une petite quantité de liquide ne donne plus, après filtration, aucune réaction avec le sulfate de fer. L'or est très long à se déposer ; il faut compter au moins sur 2 ou 3 jours. La solution qui surnage

ne doit être décantée que lorsqu'elle est parfaitement limpide.
Pour éviter toute perte d'or — la décantation en entraîne
toujours un peu — on fait passer, à l'aide d'un siphon, la solution surnageante dans un grand bac à dépôt où on la laisse
séjourner aussi longtemps qu'on peut. Il s'y dépose toujours
un peu d'or entraîné, mais vu la faible quantité, on ne le
recueille qu'une fois par an. Dans le bac de précipitation, on
ne ramasse l'or qu'après une série d'opérations ; on diminue
ainsi les pertes auxquelles l'enlevage donne lieu.

## LE PROCÉDÉ PLATTNER A PLYMOUTH-MINE, EN CALIFORNIE

Les beaux résultats que le procédé Plattner a donnés à
Plymouth-Mine, car il a permis de traiter des concentrés à
raison de 50 francs par tonne, nous engagent à citer *in-extenso*
l'intéressant rapport qu'en a publié M. G. W. Small.

« Le minerai sortant de la mine, dit-il, a une valeur d'essai
de 11 dollars à la tonne, principalement sous forme d'or libre.
Tout le minerai est envoyé directement aux moulins qui sont
au nombre de deux. L'un, l'ancien et le plus grand, a 16 batteries de 5 pilons avec un Frue-Vanner par batterie ; l'autre,
le nouveau, a 8 batteries de 5 pilons et deux Frue-Vanners par
batterie. Le grand moulin est mis en marche par une turbine
Leffel avec une pression de 80 pieds et une consommation
d'eau de 600 pouces de mineur.

« Le petit moulin est mû par des roues hurdygurdy avec
une pression d'environ 550 pieds, et une consommation
d'eau de 150 pouces.

« Aux deux moulins, la pulpe venant des batteries passe au-
dessus d'environ 20 pieds de plaques amalgamées, avant d'arriver aux Frue-Vanners. La première plaque de chaque série,

c'est-à-dire la plus élevée, est en cuivre, les autres sont ce qu'on appelle des plaques argentées. »

« Le bullion venant de la batterie renferme environ 800 millièmes d'or et 200 millièmes d'argent.

« Les concentrés venant des Frue-Vanners représentent environ 1 1/4 à 1 1/2 % du minerai pulvérisé. Ils dépassent rarement 2 %. Il m'a été impossible d'obtenir l'essai exact des concentrés, mais on dit que leur valeur varie entre 100 et 200 dollars la tonne. La concentration se fait à l'usine de chloruration à raison de 100 tonnes par mois. La capacité de l'usine de chloruration est un peu plus grande, mais l'alimentation en concentrés est limitée et il n'y a pas lieu de les traiter plus rapidement. On prend soin de les maintenir humides jusqu'au moment de les passer au four de grillage. Si on omet de le faire, la décomposition des pyrites commence et il se forme des agglomérations qui ne se grillent pas bien et occasionnent des pertes en or pendant la lixiviation.

« Pour le grillage, on utilise un four à réverbère continu : Ses dimensions sont de 12 pieds sur 80, y compris le foyer. La sole ne forme qu'un seul plan continu, mais les charges, au nombre de trois, sont maintenues séparées. Les ouvriers grilleurs nomment ces trois séparations ou compartiments : le dessiccateur, (drying), le brûleur (burning) et le cuiseur (cooking). Au milieu du *brûleur* le minerai est répandu en couche mince. Il occupe le double de place des autres compartiments. Le four est surveillé par des équipes de 8 heures; il y a un homme par équipe. A chaque changement de faction, une charge est enlevée et remplacée par une autre. Une charge pèse 2.400 livres et renferme environ 10 % d'humidité. Le minerai contient à peu près 20 % de soufre. Avant que le soufre ne finisse de brûler (dans la seconde division du four), on ajoute à la charge 18 livres de sel ou 3/4 %.

« Le minerai grillé de chaque équipe est mis à part sur un plancher refroidisseur, jusqu'à ce qu'il y en ait environ 4 tonnes provenant de cette équipe. Ce lot est ensuite travaillé à part. Cette méthode permet à la personne qui dirige le travail de contrôler sérieusement le grillage, car si un seul lot sur trois est mauvais, on peut présumer que la faute en est à l'ouvrier. Si, par contre, tous les trois lots sont mauvais, il y a de fortes probabilités pour qu'il y ait eu des changements matériels dans le minerai. Le procédé de grillage serait en ce cas à modifier.

« Les bacs de chloruration ont 9 pieds de diamètre sur 3 pieds de hauteur. Il y en a quatre. Ils sont légèrement inclinés et s'égouttent donc plus facilement. Le fond de chaque bac est garni d'un filtre de 6 pouces d'épaisseur. Ce filtre est formé comme suit : De légères lattes de bois de 3/4 de pouce sont d'abord placées sur le fond du bac à des distances d'un pied environ. En travers de ces lattes sont posées des planches de 6 pouces laissant entre elles des vides d'environ un pouce. Au-dessus de ce plancher à jour on place de gros fragments de quartz, puis des fragments plus petits, jusqu'à une hauteur totale de 6 pouces. Ce filtre en quartz est finalement recouvert d'un plancher volant, dont les planches, les unes presque contre les autres, sont perpendiculaires à celles du plancher de dessous. Le but de ce second plancher est de permettre d'enlever à la pelle le minerai lavé, sans déranger le filtre.

« Le minerai à chlorurer doit être humide (environ 6 % d'humidité). L'essai pour le travail se fait de la manière suivante : On prend une poignée de minerai qu'on serre fortement, puis on rouvre la main ; si la masse commence immédiatement à s'émietter et à tomber en morceaux, le minerai renferme la quantité d'humidité voulue. Le minerai humide est jeté dans le bac à travers un crible ; on évite ainsi le tassement et facilite la pénétration du courant de chlore. À cet effet, on se sert d'un crible à mailles d'un demi-pouce. Les bacs ne sont remplis que jusqu'à 3 pouces des bords. Dans la lixiviation ultérieure le minerai peut ainsi être couvert d'eau, car autrement il y aurait grande difficulté à enlever entièrement par lavage l'or dissous.

« Une fois les bacs remplis comme il a été dit, ils sont prêts pour l'introduction du chlore. Celui-ci est introduit par le fond du bac et sur deux côtés opposés. Le courant est maintenu jusqu'à ce qu'un peu d'ammoniaque tenu au-dessus du minerai commence à donner des vapeurs denses de chlorure d'ammonium, ce qui arrive ordinairement au bout de quatre heures de temps. Arrivé à ce point, on place les couvercles des bacs et on bouche les jointures avec un mélange de son, de minerai lavé et d'eau. On laisse ensuite marcher jusqu'à épuisement les générateurs à gaz, dont deux sont employés à la fois pour la chloruration d'un bac, puis on rompt les communications avec les bacs et l'on ferme les ouvertures par lesquelles pénétrait le chlore.

« Le bac est généralement chargé de gaz le matin, puis abandonné pendant deux jours. Le jour suivant, c'est-à-dire le troisième jour, le minerai est lixivié. Le bac, d'abord rempli d'eau, reste quelques minutes abandonné pour permettre à l'eau de pénétrer partout. Lorsque le minerai n'absorbe plus d'eau, on soutire la liqueur par le fond du bac en ayant soin de maintenir celui-ci plein d'eau pendant toute la durée de l'opération qui prend de quatre à cinq heures. En chargeant le bac, on étale une grosse toile au-dessus du minerai, à l'endroit où l'eau destinée au lavage sera introduite. De cette manière l'eau se distribue mieux et il ne se fait ni creux, ni tassement.

« La solution des bacs de lixiviation est conduite dans des bacs de dépôt. Là, on y ajoute environ 40 livres d'acide sulfu-

rique à 66° B. On sait par expérience que cette addition
d'acide est avantageuse pour l'obtention d'un travail soigné
dans la précipitation ultérieure, quoique la réaction chimique ne soit pas bien claire. La solution est ordinairement
laissée en repos pendant 24 heures, mais deux heures sont
suffisantes. On la conduit ensuite dans un bac de précipitation, où l'or est précipité au moyen de sulfate de fer. Enfin,
on y ajoute de la solution de sulfate jusqu'à ce qu'il ne se
forme plus de coloration brunâtre. Lorsque la précipitation est
complète, on l'abandonne pendant deux ou trois jours pour
permettre à l'or de se déposer. Quant au liquide surnageant, il
est décanté au moyen d'un siphon dans un autre bac où il a
encore l'occasion de déposer. La liqueur reste dans ce bac jusqu'au moment où il faut la faire écouler pour faire place à celle
de la charge suivante. Comme on ne trouve que très peu d'or
dans ce bac, on se contente de le nettoyer une fois par an.

« Sur l'or qui s'est déjà déposé dans le bac de précipitation,
on conduit une nouvelle liqueur à précipiter. L'or peut ainsi
s'accumuler jusqu'au nettoyage bimensuel. Lorsque les travaux le permettent, les bacs à précipitation sont couverts et
fermés à clef.

« Lors du curage, le liquide surnageant est siphoné et l'or
est rassemblé et placé sur un filtre recouvert d'une feuille de
papier à filtrer. Là, il est lavé avec de l'eau pure jusqu'à élimination complète de l'acide et des sels de fer. Enfin il est séché, fondu et coulé en lingots.

« On extrait des concentrés 95 à 96 % de la valeur d'essai.
Deux hommes, de jour, exécutent tout le travail, transportent
les concentrés, etc. Le contre-maître reçoit 3 dollars et les autres 2 dollars 50 cents par jour. Etant donnée la quantité
limitée de concentrés à travailler, on ne lessive que trois bacs
en quatre jours. Les hommes sont néanmoins toujours occupés

« Le sulfate de fer est préparé sur place. On utilise pour cela un bac ordinaire en bois d'environ 4 pieds sur 4 1/2, placé en plein air, en dehors de l'usine. Dans le bac, qui est maintenu plein d'eau, on met une quantité indéterminée de débris de fer, et on y ajoute 40 livres d'acide pour chaque charge à précipiter.

« Les bacs de précipitation, également en bois, sont protégés contre l'action des acides par une couche de peinture de paraffine (Paraffine paint).

« Je joins ici un état des dépenses. La base de l'exposé est de 100 tonnes de minerai par mois de 30 jours. La consommation des produits n'est que pour 24 jours par mois.

### Grillage

| | | |
|---|---:|---:|
| 3 hommes, à 2 dollars 50 par jour, pour 30 jours. . | 225 »» | |
| 1 3/4 cordes de bois, à 4 dollars 25 . . . . . . . | 223 13 | |
| 54 livres de sel à 3/4 cents. . . . . . . . . . | 12 15 | |
| | | 480 28 |

### Générateurs de chlore

La charge est la suivante : manganèse, 30 livres ; sel, 34 livres ; acide sulfurique, 60 livres, ce qui donne pour deux générateurs :

| | | |
|---|---:|---:|
| Manganèse, 60 livres par jour, 24 jours, à 47 dollars la tonne. . . . . . . . . . . . . . . . | 33 84 | |
| Sel, 68 livres par jour, pour 24 jours, à 15 dollars la tonne. . . . . . . . . . . . . . . . . | 12 24 | |
| Acide, 120 livres par jour, pour 24 jours, à 60 dollars la tonne . . . . . . . . . . . . . . | 86 40 | |
| | | 132 48 |
| Acide pour bac de dépôt (40 livres) pour fabrication de sulfate de fer (40 litres), pour 24 jours . . . | | 57 60 |
| Salaire des lixiveurs, à 5 dollars 50 par jour, 30 jours. . . . . . . . . . . . . . . . . | | 165 »» |
| Appointements du contre-maître. . . . . . . . . | | 125 »» |
| TOTAL. . . . . . . . . . . . . . . | | 940 36 |

Soit par tonne de concentrés, 9 dollars 40 cents 3/10, ou 2 livres sterlings ou 50 francs.

**Procédé de Munktell.** — La caractéristique du procédé Munktell, connu aussi sous le nom de procédé suédois, consiste dans le fait de soumettre le minerai grillé à l'action d'une solution d'hypochlorite. Cette solution arrive à la surface du minerai en même temps qu'une solution étendue d'acide chlorhydrique, calculée de manière à décomposer exactement l'hypochlorite. M. Munktell donne la préférence au

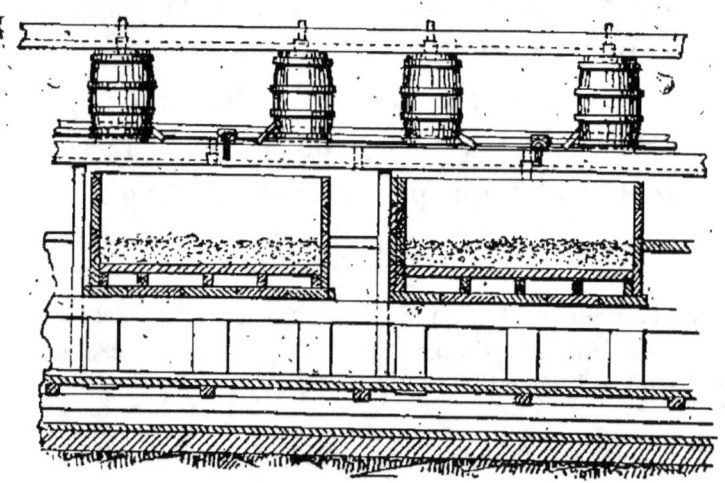

Fig. 85 — Coupe longitudinale d'un appareil de Chloruration par le procédé Munktell.

grillage chlorurant. Quand le minerai renferme de l'or en grains un peu gros qui seraient, par conséquent, imparfaitement attaqués par le chlore, il les enlève par lavage ou par un procédé mécanique. Le minerai ne doit pas être trop finement pulvérisé, car il se tasserait trop et empêcherait ainsi le libre passage de la solution. Une petite dose d'hypochlorite de chaux est dissoute dans de l'eau pure ou, si l'or renferme de l'argent, dans de l'eau salée. La solution ainsi préparée ne doit pas contenir plus de 1 % d'hypochlorite. Sa décomposition doit être faite par un volume égal d'acide chlorhydrique ou sulfurique dilué, avec lequel elle se mêlera avant de pénétrer dans la masse du minerai. Ce procédé permet l'emploi d'un appareil facile à installer. Celui-ci se compose d'une série de bacs à doubles fonds, sur lesquels on a étendu une couche de matière filtrante, soit du gravier, soit de gros fragments de quartz. Au-dessus de chaque bac sont placés deux tonneaux destinés à recevoir les deux réactifs. Ces tonneaux peuvent être remplis à distance au moyen de canaux ou de tuyaux. Les deux réactifs s'écoulent des tonneaux dans une même rigole, s'y mêlent et tombent sur le minerai qu'ils traversent lentement en dissolvant l'or. Du double fond, ils s'écoulent dans des goulottes qui conduisent à des réservoirs. La solution est ensuite précipitée par le sulfate de fer ou par filtration sur du charbon.

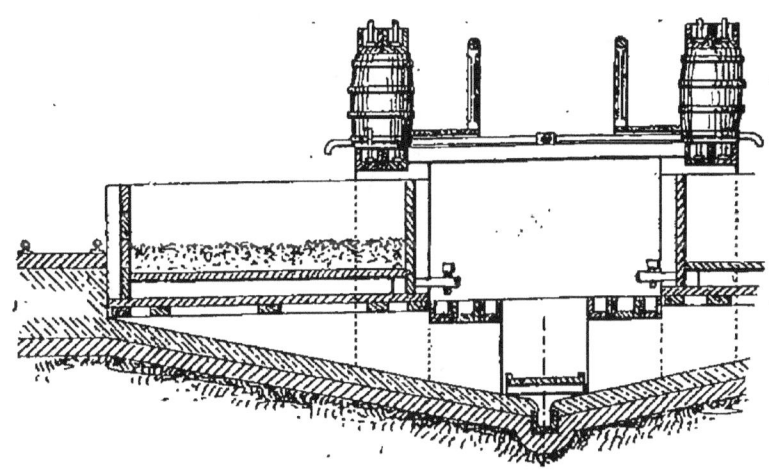

Fig. 86 — Coupe latérale d'un appareil de Chloruration par le procédé Munktell.

### Causes d'insuccès des procédés Plattner et Munktell.

— Les procédés Plattner et Munktell, et tous les autres procédés de chloruration où le minerai est simplement soumis à l'action du chlore sans recevoir aucun mouvement d'agitation, ne peuvent être utilisés avec succès que pour le traitement de quelques minerais. Ainsi, pour traiter des minerais où l'or est allié à de l'argent, ou ceux où l'or, quoique pur, se rencontre en grains un peu gros, ils ne sont aucunement efficaces. En effet, l'or allié à de l'argent est difficile à chlorurer ; car le chlorure d'argent qui se produit et qui est insoluble, le recouvre aussitôt d'une mince pellicule. Ainsi, il reste toujours une petite quantité d'or qui ne peut être dissoute, protégée qu'elle est contre l'action ultérieure du chlore. Lorsque l'or est pur, mais les grains un peu gros, il se produit une rapide attaque superficielle ; puis, le trichlorure d'or formé, quoique très soluble, n'étant pas en présence d'une quantité d'eau suffisante pour le dissoudre au fur et à mesure qu'il se produit, prévient l'action dissolvante du chlore. C'est indubitablement à ces deux causes qu'il faut principalement attribuer les fortes teneurs en or des tailings provenant de certains minerais traités par ces procédés, et qui renferment quelquefois 50 % de l'or indiqué à l'essai.

# CHAPITRE IX

Procédés divers de chloruration (*suite*). — Procédé Mears. — Procédé Thies. — Procédé Pollak. — Procédé Newbury-Vautin. — Sur la précipitation de l'or de sa solution chlorurée. — Procédé utilisé aux Golden Reward Chlorination Works de Deadwood. — Procédé J. W. Sutton pour isoler rapidement l'or de sa solution chlorurée.

## PROCÉDÉS DIVERS DE CHLORURATION

Nous allons maintenant étudier une série de procédés de chloruration perfectionnés, dans lesquels on utilise la pression et l'agitation du minerai, deux facteurs qui facilitent grandement l'action dissolvante du chlore. Ce sont les procédés Mears, Thies, Pollak et Newbury-Vantin.

**Procédé Mears.** — Ce procédé présente sur ceux que nous avons vus jusqu'à présent des avantages et modifications dignes de remarque. M. Mears soumet à l'action du chlore sous pression le minerai préalablement humecté et introduit dans un cylindre en fer intérieurement revêtu de feuilles de plomb et animé d'un mouvement de rotation. La pression active la dissolution de l'or, et le mouvement de rotation du cylindre force toutes les parties du minerai de se mettre en contact intime avec le chlore. Ce dernier est comprimé dans le cylindre par un de ses axes, qui est creux. L'agitation continuelle du minerai présente surtout un avantage réel lorsque lorsque l'or renferme une certaine quantité d'argent, car le chlorure d'argent, au fur et à mesure qu'il se forme à la surface de l'or, est enlevé mécaniquement par le frottement des grains de minerai les uns contre les autres. La surface de l'or étant ainsi constamment découverte et, par conséquent, en contact intime avec le chlore, la dissolution est rapide et complète. Le même avantage se présente pour le traitement de minerai où l'or est en gros grains, et se trouve ainsi sans cesse débarrassé du trichlorure qui se forme. Lorsqu'on juge l'attaque de l'or terminée, on remplit d'eau le baril ; on le fait tourner encore pendant quelque temps, puis on verse la pulpe ainsi délayée sur un filtre. De là, la solution s'écoule dans des bacs de précipitation, dans lesquels elle sera traitée par le sulfate de fer.

Le procédé Mears a donné, dans quelques mines, de fort beaux résultats. On peut citer, entre autres, la Deloro Mine (Ontario, Canada), où il a été utilisé avec succès pour le traitement d'un minerai où l'or est renfermé dans du mispickel, qui est un sulfo-arséniure de fer. Ce minerai est d'abord soumis à la concentration. Les concentrés obtenus renferment environ 150 grammes d'or par tonne. Ils sont desséchés dans un four rotatif légèrement incliné et de forme spéciale. Ce four mesure 6 mètres de longueur avec un diamètre de $1^m,20$ à sa plus grande ouverture et de $0^m,90$ à la plus petite qui se termine par une partie conique longue de $0^m,60$, ce qui porte la longueur totale du four à $6^m,60$.

Les concentrés séchés tombent lentement d'une des extrémités du cylindre et sont emportés par des élévateurs jusqu'aux fours de grillage, genre Howell, au nombre de deux. Ces deux fours cylindriques, montés avec enveloppe d'air et recouverts de papier et de laine minérale, communiquent entre eux par un tuyau destiné au passage du minerai. Tous deux sont munis de chambre de condensation. L'air qui pénètre dans le premier four de grillage est déjà porté à une certaine température par son passage dans une chambre chauffée par les gaz du second cylindre.

Le premier four de grillage a 9 mètres de longueur et 1$^m$,40 de diamètre intérieur. Son revêtement est en briques réfractaires et porte 8 cannelures saillantes, formées par des briques. L'arsenic et le soufre distillent dans ce four et sont entraînés dans des chambres de condensation au moyen d'un aspirateur. Le second cylindre, destiné à compléter le grillage, est de dimension plus petite. Sa longueur est de 6 mètres, et son diamètre intérieur de 1$^m$,10. Comme le premier, il est muni d'un revêtement en briques réfractaires portant 6 cannelures saillantes. Le rendement par 24 heures est de 10 tonnes qui, traitées ensuite par le procédé Mears, abandonnent 93 à 98 % de l'or qu'elles renferment.

La charge d'un cylindre chlorurant de Mears est d'une tonne. Le chlore est préparé avec du chlorure de chaux et de l'acide sulfurique. Les quantités de réactifs dépensés par tonne, sont de 18 à 22 kg de chlorure de chaux et de 22 à 27 kg d'acide sulfurique. La pression dans le cylindre monte à 7 et 8 kg par centimètre carré. La durée de l'opération est ordinairement de deux heures.

A Deloro Mine, la précipitation de l'or par le sulfate de fer a dû être abandonnée à cause de la trop grande quantité de chaux qui entrait en dissolution et donnait un abondant précipité de sulfate de chaux. L'or y est précipité par filtration sur du charbon de bois réduit en petits fragments. Le charbon sur lequel se dépose l'or est brûlé sans aucune perte.

**Procédé de chloruration A. Thies.** — L'appareil de chloruration imaginé par M. Thies se compose d'un cylindre en fer, revêtu intérieurement de plomb et muni d'un trou de chargement. Ce cylindre, auquel on peut donner un mouvement de rotation, contient un peu d'eau sur laquelle on verse du chlorure de chaux, puis une tonne de minerai. Par dessus le tout, on fait ensuite couler de l'acide sulfurique. On ferme rapidement et avec soin le trou de chargement, puis on met l'appareil en mouvement. Au bout de quelques révolutions, le chlorure de chaux et l'acide sulfurique se mêlent et le chlore se dégage. L'opération dure de 3 à 6 heures et varie avec la nature du minerai. Le temps nécessaire est déterminé par quelques opérations sur le minerai à traiter. Lorsque l'opération est terminée, on arrête le cylindre et on le remplit d'eau, puis on le remet en marche, de manière à laver complètement le minerai. Après un arrêt, on décante sur un filtre, puis on refait la même opération avec une nouvelle quantité d'eau ; on renouvelle cette opération jusqu'à ce que la solution ne précipite plus par le sulfate de fer. L'or est recueilli par précipitation au moyen de sulfate de fer, comme dans les autres procédés de chloruration.

Les frais de grillage, main-d'œuvre et produits chimiques, se montent à 20 francs par tonne.

**Procédé Pollak**. — Ce procédé utilise le chlore et la pression. Cette dernière est obtenue avec de l'eau comprimée au moyen d'une pompe. Le chlore est produit par décomposition d'un hypochlorite par du bisulfate de soude en solution. Ce sel, qui est un résidu industriel de peu de valeur, est facile à transporter ; il convient donc surtout pour les exploitations éloignées.

**Procédé Newbury-Vautin**. — Dans ce procédé, comme dans celui de Thies, on utilise du chlorure de chaux, qu'on décompose par l'acide sulfurique en présence du minerai. L'appareil inventé par M. Newbury-Vautin est des mieux combinés ; aussi a-t-il déjà donné des résultats incontestables. Le cylindre dans lequel se fait l'attaque du minerai est très résistant et peut supporter une pression de $7^{kg},270$ par centimètre carré. Il est fait en tôle d'acier avec une garniture intérieure en bois, recouverte de feuilles de plomb. Ce cylindre est muni d'une ouverture centrale, fermant hermétiquement, destinée au chargement et au déchargement du minerai.

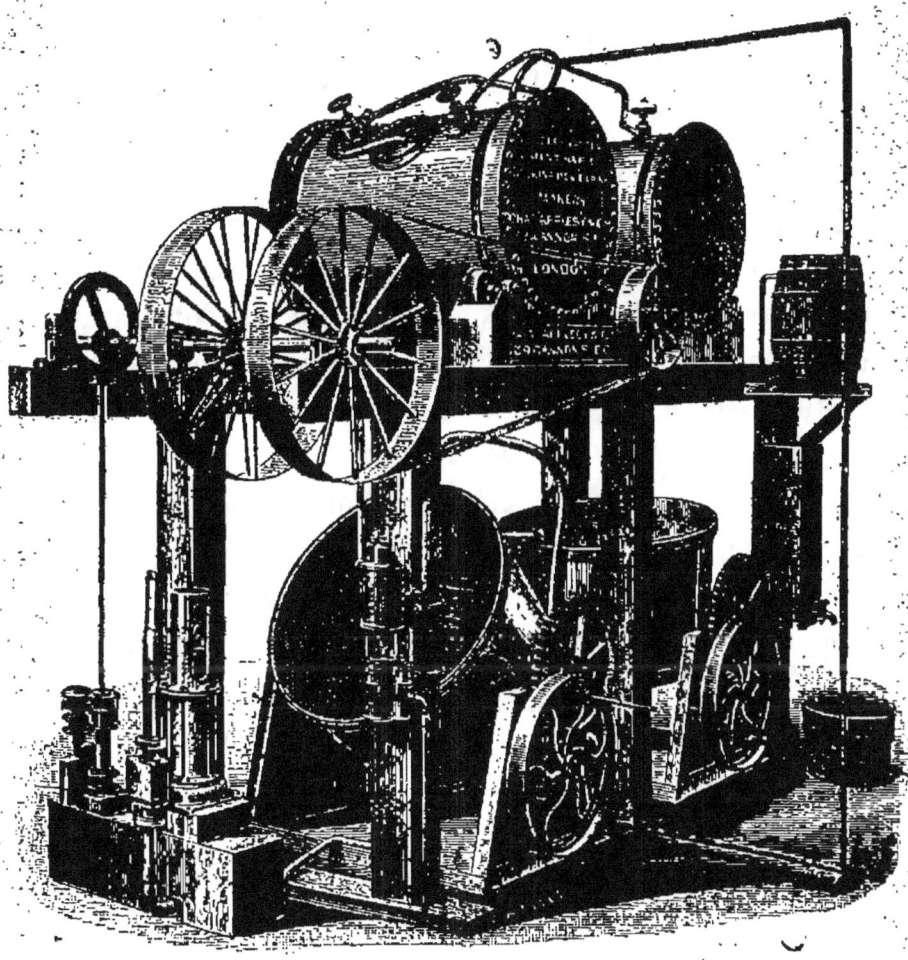

Fig. 87 — Appareil de chloruration Newbury-Vautin.

Deux petites ouvertures placées à droite et à gauche de l'ouverture centrale servent, l'une à amener un courant d'air comprimé, l'autre à expulser l'excès de chlore une fois l'opération terminée. Ces deux valves, munies de roues à main qui en facilitent la manœuvre, ont des raccords mobiles qui per-

mettent de les mettre en communication avec les tuyaux
d'arrivée et de décharge. Placé sur des roues à friction, le cylindre reçoit son mouvement de l'arbre moteur, à l'aide de
poulies et d'engrenages qui actionnent ces roues. La pompe à
air peut envoyer l'air directement dans le cylindre ou dans un
réservoir à air comprimé. Le bac de filtration, de forme conique, est construit en tôle d'acier et revêtu intérieurement de
feuilles de plomb. Il a un double fond, également plombé,
qui est percé de nombreux trous. L'espace libre entre les deux
fonds est en communication avec la pompe d'aspiration par
un tuyau en plomb. Le bac de filtration, supporté par des tourillons sur un bâti en fonte, peut être facilement basculé au
moyen d'une combinaison d'engrenages et d'une manivelle.
De cette manière, un ouvrier suffit pour déverser dans un
wagonnet le minerai déjà traité.

La pompe d'aspiration est faite d'un alliage de plomb et
d'antimoine, alliage inattaquable par les solutions chlorurées.
Le maniement de l'appareil est des plus faciles.

On verse la charge de minerai par un couloir qu'on fait
aboutir à la grande ouverture du cylindre, puis on y introduit
les réactifs, le chlorure de chaux et l'acide sulfurique, en ajoutant une quantité d'eau suffisante pour rendre la masse demi
liquide. Ceci fait, on ferme rapidement et bien hermétiquement le cylindre, on y injecte alors de l'air comprimé jusqu'à ce qu'on atteigne une pression de $4^{ks},360$ par centimètre carré. Puis, après avoir enlevé le tuyau de raccord, on
met le cylindre en mouvement en lui donnant une vitesse de
10 tours à la minute. La durée de l'opération varie avec la
finesse de l'or. Si l'or est très fin, elle sera terminée en une
heure; si les grains sont un peu gros, elle durera de 3 à 4
heures. Lorsque l'or est dissous, on arrête le mouvement de
rotation et on met le cylindre en communication par la valve

de décharge du chlore, avec un bac renfermant de l'eau de chaux. Pour vider le cylindre, on le remet en mouvement après avoir ouvert le trou de chargement. A chaque tour, il en sort une certaine quantité de matière qui va tomber dans le bac filtrant. Quand ce dernier est plein, on met la pompe d'aspiration en marche. La filtration se fait vivement et le liquide filtré passe par un tuyau dans un autre bac. On fait couler sur le minerai un léger filet d'eau. Cette dernière, entraînée par l'aspiration, lave complètement le minerai. La solution qui filtre doit être continuellement examinée, car dès qu'elle ne renferme plus d'or, il faut arrêter la pompe. Cette filtration dure généralement une heure.

Le bac renfermant la solution aurifère est muni, à sa partie inférieure, d'un robinet qui permet de laisser couler lentement la solution sur un filtre rempli de fragments de charbon. Le chlorure d'or se décompose et l'or métallique précipité reste sur le charbon. On le recueille, on le sèche, puis on le brûle. Les autres chlorures qui se trouvent dans la solution ne sont pas décomposés par le charbon. Si le minerai traité renferme du cuivre, on peut tirer parti de celui qui a été dissous, en cémentant, au moyen de vieille ferraille, la liqueur de laquelle l'or a été précipité.

Les frais de traitement par le procédé Newbury-Vautin varient entre 20 et 40 francs, suivant les prix de la main-d'œuvre, de la force motrice et des réactifs. L'emploi du brome a aussi été vivement recommandé. Il offre, en effet, de vrais avantages pour les mines éloignées des grandes voies de communications et pour lesquelles, par conséquent, les transports sont difficiles et onéreux. Deux ou trois kilogrammes de brome suffiraient pour le traitement d'une tonne de minerai, car on peut en récupérer environ 50 %.

## SUR LA PRÉCIPITATION DE L'OR DE SA SOLUTION
### CHLORURÉE

De tous les procédés de précipitation de l'or, le plus répandu, le plus utilisé est sans contredit celui au sulfate de fer.

L'or, précipité par le sulfate, est en poudre extrêmement fine, très longue à se déposer et assez difficile à recueillir. En outre, la présence de certaines bases, telles que la chaux, qui donnent par double décomposition avec le sulfate de fer d'abondants précipités de sulfates, nécessite une précipitation préalable par l'acide sulfurique. En ce cas, l'opération est encore plus longue et plus compliquée ; aussi utilise-t-on de préférence le procédé de filtration sur du charbon, qui ne réduit que les sels d'or. Pour éviter toute perte, la calcination du charbon doit être faite avec beaucoup de soin.

Dans quelques mines, on préfère précipiter l'or à l'état de sulfure. Ce procédé est, entre autres, employé aux *Golden Reward Chlorination Works* de Deadwood, dans le Sud Dakota (South Dakota). Dans cette usine, on précipite chaque jour la solution chlorurée provenant du traitement d'environ 40 tonnes de minerai.

La marche de l'opération est la suivante : On élimine d'abord le chlore libre de la solution en soumettant celle-ci au passage d'un courant d'acide sulfureux obtenu par la combustion de soufre ; puis, on y fait passer un courant d'hydrogène sulfuré jusqu'à saturation (l'hydrogène sulfuré est obtenu par le procédé ordinaire avec du sulfure de fer et de l'acide chlorhydrique). Le précipité, noir-brun, de sulfure d'or, quoique floconneux, se dépose très rapidement. En une heure, on peut opérer sur environ deux tonnes de solution chlorurée. Lorsque le précipité est à peu près déposé, on décante la solution presque claire sur un filtre en toile. Quant au dépôt boueux de sulfure d'or qui reste dans le bac, on le fait couler dans un bassin, dans lequel on recueille pendant plusieurs jours tout le sulfure produit dans l'usine. En procédant ainsi, les pertes sont beaucoup moins grandes qu'en le récoltant après chaque opération.

Le sulfure d'or est comprimé à la presse, puis les petits gâteaux obtenus sont grillés dans un petit moufle, pour être fondus finalement dans un creuset en plombagine, avec du borax et du salpêtre. L'or ainsi obtenu titre de 900 à 950 millièmes, et renferme un peu d'argent et quelques traces de bas métaux.

Pour terminer ce chapitre, nous citons sous toutes réserves, car nous n'avons pas eu l'occasion de l'expérimenter, un procédé breveté, inventé par M. J. W. Sutton, pour isoler rapidement l'or de sa solution de chlorure. Agglomérer l'or précipité par le sulfate de fer qui, ainsi que nous l'avons vu plus haut, est très difficile à recueillir, tel est le but que s'est proposé l'inventeur.

D'après le brevet en question, on dose exactement la quantité d'or du liquide chloruré, et on y ajoute pour *une partie d'or*, quinze parties d'une solution de soude caustique à 50 %, une quantité pareille d'une solution de borax et, enfin, trente parties d'un hydrocarbure, comme par exemple du Kérosène. Tout en y versant quinze parties d'une solution saturée de sulfate de fer, on remue vivement la liqueur. L'or réduit, ainsi que l'hydrate ferreux précipité par l'excès de soude caustique, forment avec le kérosène (pétrole rectifié) une boue qui monte à la surface du liquide, tandis qu'on ne trouve au fond du récipient aucune trace d'or déposé. La matière boueuse, recueillie sur un filtre, est ensuite traitée par de l'acide sulfurique dilué, qui dissout l'hydrate ferreux en laissant l'or inattaqué.

# CHAPITRE X

**Procédé Ottokar-Hoffmann.** — Le but de ce procédé
est de faire subir aux minerais auro-argentifères un grillage
chlorurant, d'extraire ensuite le chlorure d'argent formé par
une solution d'hyposulfite de chaux, et enfin de soumettre à l'action d'un courant de chlore le minerai ainsi séparé
de l'argent, pour en retirer l'or à l'état de chlorure. Ces deux
opérations successives permettent d'extraire la presque totalité
des deux métaux renfermés dans le minerai. Le grillage chlorurant auquel sont soumis les concentrés peut s'effectuer dans
des fours à réverbère ordinaires. Le produit du grillage est
étalé sur un plancher refroidisseur pour être passé ensuite par
un tamis ayant de 4 à 5 mailles par centimètre. Les gros morceaux sont mis de côté pour être repassés au bocard et légèrement regrillés, lorsque la quantité en est suffisante. La masse
grillée, qu'on met par charge d'environ trois tonnes dans des
bacs de lixiviation munis de doubles fonds filtrants, doit
d'abord être lavée à l'eau pour éliminer les chlorures solubles.

Pour éviter toute perte en chlorure d'argent, qui pourrait
être dissous par les chlorures formés pendant le grillage, et surtout par le chlorure de sodium dont une petite quantité a pu
rester indécomposée, on procède au lavage de la manière sui-

vante : au moyen d'une légère pression on fait pénétrer l'eau par le fond des bacs, de sorte que la solution riche en argent s'accumule au-dessus du minerai où on la dilue très fortement par addition d'eau. On précipite ainsi le chlorure d'argent qui ne peut rester dissous que dans une solution chlorurée assez concentrée. Si on laisse ensuite écouler l'eau par le fond des bacs, le chlorure d'argent précipité reste avec le minerai. Comme un tel lavage permet d'éliminer une certaine quantité de bas métaux, l'argent obtenu est beaucoup plus fin. Ce dernier est extrait par lixiviation avec une solution d'hyposulfite de chaux. Cette opération se fait immédiatement après le lavage, c'est-à-dire lorsqu'on s'est assuré par un essai au sulfure de calcium que l'eau de lavage n'entraîne plus de sels métalliques en dissolution.

On laisse couler lentement sur le minerai la solution d'hyposulfite de chaux, en contrôlant sans cesse, par des essais avec le sulfure de calcium, la liqueur qui s'écoule des bacs, car le passage de la solution d'hyposulfite doit être arrêté lorsque le sulfure de calcium ne donne plus de précipité. C'est une preuve que le chlorure d'argent a déjà été entièrement entraîné.

Pour entraîner ensuite l'excès d'hyposulfite de chaux qui reste dans le minerai, on procède à un lavage à l'eau. Cette solution est dirigée dans des bacs spéciaux pour rentrer dans le roulement des réactifs. Ordinairement, la liqueur d'hyposulfite est directement conduite des bacs de lixiviation dans ceux de précipitation par des canaux non métalliques, afin d'y éviter la précipitation d'argent. On peut cependant se servir de conduits en fer en les goudronnant soigneusement à l'intérieur. La précipitation de l'argent par le sulfure de calcium qui donne du sulfure d'argent en régénérant l'hyposulfite de calcium doit être faite avec beaucoup de soin.

La solution, après dépôt du sulfure d'argent, est utilisée pour de nouvelles lixiviations. Pour cette raison, il faut prendre garde, pendant la précipitation, de ne pas ajouter un excès de sulfure qui resterait dans la solution et occasionnerait dans la lixiviation suivante, des pertes sensibles, en y précipitant de l'argent à l'état de sulfure insoluble. Il est donc préférable de ne pas précipiter complètement l'argent, celui qui reste en dissolution n'étant pas perdu, du moment que la solution sert de nouveau à la lixiviation suivante. La précipitation est activée par agitation. Lorsqu'on la juge suffisante, on laisse déposer, puis on décante la solution surnageante au moyen d'un siphon. Quant au précipité qui reste au fond des bacs, on le laisse couler par un trou de décharge sur des filtres formés par des toiles tendues au-dessus de cadres en bois. Après l'avoir lavé à l'eau chaude, on comprime le précipité en gâteaux avec une presse hydraulique.

Ces gâteaux, très lentement séchés, sont portés ensuite dans un petit four à réverbère dont on augmente progressivement la chaleur, en évitant avec soin de ne pas fondre le sulfure. Le grillage est continué jusqu'au départ complet du soufre : il ne faut pas trop élever la température de crainte de fondre l'argent. Enfin, il est fondu dans des creusets de plombagine, avec un peu de borax et quelques fragments de fer destinés à former une matte avec le soufre qui a pu rester combiné à l'argent.

Comme le minerai lavé à l'hyposulfite et ensuite à l'eau pour éliminer l'excès de ce réactif, est trop mouillé pour être traité directement par un courant de chlore qui ne pourrait traverser cette masse, on l'étend sur une aire bien propre jusqu'à ce que l'excès d'eau soit évaporé. C'est alors seulement qu'il est traité par un courant de chlore comme dans le procédé ordinaire.

Le chlorure d'or en est enlevé par lixiviation, puis précipité par le sulfate de fer. L'or obtenu par ce procédé est fin, et titre de 970 à 990 millièmes.

## Article additionnel.

## FABRICATION DE L'HYPOSULFITE DE CALCIUM

L'hyposulfite se fabrique généralement dans l'usine même. A cet effet, on fait bouillir dans une marmite en fer du soufre avec un lait de chaux. Pour une partie de soufre en canon, bien pulvérisé, on prend deux parties et demie de chaux pure. Si cette dernière renferme trop d'impuretés, il faut en augmenter la quantité. On chauffe la marmite contenant la quantité d'eau voulue, puis on y introduit la chaux en agitant constamment la masse pour la rendre fluide. Ceci fait, on y ajoute le soufre et on maintient l'ébullition pendant quelques heures. Il se forme alors du pentasulfure et de l'hyposulfite de calcium d'après la formule,

$$3\ Ca\ (HO)^2 + S^{12} = S^2O^3\ Ca + 2\ Ca\ S^5 + 3\ H^2\ O.$$

Dans quelques usines, cette masse est abandonné à l'action de l'oxygène de l'air, qui transforme le pentasulfure en hyposulfite d'après l'équation :

$$Ca\ S^5 + O^3 = CaS^2O^3 + S^3.$$

En la traitant ensuite par l'eau, on obtient une liqueur suffisamment riche en hyposulfite.

Dans d'autres usines, on abandonne au repos le contenu de la marmite, puis on décante la solution surnageante, dans laquelle on fait ensuite passer un courant d'acide sulfureux.

Cet acide, qu'on peut employer directement, est obtenu en chauffant dans une cornue en fonte un mélange pâteux, formé d'acide sulfurique et de charbon de bois réduit en petits fragments. La masse qui reste au fond de la marmite est lavée avec une nouvelle quantité d'eau, qu'on peut utiliser ensuite pour traiter une autre quantité de soufre et de chaux.

**Les Procédés Patera et Russel.** — Comme ces procédés ne sont applicables qu'aux minerais où l'argent domine, nous ne nous y arrêterons que peu.

Patera fait subir au minerai un grillage chlorurant, puis lave la masse grillée, d'abord par l'eau pour en éliminer les bas métaux et ensuite par une solution d'hyposulfite de chaux ; enfin, il précipite par le sulfure de calcium les métaux précieux dissous par cette dernière.

L'hyposulfite est un des meilleurs dissolvants du chlorure d'argent et dissout plus ou moins l'or très divisé.

Dans le procédé Russel, le minerai est chloruré par un grillage avec du sel ; puis lavé d'abord au moyen d'une solution d'hyposulfite de soude, et ensuite par l'*extra solution*. (On nomme ainsi en Amérique une liqueur d'hyposulfite de soude cuprifère, préparée en filtrant une solution d'hyposulfite de soude sur des cristaux de sulfate de cuivre).

Cette *extra solution* a pour but de dissoudre les composés des métaux précieux restés indissous au premier lavage à l'hyposulfite de soude, et doit servir, d'après l'inventeur, à neutraliser l'effet de la chaux et des autres alcalis.

Les liqueurs à précipiter sont quelquefois débarrassées du plomb qu'elles contiennent par l'addition de carbonate de soude, qui ne précipite que le plomb et laisse tous les autres métaux en dissolution.

L'argent, l'or et le cuivre sont ensuite précipités à l'état de sulfures par l'addition aux solutions d'hyposulfites, d'une liqueur de sulfure de sodium. On obtient ce dernier réactif en faisant bouillir de la soude avec du soufre.

Le précipité des sulfures est desséché, grillé et fondu, comme il a été dit.

Par ces deux procédés on arrive rarement à extraire plus des 85 % de la teneur du minerai. Jusqu'à présent, ils ont surtout été utilisés pour le traitement de minerais riches en argent, dans lesquels l'or est en très faible quantité. Nous ne pouvons donc donner au sujet de ce dernier métal des résultats qui, du reste, nous paraissent très problématiques.

Avant de passer à l'étude des procédés de cyanuration, nous décrirons les bacs de lixiviation et de précipitation, généralement utilisés en Amérique pour les procédés Patera et von Russel. Ces appareils très perfectionnés pourraient être employés avec succès dans les diverses méthodes de lixiviation.

## BACS DE LIXIVIATION

Les Figures 88 et 89 représentent une coupe verticale et une coupe horizontale d'un bac de lixiviation avec dispositif d'écluse. Le fond est muni au centre d'une ouverture de décharge de $0^m,15$ de diamètre, en communication avec un tuyau $k$ en fonte, de même diamètre et solidement assujetti à l'extérieur du fond de la cuve. Ce tuyau courbé à angle droit est muni à l'autre extrémité d'un bourrelet $o$. La soupape $m$, avec garniture en caoutchouc, peut être serrée avec force contre le bourrelet $o$ en tournant la roue $F$. Les deux pièces $o$ et $m$ sont en cuivre jaune. Une pièce polygonale en bois, dans laquelle est taillée un gorge $p$ est assujettie sur le fond de la cuve et autour de l'ouverture de décharge. Une autre gorge $p$ est aménagée autour de la périphérie intérieure de la cuve, assez élevée pour donner au filtre une pente d'au moins $0^m,02$ vers le fond.

La Figure 89 donne les détails de construction du filtre, qui est formé par sections.

Le tissu filtrant est solidement maintenu en place à l'aide

d'une corde fortement serrée dans les gorges $p$ et $p'$. Un conduit $d$ pour l'échappement de l'air s'ouvre à l'extérieur de la cuve et pénètre dans celle-ci sous le filtre. Un tuyau central $n$ pénètre dans le tube de décharge $k$ où il reste pendant le chargement du bac. Ce tuyau doit par conséquent être très solide. Avant de charger le bac $k$, on remplit d'eau le tube par le tuyau $n$ afin de maintenir ce dernier plein d'eau, ce qui l'empêche d'être obstrué par du minerai.

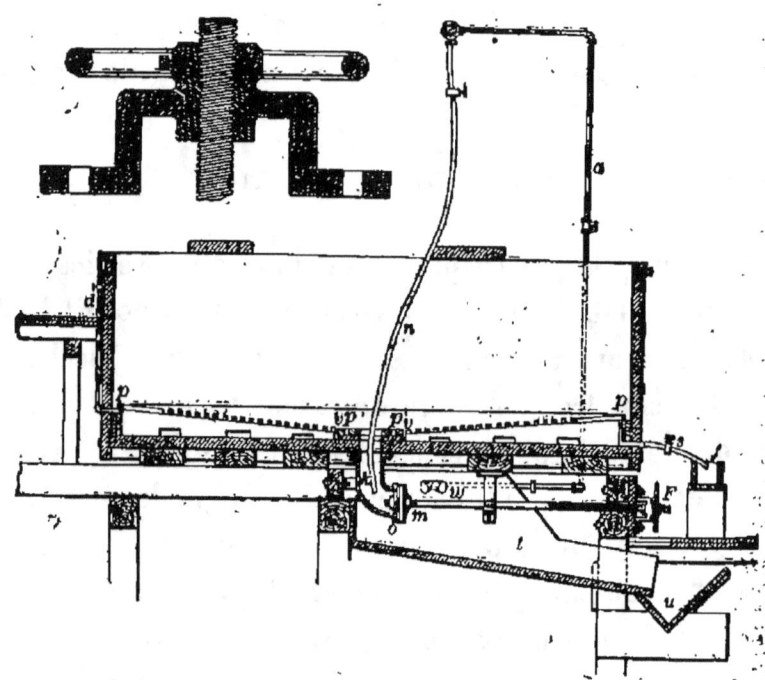

Fig. 88 — Coupe d'un bac de lixiviation.

Après lixiviation, lorsque le bac est prêt à être déchargé, on tourne la roue $F$ qui ouvre ainsi la soupape $m$, et on injecte de l'eau par le conduit $n$ que l'on fait monter et descendre lentement. L'eau mine l'épaisse couche de sable et forme dans toute l'épaisseur de la couche une ouverture en forme d'entonnoir. Plusieurs courants sont alors mis en jeu au sommet du bac tandis que le conduit *n*, maintenu en place, est continuellement traversé par un fort jet d'eau de manière à prévenir l'engorgement du tuyau de décharge sous une poussée soudaine de sable.

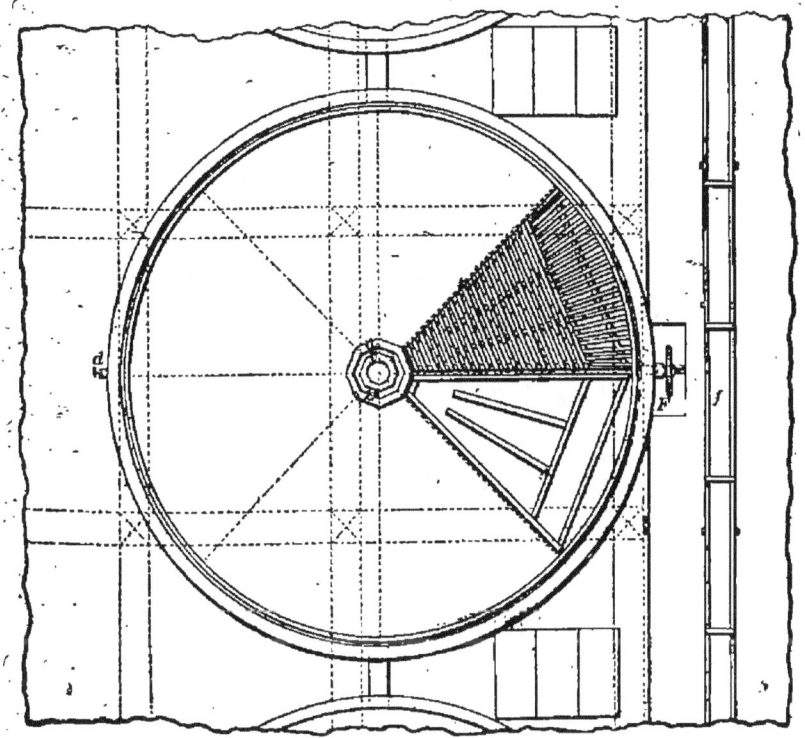

Fig. 89 — Plan d'un bac de lixiviation.

## CUVES DE PRÉCIPITATION

Les Figures 90 et 91 détaillent la construction des cuves de précipitation. Elles sont pourvues d'un agitateur mécanique faisant environ 30 révolutions à la minute, si le diamètre de la cuve ne dépasse pas $2^m,50$. Il est mis en marche, ou arrêté au moyen de l'embrayage *f*. Les ailettes *g*, qui descendent presque jusqu'au fond de la cuve, ont environ 7 centimètres de large et sont fixées contre des pièces de bois triangulaires. Elles brisent le courant violent le long de la circonférence et

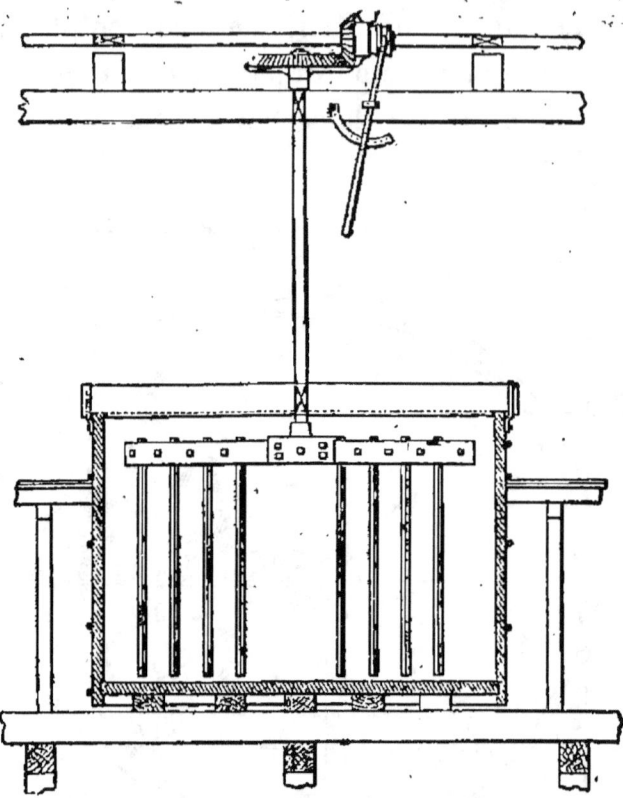

Fig. 90 — Coupe d'une cuve de précipitation.

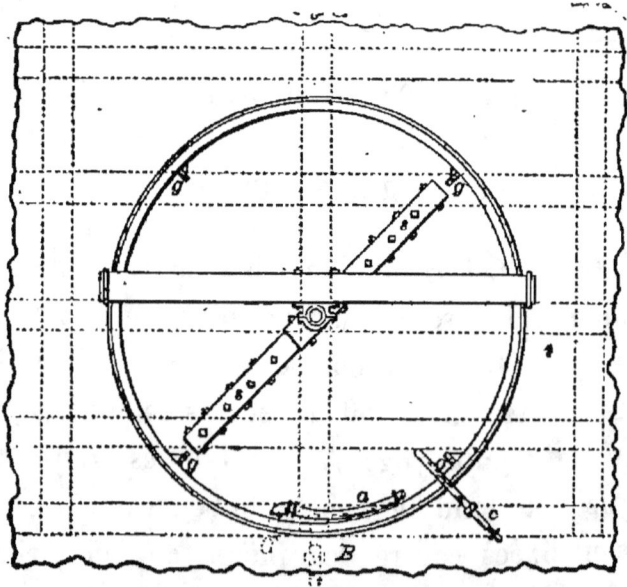

Fig. 91 — Plan d'une cuve de précipitation.

rejettent la solution vers le centre, ce qui détermine un fort tour-billonnement.

Dans la Figure 91 *a* représente le tuyau de décharge pour la solution et *B* celui destiné à l'évacuation du précipité. Un tuyau passe en regard de toutes les cuves de précipitation et amène le réactif précipitant. Un embranchement *c* dépasse le sommet de la cuve et s'ajuste à un tuyau de caoutchouc en communication avec le tuyau d'amenée du précipitant par un robinet qui permet d'en régler le débit.

# CHAPITRE XI

## CYANURATION DES MINERAIS AURIFÈRES ET AURO-ARGENTIFÈRES

Procédé Mac Arthur et Forrest. — Aperçu général du procédé. — Matériel d'une usine de cyanuration. — Bacs de lixiviation. — Bacs à solutions. — Bacs de précipitation. — Remplissage des bacs. — Lixiviation du minerai. — Lixiviation avec une solution alcaline. — Lixiviation avec la solution cyanurée forte. — Lixiviation avec la solution cyanurée faible. — Lavage à l'eau. — Précipitation. — Récolte de l'or précipité. — Grillage des boues d'or. — Fonte des boues d'or. — Consommation en produits chimiques. — Remarques sur le procédé Mac Arthur et Forrest. — Conditions économiques. — Installation de l'usine Simmer and Jack.

## CYANURATION. PROCÉDÉ MAC-ARTHUR ET FORREST.

L'emploi de cyanure pour le traitement des minerais aurifères et argentifères est basé sur la propriété des cyanures alcalins de dissoudre l'or et l'argent, en formant des cyanures doubles dont on peut déplacer les métaux précieux par des bas métaux. — La dissolution ne s'opère bien qu'en présence de l'air, l'oxygène étant nécessaire à la réaction.

Celle-ci peut se formuler comme suit :

Pour l'or :

$$2Au + 4KCy + O + H^2O = 2KAuCy^2 + 2KHO$$

| Or | cyanure de potassium | Oxygène | Eau | Cyanure double d'or et de potassium | Potasse caustique |

Pour l'argent :

$$2Ag + 4KCy + O + H^2O = 2KAgCy^2 + 2KHO$$

| Argent | Cyanure de potassium | Oxygène | Eau | Cyanure double d'argent et potassium | Potasse caustique |

L'action dissolvante des cyanures fut le point de départ du premier brevet de MM. Mac-Arthur et Forrest qui peut se résumer comme suit :

L'invention consiste à soumettre des minerais aurifères et argentifères à l'action d'une solution contenant une faible quantité de cyanure, sans addition d'autres réactifs chimiques. La quantité de cyanure est déterminée par son cyanogène, ce dernier devant être proportionnel avec les métaux précieux renfermés dans le minerai. En traitant des minerais aurifères et argentifères par une solution pure et étendue de cyanure de potassium, on dissout l'or ou l'argent, ou les deux métaux s'ils sont réunis. Quant aux bas métaux qui les accompagnent généralement, ils ne se dissolvent qu'en quantités pratiquement inappréciables.

En combinaison avec d'autres agents chimiques actifs, ou en solution trop concentrée, le cyanure donne non seulement lieu à des dépenses plus grandes en réactifs, mais, comme les bas métaux se dissolvent avec l'or et l'argent, il occasionne encore des frais additionnels par la précipitation ultérieure.

Lorsqu'on veut appliquer pratiquement ce procédé, on prend le minerai réduit en poudre et on le mêle avec la solution de cyanure dans un récipient inattaquable par ce réactif. Nous avons déjà dit plus haut que la quantité de cyanure est déterminée par son cyanogène, qui doit être en proportion avec l'or et l'argent renfermés dans la charge de minerai. Cette dose de cyanure est dissoute dans un volume d'eau assez grand — la moitié du volume du minerai — pour donner une solution diluée, car ce n'est que dans cet état, comme nous le savons déjà, qu'elle possède une action sélective et dissout plutôt l'or et l'argent que les bas métaux.

Pour traiter des minerais renfermant jusqu'à 600 grammes d'or et d'argent par tonne, il est avantageux d'utiliser une quantité de cyanure dont le cyanogène est de 1 à 4 parties par 1000 parties de minerai. Lorsqu'il s'agit de minerais très riches, on augmente la quantité de cyanure proportionnellement à l'or et l'argent; dans ce cas, il faut nécessairement aussi augmenter l'eau pour obtenir une solution diluée. En d'autres termes, la solution de cyanure doit contenir de 2 à 8 parties de cyanogène sur 1000 parties d'eau, et la quantité d'eau doit être déterminée par la richesse du minerai. Après avoir séparé la solution cyanurée du minerai, on en extrait l'or en la traitant soit par l'amalgame de sodium, soit en évaporant la liqueur et en fondant le résidu salin.

De nombreuses difficultés sont venues entraver l'emploi de ce procédé. D'abord les dépenses en réactifs étaient trop élevées, puis les résultats nuls dans le traitement de minerais pyriteux qui, étant restés soumis à l'action de l'air et de l'humidité, s'étaient oxydés en donnant ainsi de l'acide et des sels qui décomposaient le cyanure. Enfin, la manière d'extraire l'or de sa solution cyanurée n'était pas moins défectueuse.

Après de nombreux essais, MM. Mac-Arthur et Forrest prirent de nouveaux brevets, dans lesquels ils se réservèrent l'emploi d'alcalis, ou de terres alcalines, pour neutraliser les minerais acides. Ils revendiquèrent, en outre, l'emploi du zinc en copeaux ou en masse poreuse filiforme, pour opérer la précipitation des métaux précieux en dissolution dans la solution cyanurée.

Les brevets Marc-Arthur et Forrest peuvent donc se résumer ainsi : Neutralisation des minerais acides par des alcalis ou alcalino-terreux ; dissolution de l'or et de l'argent par une solution diluée de cyanure ne renfermant pas plus de 8 parties de cyanure pour 1000 parties d'eau, et, précipitation de l'or par le zinc.

M. le Dr Siemens a rendu ce procédé plus économique en

remplaçant la précipitation au zinc par la précipitation électrolytique entre des électrodes de plomb et de fer, ce qui a permis d'utiliser des liqueurs dissolvantes encore plus diluées.

Ces deux procédés réunis, appliqués actuellement au Transvaal sur une grande échelle pour le traitement des tailings, y remportent d'assez beaux succès. Ceux-ci sont en vérité dus en grande partie à la nature du minerai dans lequel l'or est libre et se trouve dans un grand état de division.

## Aperçu général du procédé.

Le traitement général comprend les opérations énumérées ci-après :

1°). Élimination des boues et remplissage des bacs ;
2°). Lixiviation avec une solution alcaline ;
3°). Lixiviation avec une solution cyanurée forte ;
4°). Lixiviation avec une solution cyanurée faible ;
5°). Lavage à l'eau ;
6°). Précipitation de l'or ;
7°). Récolte des boues.
8°). Grillage des boues.
9°). Fonte des boues.

On peut avoir à traiter au cyanure de potassium des minerais ou des tailings pyriteux acides, c'est-à-dire renfermant de l'acide sulfurique et des sulfates ferreux et ferriques, les uns solubles, les autres insolubles.

On a donné le nom de cyanicides à ces produits, qui tous décomposent le cyanure de potassium. Il faut donc éliminer les uns par lavage à l'eau et détruire l'effet nuisible des autres par l'addition d'alcalis qui les décomposent. — Ces produits proviennent de l'oxydation naturelle des pyrites exposées à l'air et à l'humidité. La pyrite étant un sulfure de fer ($FeS^2$) donne :

$$FeS^2 + H^2O + 7O = FeSO^4 + H^2SO^4$$

| Sulfure de fer | Eau | Oxy-gène | Sulfate ferreux | Acide sulfurique |
|---|---|---|---|---|

Le sulfate de fer se transforme sous l'action de l'air en sulfates basiques insolubles et en sulfate ferrique soluble. Ces corps, comme il a déjà été dit, décomposent le cyanure de potassium par toute une série de réactions que nous n'avons pas à examiner ici. Aux dépenses exagérées en cyanure provenant de la décomposition de ce sel, il faut ajouter les pertes en or qu'occasionne la rapide décomposition, sous l'action d'un acide, du cyanure double d'or et de potassium qui donne du cyanure d'or insoluble et de l'acide cyanhydrique, déplacé dans le cyanure de potassium par l'autre acide.

L'acide sulfurique de la pyrite oxydée décompose le cyanure de potassium d'après la formule suivante, en sulfate de potasse et acide cyanhydrique :

$$2KCy + H^2SO4 = K^2SO^4 + 2HCy$$

| Cyanure de potassium | Acide sulfurique | Sulfate de potasse | Acide cyanhydrique |
|---|---|---|---|

Cet acide cyanhydrique pourrait, il est vrai, dissoudre de l'or en donnant un acide auri cyanhydrique.

$$2Au + 8HCy + 3O = 2AuHCy^4 + 3H^2O$$

| Or | Acide cyanhydrique | Oxy-gène | Acide auri-cyanhydrique | Eau |
|---|---|---|---|---|

Mais, ce dernier composé est imparfaitement réduit par le zinc ; il y aurait donc perte en or.

Pour éliminer l'acide sulfurique et les sels solubles, on lave le minerai à l'eau jusqu'à ce que l'eau de lavage ne donne plus de coloration avec le sulhydrate d'ammoniaque. Ce traitement laisse les sels basiques insolubles, sur lesquels le cyanure pourrait cependant avoir une action ultérieure. Il faut donc les décomposer par un second lavage avec une solution alcaline. On peut, au besoin, supprimer le premier lavage à l'eau pure lorsque la quantité de sels solubles et d'acide est faible.

Le système le plus économique consiste à ajouter de la chaux en poudre à chaque charge de tailings qu'on verse dans les bacs. Pour des tailings très acides, c'est-à-dire pour ceux qui ont été longtemps exposés à l'air et à l'humidité, il faut ajouter environ 1 kilogramme de chaux par tonne, tandis que 250 grammes suffisent par tonne de tailings venant de la batterie. Il est essentiel que la chaux soit bien également distribuée, car elle a la tendance de s'agglomérer en masses qui ne se dissolvent pas, et laisse par conséquent des parties de minerai non neutralisées donnant ainsi lieu à la décomposition d'une forte quantité de cyanure de potassium.

## MATÉRIEL D'UNE USINE DE CYANURATION

Les principaux appareils dont se compose le matériel d'une usine de cyanuration sont : des bacs de lixiviation, des bacs-réservoirs pour les liqueurs cyanurées, et des bacs de précipitation.

**Bacs de lixiviation.** — Ces bacs peuvent être en maçonnerie on en bois. Leur nombre et leurs dimensions varient suivant l'importance de l'usine. Nous trouvons les bacs en bois préférables. Ceux-ci sont cylindriques et mesurent ordinairement de 6 à 12 mètres de diamètre et de 2 à 7 mètres de hauteur. Les douves, très épaisses et fort soigneusement taillées, sont maintenues par de solides cercles en fer, munis d'écrous de serrage. Le fond doit être fait de fortes pièces de bois bien taillées et fixées dans une rainure aménagée dans le bas des douves. Ces bacs sont placés sur un plancher porté par un massif en maçonnerie. Le fond de chaque bac est pourvu d'un filtre formé d'une couche de fragments de quartz ou d'un grillage en lattes de bois et recouvert d'une natte tressée en fibres de coco. Au-dessus de cette dernière sont placées parallèlement des planches larges de quelques centimètres, qui laissent entre elles un espace libre. Ces planches sont destinées à préserver le filtre pendant le déchargement des tailings. Ainsi que le montre la fig. 92, tout bac est muni d'un tube de drainage à deux voies. L'une $A$ communique avec la conduite des solutions diluées, l'autre $B$ avec celle des solutions concentrées. Comme ces deux branchements sont munis de robinets, il suffit, lorsqu'on veut mettre la cuve en communication avec la conduite des solutions diluées, de fermer $B$ et d'ouvrir $A$, et de faire

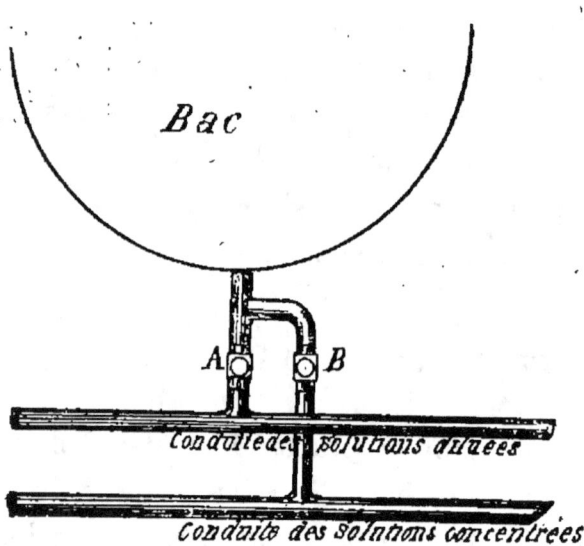

Fig. 92 — Disposition des conduites.

le contraire pour la mettre en communication avec la conduite des solutions concentrées. Les bacs en bois sont pourvus pour la vidange, de vannes de fond (voir fig. 93) dont le nombre varie avec la dimension des bacs. — Quant aux cuves en maçonnerie, elles ont généralement à cet effet des portes latérales.

**Bacs à solutions.** — Ces bacs sont ordinairement au nombre de trois : un pour la solution alcaline, un autre pour la solution diluée de cyanure, et le troisième pour la solution concentrée. Ces bacs, qui sont faits en bois comme les bacs de lessivage, n'offrent rien de particulier à signaler. Ils sont gradués à l'intérieur pour permettre de connaître le volume de liquide.

**Bacs de précipitation.** — La grandeur de ces bacs varie avec l'importance de l'usine. En général, ils ont 6 à 7 mètres de longueur, sur $0^m,60$ à $1^m,25$ de largeur et $0^m,60$ à 1 mètre de profondeur. Ces bacs, légère-

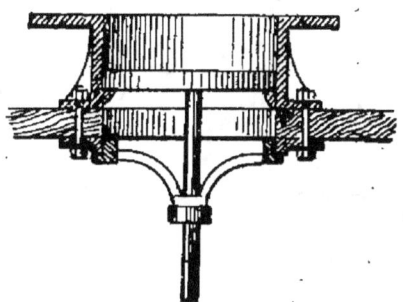

ment inclinés dans le sens de la longueur, sont divisés en plusieurs compartiments par des parois formant chicanes ; ils sont disposés de manière à forcer le liquide de pénétrer dans cha-que compartiment par le bas, en traversant une couche de

Fig. 93 — Vanne de fond.

copeaux de zinc placée sur une grille. Cette grille a environ 60 mailles au décimère carré et est fixée sur un cadre en bois mobile, placé sur des tasseaux à quelques centimètres au-dessus du fond de la cuve. Dans les bacs où la solution

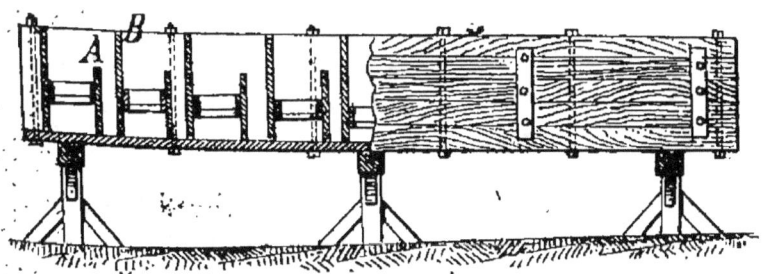

Fig. 94 — Bac de précipitation.

cyanurée à précipiter vient directement des bacs de lessivage, le premier compartiment ne renferme pas de zinc, car, en ce cas il est destiné à retenir les boues qui ont pu être entraînées.

De ce premier compartiment le liquide s'écoule par-dessus la paroi A entre les parois A et B pour passer dans le second compartiment, et ainsi de suite, jusqu'au dernier, qui est vide et destiné à y retenir l'or précipité que le mouvement du liquide a pu entraîner. Dans quelques usines, on y met des fragments de cyanure pour enrichir la solution avant qu'elle ne soit refoulée par les pompes dans les réservoirs.

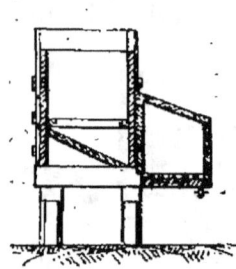

Fig. 95 — Bac de précipitation avec lavoir longitudinal.

Certains bacs de précipitation sont munis d'un lavoir longitudinal fermé par un solide couvercle en bois (voir Fig. 95) et communiquant avec les différents compartiments par des ouvertures qui débouchent au-dessous des grilles de zinc. Ces ouvertures, qui sont fermées par des tampons pendant la précipitation, permettent de récolter l'or précipité en le faisant passer par lavage dans le lavoir sur un filtre, où il est ensuite recueilli. L'or qui se précipite sur le zinc en poudre brune peu adhérente, surtout lorsque la solution concentrée est riche, tombe à travers la grille au fond du bac.

Les bacs à précipitation sont généralement couverts d'une forte grille en fer, fermant à clef.

**Remplissage des bacs.** — Certains minerais, comme le conglomérat du Transvaal donnent, par le broyage très fin qu'ils subissent, des boues composées de matières argileuses mêlées avec des particules extrêmement fines de pyrite, de quartz et d'oxyde de fer. Ces boues doivent être en partie éliminées des tailings à traiter au cyanure ; car, si on les laissait avec la partie plus grossière du minerai, elles formeraient des masses impénétrables aux solutions. Mais, comme ces boues renferment passablement d'or flottant, il importe d'en conserver le plus possible dans la matière à lixivier, sans cependant la rendre non-lixiviable. Le procédé de séparation le plus simple utilisé jusqu'à présent consiste à faire passer la pulpe venant des batteries dans un séparateur hydraulique, sorte de caisse pointue qui divise le courant en deux. Tandis que le courant supérieur entraîne les boues en suspension, ainsi qu'une petite partie du sable fin, et est dirigé dans des puits à boues, le courant inférieur qui renferme les particules grossières, un peu de boue et quelques particules fines, est dirigé dans les bacs où il arrive par un large tuyau en caoutchouc. Pour répartir la pulpe le plus également possible et pour éviter tout tassement, on déplace constamment le point d'arrivée de ce tuyau.

Au Transvaal, on utilise aussi un système connu sous le de *remplissage intermédiaire*, système dû à MM. Butters et Mein (1). A cet effet, on emploie des cuves spéciales, appelées *Bacs intermédiaires*, dans lesquelles la pulpe est assez régulièrement versée, tout en éliminant les boues, grâce à un distributeur dû aux mêmes inventeurs. Ce distributeur (voir Fig. 96) consiste en une auge conique, tournant au-dessus du bac sur un pivot central et munie d'un certain nombre de tuyaux d'écoulement de diverses longueurs, de manière à distribuer la matière par cercles concentriques. Ces tuyaux sont encore pourvus de becs aplatis qui permettent de distribuer en même temps la pulpe sur une plus grande surface. Tous ces tuyaux sont courbés dans le même sens, à une extrémité, de sorte que la pulpe en sortant leur imprime un mouvement de propulsion qui fait tourner le distributeur. Avant de commencer le remplissage, le bac doit être garni d'eau ; les particules les plus grosses se séparent alors des boues qui restent en suspension dans l'eau, et sont entraînées

(1) Pour plus de détails voir : ESSLER. *The cyanide process for the extraction of gold.*

au fur et à mesure avec elle par dessus les bords du bac dans une rigole annulaire dont il est muni. De là, les boues sont dirigées dans les puits à boues pour être traitées dans la suite. Au Transvaal on estime que 30 % du minerai passent dans ces puits.

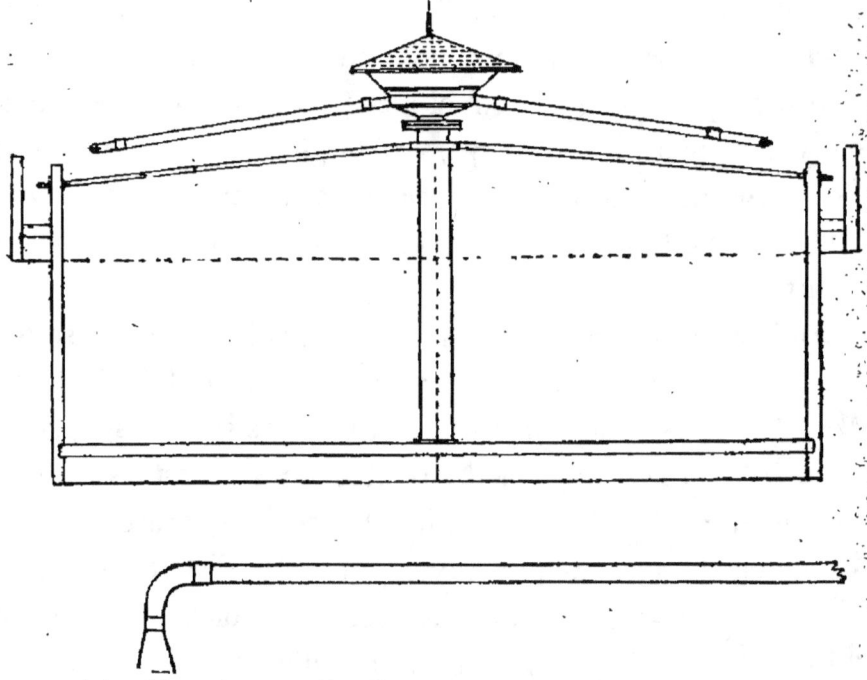

Fig. 96 — Bac et distributeur de MM. Butters et Mein.

Dans quelques mines, les tailings sont d'abord concentrés pour être traités séparément. Cette manière de procéder nous paraît bonne, car le temps pendant lequel le minerai reste en contact avec la solution cyanurée n'est pas suffisant pour dissoudre l'or qui se trouve dans la pyrite.

### LIXIVIATION DU MINERAI

**1°. Lixiviation avec la solution alcaline.** — On fait arriver dans le bac une solution renfermant de 1 à 2 millièmes de cyanure de potassium, additionnée de 125 grammes de soude caustique par 1000 litres d'eau. La soude caustique neutralise l'effet des cyanicides, qui occasionneraient une trop forte dépense de cyanure de potassium. Le temps du remplissage et la durée de l'attaque dépendent naturellement de la quantité de minerai.

**2°. Lixiviation avec la solution cyanurée forte.** — Après l'écoulement de la liqueur alcaline, on imbibe la masse d'une quantité suffisante de solution forte, un tiers environ du poids. Cette dernière contient de 3 à 8 millièmes de cyanure de potassium, suivant la nature et la richesse du minerai. On laisse la masse digérer pendant environ 12 heures, puis on fait couler le liquide pour le diriger dans les bacs de précipitation destinés aux solutions riches.

**3°. Lixiviation avec la solution cyanurée faible.** — Lorsque le précédent liquide s'est complètement écoulé, on fait parvenir dans le bac une solution plus faible, contenant seulement de 1/2 à 2 millièmes de cyanure de potassium. Cette solution, qui est destinée à entraîner par lavage l'or dissous resté de l'opération précédente, ne doit pas séjourner longtemps dans le bac. — La troisième lixiviation est généralement répétée plusieurs fois ; souvent on la fait suivre d'un lavage à l'eau.

**4°. Lavage à l'eau.** — Après égouttage complet, on fait entrer dans le bac une certaine quantité d'eau pure, qui entraîne le restant de la liqueur cyanurée.

## PRÉCIPITATION

La précipitation est basée sur la propriété que possède le zinc de déplacer l'or et l'argent de leurs cyanures doubles, d'après les formules suivantes :

12*

*Pour l'or* :

$$2KAuCy^2 + Zn = 2Au + ZnK^2Cy^4$$

| Cyanure | Zinc | Or | Cyanure |
|---------|------|-----|---------|
| double | | | double |
| d'or et de | | | de zinc et |
| potassium | | | de potassium |

*Pour l'argent* :

$$2KAgCy^2 + Zn = 2\,Ag + ZnK^2Cy^4$$

| Cyanure | Zinc | Argent | Cyanure |
|---------|------|--------|---------|
| double | | | double |
| d'argent et de | | | de zinc et |
| potassium | | | de potassium |

Les liqueurs cyanurées sont dirigées dans les bacs de précipitation par les conduites dont il a été question dans le paragraphe : *Matériel d'une usine de cyanuration*. Toutes les liqueurs, les faibles et les fortes, traversent une série de bacs de précipitation à part. Ces liqueurs doivent circuler très lentement d'un compartiment à l'autre. Il est de toute importance de contrôler par des dosages la force des solutions qui sortent des bacs de précipitation avant de les faire passer dans leurs réservoirs respectifs. Il faut, en outre, se rendre compte si la précipitation est terminée.

Lorsque la liqueur qui s'écoule renferme plus de 3 grammes d'or par tonne, on peut considérer la précipitation comme insuffisante. Ce défaut peut provenir d'une trop faible teneur en cyanure de potassium (l'expérience a, en effet, démontré qu'il fallait un léger excès de cyanure pour obtenir une précipitation complète); mais il peut aussi être causé par la quantité insuffisante de copeaux de zinc, ou encore par une trop grande vitesse d'écoulement. Lorsqu'on ajoute dans les compartiments du zinc fraîchement préparé, on suit la marche suivante :

On porte le zinc du second compartiment dans le premier, celui du troisième dans le second, et ainsi de suite; de cette manière, le zinc fraîchement préparé est introduit dans le dernier.

Nous devons faire remarquer ici que, d'après la réaction chimique indiquée plus haut, il faut $16^{gr}$, 5 de zinc pour déplacer 100 grammes d'or. En pratique, ce chiffre est beaucoup plus considérable. En effet, il faut y ajouter le zinc qui a servi au déplacement du cuivre et de l'argent qui s'y trouvent toujours en petites quantités, et aussi le zinc dissous par l'alcali provenant de la neutralisation du minerai, ou du cyanure qui en renferme toujours un peu, et par celui mis en liberté dans l'attaque de l'or et des autres métaux par le cyanure de potassium.

La dissolution du zinc dans les alcalis est facilitée par la présence d'un métal moins oxydable que lui, et qui est ici l'or déposé. — Le zinc se dissout dans la potasse caustique ou la soude caustique d'après l'équation :

$$Zn + 2KHO = ZnO^2K^2 + H^2$$

| Zinc | Potasse [caustique | Zincate de potasse | Hydro- gène |

Il y a donc formation de zincate de potasse et d'hydrogène, ce qui explique le dégagement de ce dernier gaz dans les bacs de précipitation.

Quant au zincate de potasse, il réagit sur le cyanure double de zinc et de potasse et donne du cyanure de zinc et de la potasse.

$$ZnO^2K^2 + ZnK^2Cy^4 + 2H^2O = 2ZnCy^2 + 4KHO$$

| Zincate de potasse | Cyanure double de zinc et de potassium | Eau | Cyanure de zinc | Potasse caustique |

On a remarqué, en effet, que la solution devient alcaline pendant son passage sur le zinc. Cette dernière réaction n'est pas sans importance, car elle empêche les solutions de s'enrichir en zinc. Il se forme, en outre, dans les bacs de précipitation de l'ammoniaque, très reconnaissable à son odeur, et provenant sans doute du cyanate de potasse formé par oxydation du cyanure de potassium ; car le cyanate se transforme en carbonate de potasse et en ammoniaque. Cet ammoniaque peut aussi être attribué à l'action de l'hydrogène naissant sur les composés oxygénés de l'azote.

Lorsque la solution diluée renferme du cuivre, celui-ci tend à se précipiter avant l'or ; mais en augmentant la quantité de cyanure, on peut le maintenir en dissolution jusqu'à ce que l'or soit précipité. Divers essais ont été faits pour remplacer le zinc dans la précipitation. Outre celui de la maison Siemens et Halske dont nous étudierons le procédé plus loin, nous devons mentionner celui de M. Moldenhauer, qui propose d'utiliser l'aluminium, et le procédé de M. Molloy par l'amalgame de sodium. M. Molloy fait passer le liquide à précipiter dans un appareil producteur d'amalgame, du genre de celui que nous décrirons dans le paragraphe : *L'Electrolyse appliquée au traitement des minerais aurifères.*

L'amalgame de sodium est obtenu en électrolysant du carbonate de soude entre une électrode de plomb et une électrode de mercure.

**Récolte de l'or précipité.** — La récolte de l'or se fait généralement une fois par mois. Avant d'y procéder, on fait passer dans le bac un courant d'eau pour déplacer la solution cyanurée ; puis on secoue les grilles, les unes après les autres, en leur donnant un mouvement vertical de va et vient, afin de faire tomber sur le fond du bac la plus grande partie de l'or réduit.

Le zinc est ensuite lavé et frotté sous l'eau pour en détacher le plus d'or possible. Les fragments de zinc auxquels adhère toujours un peu d'or, reserviront à une opération nou-

velle ; à cet effet, ils seront mis au-dessus des tournures fraîchement préparées. Les grilles sont également brossées sous l'eau
pour en détacher l'or qui pourrait encore y adhérer. Après
avoir laissé déposer un certain temps on décante cette eau,
dans des bacs de dépôt. Cette décantation se fait à l'aide d'un
tube en caoutchouc dont l'extrémité doit rester à quelques
centimètres au-dessus des boues d'or pour ne pas entraîner
celles-ci ; ensuite on les ramène contre une des parois avec
une raclette, et on dirige le liquide syphonné dans les bacs de
dépôt.

Dans les bacs de précipitation munis d'un lavoir, on ouvre
les ouvertures des compartiments qui y communiquent et on
y fait passer les boues avec un peu d'eau. Ces boues sont ensuite recueillies sur le filtre.

Les boues des bacs de dépôt sont récoltées après décantation du liquide et mélangées avec celles qui proviennent des
compartiments des bacs de précipitation. Ces boues réunies
sont lavées et séchées, puis grillées.

**Grillage des boues d'or.** — Les boues contiennent toujours en petites quantités de l'argent, du cuivre, de l'arsenic
et de l'antimoine, dissous par le cyanure et précipités par le
zinc. Elles renferment aussi une forte quantité de ce dernier
métal, sous forme de petits fragments et de sels de zinc, qui
n'ont pu être entièrement éliminés par le lavage ; enfin, on y
trouve des impuretés provenant du zinc même.

Ces boues subissent un grillage destiné à oxyder tout le
zinc qui, à la fonte, passera en grande partie dans les scories,
en laissant du bullion beaucoup plus fin. Ce grillage peut
s'opérer sur un plat en fonte dans le moufle d'un petit four.
Il faut éviter de dépasser le rouge faible, de crainte de fondre
la masse, et avoir soin de ne pas remuer celle-ci trop brusque-
ment, surtout au début de l'opération, car l'or précipité, qui

est extrêmement fin, serait entraîné sous forme de poussière.

**Fonte des boues d'or.** — On mélange intimement les boues grillées avec des fondants, qui sont ordinairement du bicarbonate de soude, du borax et du sable, en quantités variables. Pour 100 parties de boues, on prend 50 parties de bicarbonate de soude, 25 parties de borax et environ 10 parties de sable. On emploie pour cette fusion des creusets en plombagine qu'on remplit aux trois quarts et un four à fondre assez grand pour en contenir deux ou trois. Lorsque la masse est fondue, on ajoute de temps en temps un peu de matière afin d'en traiter le plus possible en une seule opération. Après avoir donné un bon coup de feu, on sort le creuset du four et on verse le contenu dans une lingotière conique frottée à la craie pour éviter l'adhérence de la scorie. Le métal, étant très dense, se dépose dans le fond de la lingotière. On sort le contenu de cette dernière après complet refroidissement et on sépare au moyen d'un marteau le culot d'or de la scorie. Cette dernière, qui renferme une assez grande quantité d'or en petits globules, est pulvérisée et lavée au pan.

L'or obtenu titre de 600 à 800 millièmes et renferme, outre l'argent, du cuivre, du zinc et du plomb.

**Consommation en produits chimiques.** — Les quantités de produits chimiques employés varient naturellement avec la nature du minerai traité. On peut cependant estimer de 250 grammes à un kilogramme par tonne la quantité de chaux à ajouter au minerai pyriteux et, suivant sa teneur en or, de 300 à 600 grammes la quantité de cyanure de potassium nécessaire à la lixiviation d'une tonne, et enfin, de 200 à 300 grammes la quantité de zinc nécessaire à la précipitation. Ces chiffres sont, bien entendu, approximatifs.

**Remarques sur le procédé Mac-Arthur et Forrest.** — En résumé, le dit procédé est très approprié au traitement de

minerais où l'or est en particules fines, c'est-à-dire sous
forme d'or flottant. C'est le cas pour les minerais du Sud-
Afrique, où la lixiviation au cyanure est appliquée aux
tailings qui proviennent des batteries dans lesquelles le minerai a été soumis au procédé au mercure. En parlant de ce
dernier procédé, nous avons dit quelques mots de son rendement qui, dans de bonnes conditions, varie entre 60 et 70 %.
Lorsque les tailings préalablement traités au mercure sont
encore soumis au procédé par le cyanure, on arrive à
extraire 80 et 85 % de la totalité de l'or renfermée dans le
minerai. Pour le traitement de minerais pyriteux, il serait
bon, croyons-nous, de leur faire subir une concentration,
et de traiter séparément les concentrés, vu que l'or englobé dans la pyrite est très lent à se dissoudre. La même
recommandation peut être faite pour les minerais où l'or
se trouve en gros grains ; car ceux-ci sont toujours très
longs à entrer en dissolution, surtout lorsque le minerai
n'est soumis à aucun mouvement qui active cette dissolution, en mettant continuellement en contact avec l'or
une solution non saturée. Dans ce dernier cas, il en est de
même que pour le procédé au chlore.

Pour le minerai où l'or renferme de l'argent, le procédé au
cyanure a un grand avantage sur celui du chlore ; car, comme
nous l'avons vu, le cyanure dissout aussi bien l'argent que l'or,
tandis que le chlore forme avec l'argent un chlorure insoluble.

Avec les minerais renfermant des bas métaux, les résultats
n'ont guère été satisfaisants. L'entraînement de ces métaux,
toujours très grand, augmente considérablement les dépenses
en cyanure dont le prix est toujours très élevé. Ce genre
de minerai devrait être traité avec des solutions très diluées, mais cela rendrait la précipitation par le zinc très
difficile. Nous verrons plus loin que cette difficulté a été

plus ou moins tournée par la précipitation électrolytique du procédé Siemens-Halske.

**Conditions économiques.** — Il est inutile de s'étendre sur ce sujet, car les frais d'installation d'une usine de cyanuration ainsi que ceux du traitement général varient avec les pays. Au Transvaal, on estime actuellement, suivant la quantité travaillée, à 8 et 9 francs le prix de traitement d'une tonne, avec un rendement moyen de 70 pour $^0/_0$ de l'or qui y est contenu.

Dans quelques usines sud-africaines, on tend à remplacer ce procédé par celui de Siemens et Halske beaucoup plus économique.

Nous joignons ici une courte description de l'installation de l'usine de cyanuration de la Simmer and Jack Company, sans entrer pourtant dans de nouveaux détails sur la manière de procéder.

### INSTALLATION DE L'USINE SIMMERAND JACK.

Cette installation comprend 5 cuves de lixiviation de 12$^m$,15 de diamètre sur 4$^m$,25 de hauteur, pouvant contenir 600 tonnes de tailings. Elles cuves sont alignées et placées sur des piliers en maçonnerie. Chaque pilier est muni d'un double tunnel pour opérer le déchargement. Une double ligne de rails — voie étroite — passe par dessus les cuves pour pouvoir les remplir. Cette voie est en pente aux deux extrémités. Il y a trois réservoirs pour les solutions cyanurées, chaque réservoir mesure 7$^m$,90 de diamètre sur 4$^m$,56 de hauteur. Ces trois réservoirs sont placés le long des cuves de lixiviation.

Les bacs de précipitation sont au nombre de quatre. Leur longueur est de 7$^m$,29, leur largeur de 0$^m$,91, et leur profondeur de 0$^m$,65. Ils sont divisés en 13 compartiments dont compartiment est muni, à 10 centimètres au-dessus du fond, d'un cadre avec grille ayant 10 à 12 trous au centimètre et sur laquelle sont placés des copeaux de zinc, non tassés, mais en quantité suffisante pour arriver à 15 centimètres du bord.

Une pompe centrifuge verse la solution cyanurée sur les tailings, et deux autres pompes plus petites servent à ramener dans les réservoirs les solutions qui sortent des bacs de précipitation.

Une machine Tangye de 6 chevaux fait marcher les pompes, le moulin à chaux, le tour pour le zinc ; et une chaudière Ruston et Proctor, pour 60 chevaux, fournit la vapeur à la machine et à trois grues.

Trois bacs destinés à recueillir les tailings, mesurant $7^m,29$ sur $2^m,43$, et pouvant contenir 115 tonnes chacun, sont placés dans une excavation parallèlement à l'installation des bacs de lixiviation. De cette manière, leur contenu peut être directement passé dans les derniers.

# CHAPITRE XII

Procédé Siemens et Halske. — Découverte du procédé. — Electrolyse
des solutions aurifères. — Les cathodes. — Les anodes. — Courant
électrique nécessaire. — Avantages de la précipitation électrolytique. — Première application du procédé Siemens-Halske aux minerais du Transvaal. — Installation de la Worcester. — Réactifs
utilisés. — Récolte de l'or déposé. — Rendement et prix de revient.

## PROCÉDÉ SIEMENS ET HALSKE

*Découverte du procédé* (1). — En 1887, le D$^r$ Siemens re-
marqua que les anodes en or de ses cuves de dorure — c'était
dans son usine à Berlin — diminuaient de poids en restant
dans les solutions cyanurées, sans l'action d'aucun courant.
Cette constatation, ainsi que les travaux d'autres chimistes
sur la solubilité de l'or dans les cyanures alcalins, le décidè-
rent d'entreprendre une série d'essais sur le traitement des
minerais aurifères au moyen d'une solution cyanurée. Il les
commença encore la même année dans une petite usine avec
des concentrés provenant de Siebenbürgen. Dans ces essais,
M. Siemens se servit de zinc et de l'électrolyse pour les précipitations. Les résultats de celles-ci furent tous en faveur de
l'électrolyse, qui lui permit de précipiter des solutions diluées

(1) Extrait d'une lecture faite par M. Von Gernet à l'assemblée de
la Société métallurgique sud-africaine, tenue à Johannesburg le
18 août 1894.

même en présence de soude caustique, tandis que la précipitation par le zinc ne se produisit qu'avec des solutions beaucoup plus fortes. M. Siemens accepta donc définitivement la précipitation par électrolyse, et installa pour l'exploitation de cette découverte de plus grandes usines. Dès 1889, des ingénieurs furent envoyés dans les centres aurifères de la Hongrie, de l'Amérique et de la Sibérie. Les résultats ne furent pas les mêmes partout, car ils variaient suivant les produits traités.

**Electrolyse des solutions aurifères.** — Comme on le sait, une solution de sel métallique se décompose sous l'action d'un courant électrique et le métal se dépose au négatif. Dans un temps donné le courant électrique dépose une quantité donnée de métal. Cette quantité varie suivant les métaux, en proportion directe de leurs équivalents électro-chimiques. Ceci est vrai lorsqu'il s'agit de solutions concentrées, mais non pas lorsqu'il est question de solutions diluées comme celles utilisées pour le procédé au cyanure, où le courant électrique ne rencontre pas aux électrodes une quantité suffisante de composé métallique et où, par conséquent, l'eau se décompose aussi. Pour cette raison, une constante diffusion de la solution est nécessaire pour faciliter la précipitation. Il est donc utile de donner un mouvement à la solution pour créer une diffusion artificielle. Ce résultat peut être obtenu très économiquement. On n'a qu'à laisser couler lentement la solution à travers les bacs de précipitation. L'augmentation de surface des électrodes a encore plus d'importance. En effet, on obtient encore un meilleur résultat en doublant la surface des électrodes qu'en décuplant le courant électrique. C'est pour cette raison qu'on ne peut utiliser des cathodes en mercure, dont il faudrait des quantités considérables, ce qui rendrait le traitement très onéreux en raison des pertes qu'occasionnerait le maniement.

Pour précipiter en 24 heures 100 tonnes de solution cyanurée renfermant 7$^{gr}$,75 d'or par tonne, il faut une surface d'environ 930 mètres carrés. Si on voulait alors couvrir de mercure le fond de bacs de précipitation — pour compenser les différences de niveau et couvrir, par conséquent, toute la surface, cette couche doit avoir au moins 0$^m$,0063 d'épaisseur — il faudrait 5$^{m3}$,859 de mercure, ce qui représente le joli poids de 80 tonnes ! Le prix du mercure étant élevé, son nettoyage et sa distillation coûteux, il n'est donc pas possible de l'utiliser. Enfin, la position horizontale, la seule qu'on puisse lui donner, est aussi défavorable, car les boues et les fines particules entraînées par la solution cyanurée formeraient rapidement un dépôt à sa surface.

Les feuilles métalliques, au contraire, peuvent être placées verticalement et restent toujours propres, car les boues entraînées par les solutions n'y adhérent pas et tombent au fond du bac. Des plaques de cuivre amalgamées furent essayées en premier lieu, mais sans succès, car, sous l'action du courant, le mercure pénètre le cuivre et forme un amalgame trop sec n'adhérant pas aux plaques.

**Les cathodes.** — Le métal à employer pour la confection des cathodes doit remplir les conditions suivantes :

1°. — L'or précipité doit y adhérer.

2°. — Il doit pouvoir être laminé en feuilles très minces, pour éviter des dépenses inutiles ;

3°. — L'or doit être facile à en retirer.

4°. — Il doit être plus électro-positif que l'anode, afin d'éviter les courants de retour, qui pourraient se produire après l'arrêt du courant.

Le métal le mieux approprié à la confection des cathodes est le plomb, c'est lui qui est employé dans le procédé Siemens-Halske.

**Les anodes.** — La question des anodes n'est pas moins

importante. Sous l'action du courant un métalloïde est mis en liberté à l'anode, qui s'oxyde très rapidement lorsqu'elle est en métal. Le charbon qui a été essayé comme anode ne résiste pas à l'action du courant électrique. Il se réduit très vite en poudre fine qui décompose le cyanure de potassium, et dont il est impossible de se débarrasser même par filtration. Le zinc, qu'on a pareillement cherché à utiliser, donne un précipité de ferro-cyanure de zinc, formé par l'action de l'oxyde de zinc sur le ferro-cyanure produit pendant la lixiviation. Le fer, auquel on s'est arrêté, donne un précipité de bleu de Prusse formé par l'oxyde de fer et le ferro-cyanure de potassium. La quantité de ferro-cyanure de potassium de la solution ne peut donc pas augmenter. En outre, on peut récupérer le cyanure du bleu de Prusse en dissolvant ce dernier dans une solution de soude caustique, en évaporant la solution et en la fondant avec du carbonate de potasse. Cette récupération a déjà été tentée sur une petite échelle. Elle ne présente aucun avantage dans le traitement des tailings, mais permet de réaliser une économie importante dans le traitement des concentrés, qui décomposent la solution cyanurée en donnant beaucoup de ferro-cyanure de potassium.

**Courant électrique nécessaire.** — Pour précipiter l'or en dissolution dans une solution cyanurée, il suffit d'un courant très faible : une intensité de 0,06 d'ampère par pied carré est suffisante ; avec des cathodes éloignées de 0$^m$,038, il ne faut que 4 volts. Les avantages qu'on obtient en utilisant un courant aussi faible sont les suivants :

1°). L'or déposé adhère fortement aux plaques ;

2°). Les anodes en fer durent très longtemps, car leur usure est proportionnelle au courant.

La dépense en fer, dans une usine qui traite 3 000 tonnes par mois, est de 490 kg pendant ce temps.

3°). La force nécessaire est faible : 746 watts égalent 1 cheval vapeur unité anglaise. Pour une installation traitant 3 000 tonnes, il faut 2 400 watts, égalant théoriquement 3 1/2 chevaux de force, et pratiquement 5 suffisent.

**Avantages de la précipitation électrolytique.** — Le principal avantage de la précipitation électrolytique est de pouvoir opérer en solutions renfermant du cyanure et de la soude caustique, en n'importe quelles quantités. La précipitation au moyen d'une réaction chimique est invariablement plus complète dans une solution riche en cyanure que dans une solution diluée, tandis que celle par électrolyse est toujours la même quelle que soit la condition de la solution. Par conséquent, on pourra, dans le traitement des tailings, utiliser des solutions diluées en prenant juste la quantité de cyanure suffisante pour dissoudre l'or. Une solution cyanurée, serait-elle acide en arrivant aux cuves de précipitation, précipitera tout aussi bien, et la quantité d'or récoltée serait la même qu'en solution alcaline ou neutre. L'électrolyse n'offre d'ailleurs aucune de ces complications provenant de la formation de chaux, d'alumine et d'oxyde de fer, et qui se présentent parfois lorsqu'on emploie du zinc comme précipitant.

On sait qu'une solution renfermant 0,03 °/₀ de cyanure dissout l'or aussi bien qu'une qui renferme 0,3 °/₀, à condition de prolonger la durée de l'attaque. Dans le premier cas, la quantité de cyanure décomposée dans les tailings est bien inférieure à celle du second. Il y a donc économie.

Avant le traitement au cyanure, l'humidité des tailings est ordinairement la même que dans les résidus, et après le traitement il n'y a le plus souvent aucune nécessité de faire un grand lavage à l'eau.

Dans le procédé au zinc, les résidus des bacs de lixiviation renferment 10 à 15 °/₀ d'eau, contenant de 0,1 à 0,05 de cyanure, ce qui représente environ 100 grammes de cyanure par tonne de tailings. Si on utilise une solution de lavage ne contenant que 0,01 % de cyanure, cette perte peut donc être grandement réduite. Une solution de cette teneur sera encore parfaitement précipitable par l'électrolyse, mais très difficile à traiter par le procédé chimique.

**Première application du procédé Siemens-Halske aux minerais du Transvaal. Installation de la Worcester.** — Le procédé Siemens fut appliqué pour la première fois au Transvaal, au traitement des tailings de la Worcester. Cette installation électrolytique se compose de deux bacs destinés à recevoir les tailings de la batterie ; — tous deux mesurent 6m,08 sur 2m,32, — et de cinq bacs de lixiviation qui ont 6m,08 de diamètre et 3m,04 de hauteur, et peuvent contenir ensemble 500 tonnes.

Chaque jour on remplit et l'on décharge un bac.

Il y a deux réservoirs pour les solutions cyanurées, mesurant 6m,08, sur 1m,82 ; ils sont placés dans une excavation, en dehors de l'atelier de précipitation.

La précipitation se fait dans 4 cuves de 6m,08 de longueur, 2m,128 de largeur, et 1m,21 de profondeur.

Des fils de cuivre, placés sur les bords de ces cuves, sont destinés à transmettre le courant aux électrodes, composées de 75 plaques en fer pour le positif, et de 74 plaques en plomb pour le négatif. Les plaques de fer sont longues de 2m,128 et larges de 0m,91 et ont 3 millimètres d'épaisseur. Des lattes en bois, fixées contre les parois des cuves, et disposées pour former une série de compartiments dans le genre de ceux des bacs à précipitation Mac-Arthur et Forrest, les maintiennent dans une position verticale ; une partie de plaques touchent le fond, tandis que les autres restent à quelques centimètres au-dessus. Cette disposition oblige le liquide de passer d'un compartiment à l'autre, tantôt par le haut, tantôt par le bas. Pour éviter les courts circuits, les plaques sont recouvertes de canevas. Les feuilles de plomb sont tendues entre deux fils de fer fixes dans de légers cadres en bois suspendus entre les plaques en fer. Ainsi garnies, ces cuves sont munies de couvercles fermant à clef. Elles ne sont ouvertes que pour la récolte de l'or déposé.

Le courant électrique nécessaire est fourni par une machine dynamo Siemens de 8 volts et 600 ampères.

**Réactifs utilisés. — Récolte de l'or déposé**. — La solution forte contient de 0,05 à 0,08 % de cyanure de potassium, et la solution faible, pour le lavage, 0,01 %. La dépense en cyanure est ainsi de 113 grammes par tonne de tailings traités.

La récolte de l'or déposé se fait une fois par mois. Il forme à la surface des feuilles de plomb une légère couche jaune clair qui y adhère fortement. Les cadres qui supportent les cathodes sont sortis un à un. Une fois le plomb enlevé et remplacé par de nouvelles feuilles, on le remet en place. Cette opération ne demande que quelques minutes par cadre, et s'exécute sans aucun arrêt. Le nettoyage des cuves de précipitation au zinc, urgent après chaque récolte d'or, n'est plus nécessaire ici qu'après de longs intervalles.

Les feuilles de plomb sur lesquelles il y a de 2 à 12 % d'or déposé, sont fondues en lingots, puis coupellées.

**Rendement et prix de revient.** — Les tailings traités renferment de 9$^{gr}$,30 à 12$^{gr}$,40 d'or par tonne. Après lixiviation, leur teneur n'est plus que de 1$^{gr}$,55 à 2$^{gr}$,10. — En général, le rendement peut être estimé à 70 %.

Quant au prix de revient, on l'évalue, pour le traitement de 3 000 tonnes par mois, à 450 livres sterling soit 11,250 francs. — Ces frais se répartissent comme suit :

| | |
|---|---|
| Chargement et déchargement des bacs. . . . . . . . . . . . | £ 125 |
| (confiés à un entrepreneur) | |
| Cyanure de potassium . . . . . . . . . . . . . . . | « 75 |
| Chaux . . . . . . . . . . . . . . . . . . . | « 15 |
| Soude . . . . . . . . . . . . . . . . . . . | « 6 |
| Feuilles de plomb . . . . . . . . . . . . . . . | « 14 |
| « de fer . . . . . . . . . . . . . . . . | « 28 |
| Main d'œuvre (ouvriers blancs). . . . . . . . . . . | « 55 |
| « « et nourriture (ouvriers indigènes). . . . . . | « 20 |
| Charbon . . . . . . . . . . . . . . . . . . | « 57 |
| Magasins, frais généraux . . . . . . . . . . . . | « 41 |
| Total. . . . . | £ 460 |

Soit 3 fr. 75 par tonne.

Depuis son application à l'usine de la Worcester, le procédé Siemens et Halske a été introduit dans beaucoup d'autres usines. Au Transvaal, ce procédé est la propriété exclusive de la *Rand Central Ore Réduction Company*, qui est placée sous l'habile direction de M. C. Butters. Une grande part des succès obtenus par le procédé électrolytique aux mines d'or Sud-Africaines revient de droit à l'énergie et à l'intelligence de M. A Von Gernet, ingénieur de MM. Siemens et Halske.

# CHAPITRE XIII

## CYANURATION DES MINERAIS AURIFÈRES ET AURO-ARGENTIFÈRES

Parallèle entre le procédé Mac Arthur et Forrest et le procédé Siemens-Halske. — Sur les causes d'appauvrissement des solutions cyanurées. — Titrage des solutions cyanurées. — Détermination de l'or des solutions cyanurées. — Méthode Crosse et méthode Buchanan. — Détermination de la quantité de cyanure décomposable par un minerai. — Détermination de la quantité d'alcali nécessaire pour neutraliser les cyanicides. — Les procédés au cyanure au point de vue sanitaire. — Application du procédé au cyanure pour le traitement des minerais d'argent et des minerais auro-argentifères.

**Parallèle entre le procédé Mac Arthur et Forrest et le procédé Siemens-Halske.** — Ces deux procédés sont basés sur l'action dissolvante du cyanure de potassium sur l'or.

MM. Mac Arthur et Forrest emploient pour la précipitation des copeaux de zinc, et MM. Siemens et Halske des feuilles de plomb et un courant électrique. — Lorsque, dans une solution diluée, le premier procédé ne donne plus aucun résultat, le second est encore utilisable. La méthode au zinc nécessite donc l'emploi de solutions plus fortes et, partant, plus dispendieuses, car la quantité de cyanure décomposé y est forcément plus considérable, et celle des bas métaux dissous plus élevée. Ainsi, tandis que le procédé Mac Arthur et Forrest utilise des solutions contenant de 0,3 % de cyanure, le procédé Siemens et Halske n'emploie pour les solutions fortes que 0,05 à 0,08 %, et pour les solutions faibles que 0,01 % de cyanure.

La durée de l'attaque est, par contre, plus longue avec les solutions faibles qu'avec les fortes. Dans la précipitation au zinc, il doit y avoir plus facilement des pertes en or par entraînement, car l'or adhère peu à ce métal, tandis qu'il forme une couche très adhérente sur les feuilles de plomb. Enfin, dans le procédé Mac Arthur le zinc est perdu, tandis que dans celui de Siemens le plomb peut être récupéré en traitant les litharges de la coupellation.

**Sur les causes d'appauvrissement des solutions cyanurées.** — Le cyanure de potassium est un composé très peu stable. Les causes d'appauvrissement des solutions cyanurées sont multiples, elles peuvent se résumer comme suit :

1°. — Remplacement par le zinc de l'or dissous dans le cyanure à l'état de cyanure double d'or et de potassium.

*Dissolution :*

$$2Au + 4KCy + O + H^2O = 2KAuCy^2 + 2KHO$$

| Or | Cyanure de potassium | Oxygène | Eau | Cyanure double d'or et de potassium | Potasse caustique |

*Remplacement de l'or par le zinc :*

$$2KAuCy^2 + Zn = 2Au + K^2ZnCy^4$$

| Cyanure double d'or et de potassium | Zinc | Or | Cyanure double de zinc et de potassium |

2°. — Remplacement par le zinc d'autres métaux qui ont pu être dissous en même temps que l'or et qui se précipitent avec lui.

$$2KMCy^2 + Zn = 2M + K^2ZnCy^4$$

| Cyanure double de potassium et d'un métal | Zinc | Métal | Cyanure double de zinc et de potassium |

3°. — Dissolution d'oxydes dans le cyanure de potassium en formant des cyanures simples ou doubles, comme, par exemple, l'oxyde de fer hydraté qui a pu se former pendant la neutralisation du minerai.

$$Fe(OH)^2 + 6KCy = K^4FeCy^6 + 2KHO$$

| Oxyde | Cyanure | Ferrocyanure | Potasse |
|---|---|---|---|
| ferreux | de | de potassium | caustique |
| hydraté | potassium | | |

Pendant la précipitation de l'or, il n'y a pas seulement remplacement de l'or par du zinc, molécule par molécule, mais dissolution d'un excès de zinc avec formation d'un cyanure double de zinc et de potassium. L'or déposé à la surface du zinc forme avec lui un couple voltaïque dont il est le pôle négatif. L'eau est décomposée avec dégagement d'hydrogène et formation d'un hydrate de zinc.

$$Zn + 2H^2O = 2H + Zn(OH)^2$$

| Zinc | Eau | Hydro- | Hydrate |
|---|---|---|---|
| | | gène | de |
| | | | zinc |

Une partie de cet hydrate reste à la surface du zinc, sur lequel il forme de petites agglomérations blanches. Une autre est probablement dissoute dans le cyanure de potassium, en donnant du cyanure double de zinc et de potassium et de la potasse caustique.

$$Zn(OH)^2 + 4KCy = ZnK^2Cy^4 + 2KHO$$

| Hydrate | Cyanure | Cyanure | Potasse |
|---|---|---|---|
| de | de | double | caustique |
| zinc | potassium | de zinc | |
| | | et de | |
| | | potassium | |

Il y a aussi pu y avoir décomposition du cyanure d'après les réactions suivantes :

Le zinc peut se dissoudre dans la potasse de la solution d'après la formule :

$$Zn + 2KHO = ZnK^2O^2 + H^2$$

Zinc      Potasse      Zincate de      Hydro-
            caustique      potasse      gène

Or, le zincate décompose le cyanure en potasse caustique et en cyanure double de zinc et de potassium d'après la formule :

$$ZnK^2O^2 + 4KCy + 2H^2O = K^2ZnCy^4 + 4KHO$$

Zincate    Cyanure    Eau    Cyanure    Potasse
de potasse    de           double    caustique
        potassium       de zinc
                  et de
                  potassium

Il est à remarquer que la solution ne s'enrichit pas beaucoup en zinc. Il y a probablement régénération d'une partie du cyanure par décomposition du cyanure double de zinc et de potassium, soit par l'action du carbonate de potasse dont il se forme toujours une certaine quantité dans la solution, soit par le sulfure de potassium et le ferro-cyanure de potassium, deux sels dont nous expliquerons plus loin les origines possibles.

La première de ces réactions peut se formuler ainsi :

$$ZnK^2Cy^4 + K^2CO^3 = ZnCO^3 + 4KCy$$

Cyanure    Carbonate    Carbonate    Cyanure
double     de potasse    de zinc     de
de zinc                      potassium
et de
potassium

Outre le carbonate de potasse, il peut y avoir du carbonate d'ammoniaque ou de soude. En ce cas, il se formerait du cyanure de sodium ou d'ammoniaque qui sont d'aussi bons dissolvants de l'or que le cyanure de potassium.

La seconde s'explique ainsi :

$$ZnK^2Cy^4 + K^2S = ZnS + 4KCy$$

| Cyanure double de zinc et de potassium | Sulfure de potassium | Sulfure de zinc | Cyanure de potassium |
|---|---|---|---|

Il y a donc formation de sulfure de zinc et régénération de cyanure de potassium.

Quant à la troisième, nous la formulerons comme suit :

$$2(ZnK^2Cy^4) + FeCy^6K^4 = FeCy^6Zn^2 + 8KCy$$

| Cyanure double de zinc et de potassium | Ferro-cyanure de potassium | Ferro-cyanure de zinc | Cyanure de potassium |
|---|---|---|---|

Il se forme du ferro-cyanure et du cyanure de potassium.

5°. — Décomposition du cyanure par du proto-sulfure de fer (FeS) qui peut se trouver dans des minerais renfermant des pyrites imparfaitement décomposées, ou par du sulfure de cuivre ordinaire (CuS).

La première réaction peut se formuler ainsi :

$$FeS + 6CyK = Fe\,Cy^6K^4 + K^2S$$

| Proto-sulfure de fer | Cyanure de potassium | Ferro-cyanure de potassium | Sulfure de potassium |
|---|---|---|---|

Il y a formation de ferro-cyanure de potassium et de sulfure de potassium.

La seconde réaction sera :

$$CuS + 4KCy = CuK^2Cy^4 + K^2S$$

| Sulfure de cuivre | Cyanure de potassium | Cyanure double de cuivre et de potassium | Sulfure de potassium |
|---|---|---|---|

Il se forme du cyanure double de cuivre et de potassium et du sulfure de potassium.

6°. — Décomposition par l'acide sulfurique formé par oxydation de pyrites :

$$KCy + SO^4H^2 = SO^4KH + HCy$$

| Cyanure | Acide | Sulfate | Acide |
|---|---|---|---|
| de | sulfurique | acide | cyan- |
| potassium | | de | hydrique |
| | | potasse | |

Il y a formation de sulfate acide de potasse et d'acide cyan-hydrique dont une partie se dégage.

7°. — Les sels de fer décomposent également le cyanure :

$$FeSO^4 + 2KCy = FeCy^2 + K^2SO^4$$

| Sulfate | Cyanure | Cyanure | Sulfate |
|---|---|---|---|
| ferreux | de | ferreux | de |
| | potassium | | potasse |

Le cyanure de fer formé se dissout dans un excès de cyanure en donnant du ferrocyanure de potassium d'après la formule :

$$FeCy^2 + 4KCy = K^4FeCy^6$$

| Cyanure | Cyanure | Ferro- |
|---|---|---|
| ferreux | de | cyanure |
| | potassium | de |
| | | potassium |

Le ferrocyanure peut réagir sur des sulfates ferroso-ferriques ou sur l'oxyde de fer formé par électrolyse dans le procédé Siemens, en donnant du bleu de Prusse ($Fe^7Cy^{18}$).

Il faut ajouter ici que, dans ce dernier cas, le bleu de Prusse devra être traité à nouveau pour la récupération du cyanure. Le ferro-cyanure de potassium, dans la méthode au zinc, transforme, comme nous l'avons vu, le cyanure double de zinc et de potassium en ferro-cyanure de zinc avec régénération d'une partie du cyanure de potassium.

Le sulfate ferrique décompose le cyanure de potassium en acide cyanhydrique et en hydrate de fer :

$$6KCy + Fe^2(SO4)^3 = Fe^2Cy^6 + 3K^2SO^4$$

| Cyanure de potassium | Sulfate ferrique | Cyanure ferrique | Sulfate de potasse |
|---|---|---|---|

$$Fe^2Cy^6 + 6H^2O = Fe^2(OH)^6 + 6HCy$$

| Cyanure ferrique | Eau | Hydrate de fer | Acide cyan-hydrique |
|---|---|---|---|

8°. — Le cyanure de potassium est attaqué par l'anhydride carbonique de l'air, qui dégage le cyanogène à l'état d'acide cyanhydrique et finit par le transformer entièrement en carbonate de potasse :

$$2KCy + CO^2 + H^2O = K^2CO^3 + 2HCy.$$

| Cyanure de potassium | Anhydride carbonique | Eau | Carbonate de potasse | Acide cyan-hydrique |
|---|---|---|---|---|

9°. — Le cyanure est transformé lentement en cyanate par oxydation, par l'oxygène de l'air :

$$KCy + O = KCyO$$

| Cyanure de potassium | Oxygène | Cyanate de potasse |
|---|---|---|

Ce cyanate se réduit en carbonate de potasse et en ammoniaque.

Le cyanure de potassium est également réduit par le couple voltaïque (Zn — Au) ou par électrolyse dans la précipitation électrolytique, en cyanate, puis en carbonate de potasse, et en carbonate d'ammoniaque. En ce cas, l'acide cyanhydrique est décomposé en acide carbonique et en azote. — L'ammoniaque, dont on sent l'odeur au-dessus des bacs de précipitation, peut provenir de la décomposition immédiate du carbonate d'ammoniaque par un alcali ou, ce qui est aussi probable, par l'action de l'hydrogène naissant sur des composés oxygénés de l'azote, ou sur ce dernier élément seul.

**Titrage des solutions cyanurées.** — Comme il est très important qu'on puisse rapidement se rendre compte de la teneur en cyanure des solutions cyanurées, nous donnerons ici très succinctement la manière de procéder pour ce dosage d'après la méthode de Liebig. Si on laisse couler dans une solution de cyanure de potassium légèrement alcaline, une liqueur étendue de nitrate d'argent, il ne se produit un trouble permanent de cyanure d'argent ou de chlorure d'argent (ce dernier dans le cas où l'on a ajouté auparavant quelques gouttes d'une solution de chlorure de sodium) que lorsque tout le cyanogène est transformé en cyanure double d'argent et de potassium. La première goutte de solution argentique versée après cette transformation donne un précipité permanent, d'après la formule :

$$2KCy + AgNO^3 = KAgCy^2 + KNO^3$$

| Cyanure de potassium | Nitrate d'argent | Cyanure double d'argent et de potassium | Nitrate de potasse |
|---|---|---|---|

On voit qu'il faut 1 molécule de nitrate pour 2 de cyanure. Les poids moléculaires sont : pour $AgNO^3$ 107,93 + 14,04 +48 = 169,97, et pour KCy : 39,13 + 12 + 14,04 = 65,17 ; soit 130,34 pour 2KCy. Il faut donc ajouter 169,97 parties, en poids, de nitrate d'argent à 130,34 parties en poids de cyanure de potassium avant qu'il se forme un précipité permanent. Ainsi, on pourra faire une solution normale décime en dissolvant 16gr,99 dans 1 000 centimètres cubes d'eau distillée. Cette solution sera versée goutte par goutte, avec une burette graduée au 1/10 de centimètre cube, dans un volume exactement mesuré de la liqueur cyanurée à essayer, jusqu'à apparition d'un précipité léger ne disparaissant pas par agitation du liquide. Chaque centimètre cube de la solution d'argent correspond à $\frac{13.03}{1000} = 0^{gr},01303$ de cyanure de potassium pur. Exemple : Supposons avoir pris 500 centimètres cubes de la liqueur à titrer et avoir dû y ajouter exactement 10 centimètres cubes de la solution de nitrate d'argent : Les 500 centimètres cubes de la solution cyanurée renfermeront donc 10 fois 0,01303 de cyanure, soit $0^{gr},1303$, ce qui représente 0,026 % de cyanure de potassium.

**Détermination de l'or des solutions cyanurées.** — Nous ne donnons ici que deux procédés de dosage (1) : la méthode Crosse et la méthode Buchanan :

*Méthode Crosse.* — Cette méthode, qui permet d'opérer sur d'assez grandes quantités de liquide, s'exécute ainsi : On prend un demi-litre ou un litre de la solution cyanurée qu'on précipite par un excès de nitrate d'argent. Lorsque le liquide est riche en cyanure de potassium, on en décompose préalablement une partie par addition d'un acide pour éviter l'emploi d'une très grande quantité de nitrate d'argent. Le précipité, qui se dépose très rapidement, est recueilli sur un large filtre, qu'on met ensuite avec du flux noir et quelques cents grammes de litharge dans un creuset en terre et qu'on porte ensuite dans un four à réverbère. En 10 minutes la fusion est complète.

Le creuset est alors retiré. On en verse rapidement le contenu dans une lingotière. Le culot de plomb, séparé de la

---

(1) D'après EISSLER : *The Cyanide process for the extraction of gold.*

scorie, est coupellé, et le bouton d'or et d'argent obtenu est soumis au départ.

*Méthode Buchanan.* — Cette méthode consiste à précipiter, par un excès de nitrate d'argent, un volume de solution cyanurée exactement mesuré, à décomposer le précipité au moyen d'un réducteur, à le filtrer, à le sécher et à le coupeller directement. La meilleure manière d'opérer est la suivante : dans un flacon d'environ 500 centimètres cubes de capacité, on met 200 centimètres cubes de la solution cyanurée additionnée de quelques gouttes de chromate de potasse. A ce liquide on ajoute, goutte à goutte, une solution de nitrate d'argent (environ 5 %), jusqu'à ce que l'on obtienne la coloration rouge caractéristique du chromate d'argent. Au liquide et au précipité on mélange ensuite de 10 à 20 grammes de zinc en poudre ou en copeaux, puis on y ajoute 2 à 3 centimètres cubes d'acide sulfurique dilué à 10 %. Après 10 minutes, on y met encore une plus forte quantité d'acide sulfurique pour dissoudre l'excès de zinc. Le résidu est filtré et lavé sur le filtre, puis séché et coupellé avec un peu de plomb. Cette méthode, qui évite la fonte avec du flux et de la litharge, a l'avantage de permettre d'exécuter un certain nombre d'essais à la fois.

**Détermination de la quantité de cyanure décomposable par un minerai.** — Il importe beaucoup de connaître la quantité de cyanure qui sera décomposée en traitant un minerai, pour savoir s'il faut lui faire subir un lavage à l'eau, ou un lavage avec une solution alcaline. A cet effet, on prépare une solution diluée de cyanure de potassium qu'on titre avec la solution d'argent dont il a été parlé (Cette solution peut aussi servir à prendre la teneur du cyanure de potassium brut, qui ne renferme que 70 à 80 % de cyanure de potassium pur).

Supposons avoir trouvé que la solution cyanurée préparée

renferme 0,6 %. Il nous faudra donc procéder de la manière suivante : 100 grammes de minerai, préalablement essayé pour connaître sa valeur en or, sont mis en digestion avec 100 centimètres cubes de la solution cyanurée contenant 0,6 % de cyanure. On agite fréquemment le flacon, pendant une demi-heure, puis on verse le contenu sur un filtre. Ceci fait, on mesure une certaine quantité du liquide filtré qu'on titre à nouveau avec la solution d'argent. Admettons maintenant que le titre trouvé égale 0,55 %, il y aura donc eu 0,05 de cyanure de décomposé pour 100 grammes de minerai, ce qui représente 500 grammes de cyanure pour une tonne de minerai.

**Détermination de la quantité d'alcali nécessaire pour neutraliser les cyanicides.** — Lorsque la quantité de cyanure décomposé par un minerai est trop élevée il faut déterminer la quantité de soude nécessaire pour neutraliser l'effet des cyanicides. Pour ces essais, on emploiera deux solutions normales, l'une d'acide chlorhydrique contenant exactement 36$^{gr}$,46 d'acide chlorhydrique anhydre ; l'autre, alcaline, faite avec 40 grammes de soude caustique, un volume de l'une devant saturer exactement un volume de l'autre. Pour préparer la première solution, on mélange dans un flacon 900 centimètres cubes d'eau distillée et 180 centimètres cubes d'acide chlorhydrique pur, de densité 1,2 = 24 % d'acide anhydre. Ensuite, on mesure deux essais de 20 centimètres cubes dans lesquels on dose l'acide chlorhydrique en précipitant chaque essai par une solution de nitrate d'argent additionnée d'un peu d'acide nitrique. Puis, on lave par décantation, en chauffant très légèrement et en agitant le précipité obtenu. Enfin, on verse le liquide et le précipité sur un petit filtre qu'on dessèche et qu'on calcine dans un creuset en porcelaine soigneusement taré. Le poids de chlorure d'argent, multiplié par le facteur 0,25421 donnera le poids exact de l'acide

chlorhydrique contenu dans les 20 centimètres cubes de la solution d'acide chlorhydrique. Si les deux résultats sont presque
conformes, on prend la moyenne des chiffres trouvés, et l'on
calcule la quantité d'eau qu'il faut ajouter à la solution chlorhydrique trop forte pour la rendre normale. En admettant que
les 20 centimètres cubes contiennent 0,810 grammes d'acide
chlorhydrique, il y aura donc dans 1 000 centimètres cubes
40,5. D'après la proportion $1000 : 36,46 = x : 40,5$, on trouvera $x = 1110,8$ ; il faudra, par conséquent, ajouter à
1 000 centimètres cubes de l'acide chlorhydrique trop fort,
110,8 centimètres cubes d'eau distillée ; pour obtenir de l'acide
normal renfermant exactement $36^{gr},46$ d'acide chlorhydrique.

Comme solution alcaline, on préparera avec de la lessive de
soude une liqueur dont 1 volume neutralise exactement 1 volume d'acide normal, et cela au point que la dernière goutte
de soude fasse virer au bleu la dissolution acide rougie par
quelques gouttes de teinture de tournesol. Voici comme on
prépare cette solution : on remplit une burette graduée avec
une dissolution de soude caustique limpide et on laisse couler
celle-ci goutte par goutte dans 25 centimètres cubes d'acide
normal faiblement coloré en rouge par de la teinture de tournesol, jusqu'à ce que la couleur rouge prenne une légère teinte
bleuâtre. La liqueur ne doit changer ni le papier de tournesol
bleu, ni le papier de tournesol rouge. Supposons que pour
les 25 centimètres cubes, il ait fallu 20 centimètres cubes de
soude, on devra donc ajouter à ces 20 centimètres cubes 5 centimètres cubes d'eau distillée ; c'est-à-dire à 1 000 centimètres
cubes de lessive de soude, il faudra ajouter 250 grammes d'eau
distillée pour avoir une solution normale renfermant exactement 40 grammes de soude (Na OH) par litre. Au lieu d'une
liqueur normale, on peut aussi se servir d'une solution sodi-

que de concentration quelconque dont on fixe la valeur en saturant avec elle un volume exactement mesuré d'acide normal.

Mais revenons à notre essai et voyons comment on l'exécute. 100 grammes de minerai sont mis en digestion avec 100 centimètres cubes de solution normale dans un flacon bouché à l'émeri. Après une demi-heure, pendant laquelle le flacon est fréquemment agité, on verse le contenu sur un filtre. A 25 centimètres cubes du liquide filtré exactement mesuré, on additionne quelques gouttes de teinture de tournesol et on le titre avec la solution normale d'acide. En admettant qu'il faille 22 centimètres cubes d'acide pour faire virer au rouge les 25 centimètres cubes de soude, il faudra pour les 100 centimètres cubes $4 \times 22$ centimètres cubes $= 88$ centimètres cubes. Le volume de solution de soude neutralisé par le minerai est donc de 100 centimètres cubes — 88 centimètres cubes, soit 12 centimètres cubes, chiffre qui correspond à 12 fois 0,04 de soude, soit $0^{gr},48$ pour 100 grammes de minerai. Une tonne de minerai demandera donc $4^{kg},800$ grammes de soude pure. On calculera donc, d'après la teneur en soude du produit dont on dispose, la quantité à ajouter par tonne de minerai. Lorsque la quantité de soude est trop élevée, comme c'est ici le cas, il faut, en faisant subir au minerai un lavage à l'eau avant la neutralisation, se rendre compte de ce qu'on pourrait en économiser. A cet effet, on pèse donc à nouveau une certaine quantité de minerai qu'on lave et qu'on traite ensuite par la solution de soude. La différence entre ce résultat et le précédent indique l'économie en soude que l'on peut faire en soumettant le minerai préalablement à un lavage.

**Les procédés au cyanure au point de vue sanitaire.** — Les cyanures solubles sont, comme chacun sait, excessivement toxiques et peuvent occasionner de très graves désordres.

Les vapeurs d'acide cyanhydrique, qu'on appelle vulgairement acide prussique, agissent fortement sur le système nerveux, en y provoquant une paralysie. Tous les stimulants de ce système doivent être employés pour combattre ce mal. Nous recommandons en pareil cas l'application d'eau froide sur le dos, l'inhalation de chlore et l'administration intérieure d'eau ammoniacale ou d'essence de térébenthine (30 grammes en émulsion par cuillerée). En cas d'empoisonnement, il faut immédiatement administrer à l'intérieur du carbonate de fer fraîchement précipité. Comme soins à donner ultérieurement, nous signalons les affusions d'eau froide, les calmants, puis les toniques. Les ouvriers chargés du curage et du nettoyage des bacs sont atteints de faiblesse générale, de maux de tête, d'étourdissements, et sont sujets à une éruption de nature spéciale qui s'attaque le plus souvent aux bras. On combat ces éruptions par du ferrocyanure de potassium administré à l'intérieur et appliqué en lotions sur les parties malades.

## APPLICATION DU PROCÉDÉ AU CYANURE POUR LE TRAITEMENT DES MINERAIS D'ARGENT ET DES MINERAIS AURO-ARGENTIFÈRES

Nous croyons devoir donner ici quelques-uns des résultats publiés par M. Louis Janin sur des essais de traitement de minerais d'argent (1).

*Echantillon n° 1.* — Minerai provenant de la « Grand Central Mine, Arizona » — Gangue siliceuse renfermant une grande quantité de manganèse et de chaux. Le minerai d'argent proprement dit était de l'argyrose et du cérargyre et a donné un rendement de 92,6 %.

*Echantillon n° 2.* — Minerai provenant de la « Christy

(1) Extrait de *The Mineral Industry.*

Mine-Silver-Reef-Utah. — Gangue siliceuse contenant un peu de carbonate de cuivre. L'argent y est renfermé à l'état métallique et à l'état de sulfure et de chlorure. Le rendement obtenu a été de 80 %.

*Echantillon n° 3.* — Argent corné provenant de l'Utah, dans lequel l'argent est à l'état de chlorure. L'argent extrait représentait les 93 % de l'argent total.

*Echantillon n° 4.* — De Tybo. — Nevada. Ce minerai, qui était principalement un sulfure et un chlorure, a donné 71,8 %.

*Echantillon n° 5.* — Minerai à gangue siliceuse. L'argent y était à l'état de chlorure. Le rendement a atteint 97 %.

*Echantillon n° 6.* — Minerai renfermant de la galène, du carbonate de plomb, de la pyrite et de la blende. Cet échantillon a donné un rendement de 80 %.

*Echantillon n° 7.* — Minerai de Brocken Hill (Nouvelle Galles du Sud). Gangue composée de kaolin et de quartz. L'argent, à l'état de chloro-bromure, a donné un rendement de 99,7 %.

*Echantillon n° 8.* — Provenant également de Brocken-Hill. (Nouvelle Galles du Sud). Minerai de fer siliceux contenant 38 % d'oxyde de fer $FeO$. Le rendement a été de 84,5 %.

*Echantillon n° 9.* — De Bullion Ville — Nevada. — Tailings renfermant du carbonate de plomb, de la galène et du fer dans une gangue siliceuse. — Rendement 32 %.

*Echantillon n° 10.* — Minerai contenant de l'antimoniate de plomb, avec lequel l'argent est combiné. Résultat : 11,6 %.

*Echantillon n° 11.* — Argentana. Montana. Minerai renfermant plus de 40 % de plomb, — a rendu 5,7 %.

Par ces quelques indications on peut se rendre compte de la grande différence des résultats obtenus sur différents minerais, par l'application du même procédé.

Ainsi l'échantillon n° 7 a donné l'excellent rendement de

99,7 %, tandis que le même traitement appliqué à l'échantillon n° 11 n'a permis d'extraire que les 5,7 % de l'argent contenu. En examinant la différence de constitution de ces deux minerais, on constate que le premier ne renferme pas de bas métaux, a une gangue sans action sur le cyanure, et que l'argent y est à l'état de chloro-bromure, sel éminemment soluble dans les cyanures alcalins, tandis que le second minerai contient une notable quantité de plomb, auquel l'argent est combiné et qui joue le rôle de cyanicide.

De ces quelques essais on peut conclure que le procédé au cyanure a quelques chances de réussite dans le traitement de minerais qui ne renferment pas de composés ayant une influence nuisible, et dans lesquels l'argent est à l'état de chlorure. A part donc quelques minerais d'une nature exceptionnelle, il est à craindre que le traitement au cyanure ne soit pas applicable aux minerais argentifères.

Remarquons que pour les minerais auro-argentifères, le rendement en or est plus élevé que celui en argent. Citons un exemple. Des minerais contenant environ 50 % de limonite ont permis d'extraire 90 % de l'or qu'ils renfermaient, tandis qu'on n'a pu en extraire que 50 % de l'argent.

En traitant des minerais pyriteux oxydés avec traces de galène, nous sommes parvenus à en extraire 90 % de l'or et seulement 10 % de l'argent. Nous croyons donc, qu'en général, ce traitement ne peut être appliqué avec succès que dans les cas où les minerais renferment l'argent à l'état de sulfure, de chlorure et de bromure, autrement le rendement n'est jamais assez élevé. Au surplus, pour les minerais où l'argent est accompagné de minéraux dont l'action est nuisible au cyanure, les dépenses en réactifs sont trop considérables.

# CHAPITRE XIV

## L'ÉLECTROLYSE APPLIQUÉE AU TRAITEMENT DES MINERAIS AURIFÈRES

Les procédés électrolytiques préconisés jusqu'à présent pour le traitement des minerais aurifères peuvent se classer en deux groupes :

1°. — Procédés dans lesquels l'électrolyse sert à favoriser l'amalgamation.

2°. — Procédés dans lesquels on prépare par décomposition électrolytique un réactif capable de dissoudre l'or.

Du premier groupe nous ne citerons que le procédé Molloy, de la « Hydrogen-Amalgan Company, » et du second, celui de Cassel, de la « Cassel Gold Extracting Company. »

**Procédé Molloy.** — Le but de ce procédé est d'éviter les pertes en or et en mercure en maintenant constamment brillante la surface de ce dernier métal, ce qui lui assure un contact parfait avec toutes les particules du minerai. Ce fait est d'une grande importance, car, comme nous avons pu le voir, le mercure devient inactif en présence de certains minerais qui provoquent à sa surface une pellicule d'oxyde, pellicule qui le maintient séparé des particules d'or.

L'amalgamateur de la *Hydrogen-Amalgam Company* se compose d'un pan de 1$^m$,05 de diamètre et de 0$^m$,025 de profondeur, rempli jusqu'à mi-hauteur de mercure recouvert d'eau. Au centre du pan est placé un vase poreux fixe, rempli d'une solution de sulfate de soude dans laquelle est plongé un cylindre de plomb. Ce dernier est en communication avec le pôle positif d'une petite dynamo, tandis que le mercure est relié avec le négatif. Sous l'action du courant électrique, il se dégage de l'oxygène à la surface du cylindre de plomb et de l'hydrogène à celle du mercure. Ce dernier devient donc inoxydable pendant la durée du passage du courant. A la surface du mercure flotte un disque en fer d'un mètre de diamètre. Il laisse, par conséquent, un faible espace annulaire entre sa circonférence et le bord du pan. Ce disque est percé au milieu d'une ouverture destinée au passage du vase poreux et munie d'un bord de quelques centimètres de hauteur ; elle est suffisamment grande pour laisser autour du vase un vide d'environ 0$^m$05, formant ainsi une auge circulaire. La pulpe qui vient directement de la batterie est déversée par un canal dans cette auge, d'où le minerai est entraîné dans le mercure par le mouvement de rotation dont le disque est animé. De là, il ressort vers la circonférence et s'écoule avec l'eau par dessus les bords du pan.

Des essais faits avec des minerais réfractaires ou difficiles à traiter et qui ont une influence fâcheuse sur le mercure, ont donné des résultats concluants.

Le rendement en or obtenu par ce procédé serait, à ce que l'on prétend, d'au moins 10 % supérieur à celui des procédés ordinaires au mercure. Suivant la nature du minerai, cet appareil peut traiter de 7 à 10 tonnes en 24 heures.

**Procédé Cassel.** — M. Cassel emploie, pour dissoudre l'or, le chlore obtenu par la décomposition électrolytique d'une solution de chlorure de sodium. Il additionne le liquide d'une certaine quantité de chaux caustique destinée à neutraliser, au fur et à mesure, l'acide chlorhydrique formé par des réactions secondaires. Cet acide, comme il a été démontré lors de l'explication du procédé de chloruration de Plattner, est nuisible, car il dissout l'oxyde de fer qui se trouve en abondance dans le minerai à chlorurer, ce minerai n'étant ordinairement que de la pyrite grillée.

Dans le procédé Cassel, le même appareil sert à la fabrication du réactif dissolvant, à l'attaque du minerai et à la réduction du chlorure d'or formé. Cet appareil se compose d'un grand tonneau à l'intérieur duquel sont fixées de nombreuses plaques en charbon de cornue, mises en communication avec le pôle positif d'une machine dynamo. Ce tonneau qui, en outre, est muni d'une ouverture de déchargement, tourne autour d'un axe horizontal, creux, percé de nombreux trous et recouvert d'une toile filtrante en amiante. L'axe, qui est muni à l'intérieur d'une vis d'archimède destinée à en extraire l'or qui s'y précipite dans un état très divisé, est relié avec le pôle négatif de la dynamo.

La marche de l'opération est la suivante : On introduit dans le cylindre environ deux tonnes de minerai, plus les quantités nécessaires d'eau, de sel et de chaux. Ensuite, on donne au cylindre un mouvement de rotation d'environ 8 à 10 tours à la minute et on y fait passer le courant électrique. Le sel se décompose et le chlore dégagé dissout l'or du minerai, donnant ainsi du chlorure d'or. Celui-ci est ensuite décomposé en chlore et en or métallique très divisé qui n'adhère pas au fer du négatif sur lequel il se dépose et qui est entraîné par la vis d'archimède dans des paliers de déchargement. Ces derniers sont munis de portes par lesquelles on peut enlever l'or pour le sécher et le fondre en lingots.

# CHAPITRE XV

## TRAITEMENT DES MINERAIS COMPLEXES D'OR, D'ARGENT ET DE CUIVRE

Four à Water-Jacket. — Mise en marche du four. — Coulées des
scories et de la matte. — Composition d'un lit de fusion. — Préparation du lit de fusion. — Charges du lit de fusion et du combustible. — Prix de revient. — Aperçu sur la méthode. — Echantillonnage des minerais. — Grillage des minerais. — Grillage au four
à réverbère. — Grillage en tas. — Fonte pour matte. — Broyage et
grillage de la matte. — Grillage pour sulfate d'argent. — Lixiviation du sulfate d'argent. — Précipitation de l'argent. — Purification et nettoyage de l'argent précipité. — Traitement des résidus
cuivreux. — Fusion pour matte blanche. — Rotissage de la matte
blanche. — Rotissage du pimple métal. — Traitement des fonds
cuivreux aurifères. — Grillage de la grenaille cuivreuse. — Traitement par l'acide sulfurique des grenailles oxydées.

**Traitement des minerais complexes d'or, d'argent
et de cuivre.** — Lorsqu'on fond avec un flux, approprié à la
scorification de leurs gangues, des minerais pyriteux aurifères
préalablement grillés, on obtient au-dessous d'une couche de
scories un régule lourd, appelé *matte*, et renfermant la presque
totalité de l'or du minerai. Cette matte grillée et fondue avec
une nouvelle quantité de minerai donnera une nouvelle matte
contenant l'or de la première et de la seconde charge. En
répétant cette opération, on finit par avoir une matte assez
riche pour être traitée par fusion avec de la litharge. Le plomb
d'œuvre qu'on en obtient est ensuite coupellé et les litharges
utilisées de nouveau dans d'autres opérations.

Ce procédé, appliqué en Hongrie pour le traitement de pyrités très pauvres en or, a été considérablement amélioré. Aujourd'hui, on l'emploie sur une grande échelle dans certaines régions minières de l'Amérique. Comme il a été dit à plusieurs reprises, certains minerais, tels que la pyrite de cuivre, le cuivre gris, la galène, etc., renferment des métaux précieux en quantités assez considérables. Souvent même, il y a intérêt non seulement d'en extraire l'or et l'argent, mais même les bas métaux qui les accompagnent. Pour en extraire les métaux précieux, on les concentre en une matte, en mettant à profit leur affinité pour les bas métaux. L'or, le métal qui nous occupe plus particulièrement, ayant beaucoup d'affinité pour le cuivre, permet d'opérer la concentration en mattes cuivreuses sans pertes sensibles.

Nous allons maintenant nous occuper successivement du four à matte et de la manière de s'en servir, puis de la composition générale et de la préparation d'un lit de fusion, et enfin de la marche à suivre dans une usine traitant des minerais divers d'or et d'argent. Nous aurons ainsi l'occasion de voir que, par une réaction cuivreuse, l'or se concentre dans les fonds cuivreux qui se produisent en même temps que la matte dans laquelle l'argent reste en plus grande partie.

**Four à Water-Jacket.** — L'appareil le plus utilisé actuellement est le four à Water-Jacket. Les anciens fours à mattes étaient construits en pierres ou en briques, avec revêtement intérieur en briques réfractaires. De tels fours ne pouvaient marcher longtemps sans réparation, et pour remettre en état le revêtement intérieur, rapidement détruit, il fallait quelques jours de travail. De là résultaient des dépenses en briques, des pertes de temps et, à chaque mise en marche, des pertes de métal. Tous ces inconvénients n'existent plus avec le Water-Jacket ou four à parois métalliques, ce qui explique d'ailleurs son grand succès. Ces parois métalliques sont constamment refroidies par un courant d'eau froide, et l'on peut faire une longue campagne sans le moindre arrêt. Il y a deux modèles de ce four : l'un est de forme circulaire, l'autre de forme rectangulaire. Comme le premier est de beaucoup le plus répandu, quoique plus petit que l'autre, c'est de lui que nous nous occuperons spécialement.

Ce four (voir Fig. 97) est pourvu d'une enveloppe à circulation d'eau, construite en plaques de tôle épaisse soigneusement rivées et munie de tuyères en bronze. Depuis les tuyères jusqu'au plancher de chargement, sa hauteur est de 2m,70, et son diamètre aux tuyères est de 0m,90. Une boîte à vent, mobile, en communication avec le tuyau de la soufflerie, distribue le vent à chaque tuyère également. Ces dernières sont disposées de manière à répandre l'air régulièrement sur toute la charge du minerai. En face de chaque tuyère, la boîte à vent a des ouvertures destinées à l'introduction de ringards, en cas d'obstruction des tuyères. Ces ouvertures sont fermées par des couvercles, au centre desquels une feuille de mica permet de voir à l'intérieur du four. Le creuset, construit en briques réfractaires, repose sur un fond en fonte formé de deux pièces mobiles et fixées à la plaque de support du four qui est portée par quatre colonnes en fonte. Grâce à cette disposition on peut, en ouvrant le fond du four, détruire rapidement le creuset et évacuer ainsi la charge en cas d'arrêt pour cause de réparation ou autres. Le gueulard est surmonté d'une hotte avec porte de chargement. La cheminée est munie d'un registre permettant de régler le tirage. Le plus souvent, un tuyau relie à la hotte du four une chambre à poussières, construite soit en pierres ou en briques, soit en tôle.

L'eau arrive dans l'enveloppe du four par un tuyau branché sur une conduite principale et ressort, après échauffement, par un tuyau placé à la base de la hotte.

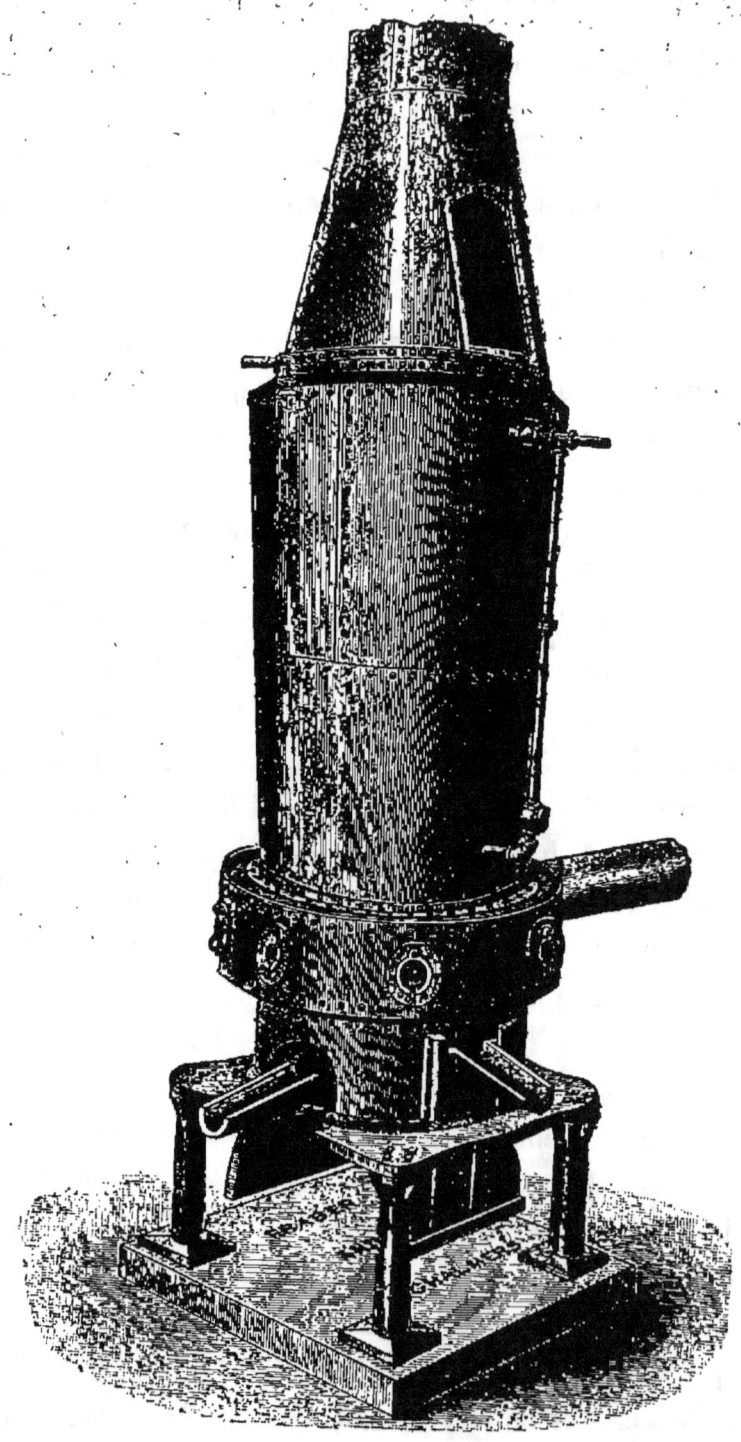

Fig. 97. — Water Jacket.

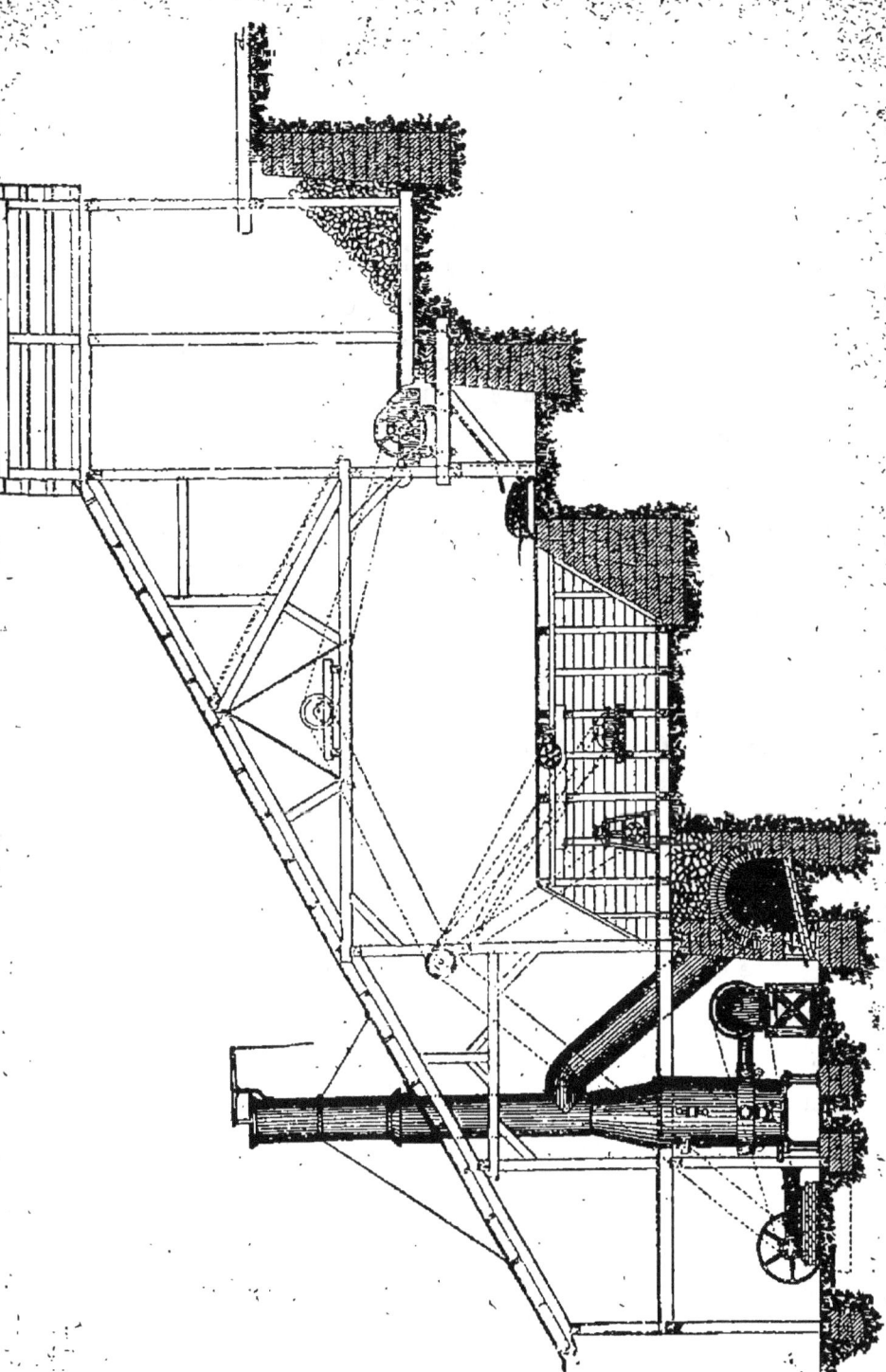

Fig. 93. — Usine pour le traitement par voie de fusion des minerais complexes d'or, d'argent et de cuivre.

Un four comme celui que nous venons de décrire peut fondre au minimum 40 tonnes de minerai par jour en utilisant au maximum 6 tonnes de coke.

La quantité d'eau nécessaire est d'environ 115 mètres cubes en 24 heures. Lorsqu'il y a pénurie d'eau, on peut réduire cette quantité à 14 mètres cubes en utilisant de nouveau celle déjà employée. L'eau, à sa sortie du Water-Jacket, marque 60 à 80°. Elle ne doit jamais être bouillante. En cas de réutilisation, elle est conduite dans de grands réservoirs où on la laisse refroidir. De là, une pompe la fait ensuite passer dans un grand bac ordinairement installé au niveau du gueulard, de manière à pouvoir continuer l'alimentation pendant quelque temps en cas d'accident de la pompe. On se sert généralement d'une pompe Knowles. Quant au ventilateur, le modèle le plus employé est celui de Root ou encore celui de Baker.

**Mise en marche du four.** — La garniture de briques réfractaires appuyée sur le fond et contre la paroi du creuset est recouverte d'un mélange de terre réfractaire et de charbon pulvérisé.

Cette brasque doit être suffisamment humectée pour former une boule lorsqu'on la serre dans la main. Après l'avoir étalée en couches minces, on la tasse avec des outils chauffés. L'ouvrier chargé de ce travail doit éviter de rendre la surface d'une couche trop lisse, car il empêcherait ainsi la couche suivante d'y adhérer. Une fois le brasquage terminé, on donne au creuset sa forme définitive en égalisant avec un couteau la brasque et en y aménageant les trous de coulées et les rigoles pour la scorie et la matte. Lorsque le creuset est achevé, on allume, pour le sécher, un feu de bois ou de charbon sous le four. Quand on le trouve suffisamment chaud au toucher, on y commence un léger feu qu'on maintient pendant environ un jour. Petit à petit, on charge ensuite le combustible, en laissant ouverts les trous de coulée aménagés dans la brasque pour la scorie et la matte. Lorsque le combustible est en feu jusqu'au dessus des tuyères, on ferme les trous de coulée. Celui des scories est bouché avec de l'argile, et celui des mattes reçoit un tuyau de 0m,75 à 0m,90 de longueur et de 0m,05 à 0m,07 de diamètre, soigneusement fixé au moyen d'argile. Après cela on donne progressivement le vent, en chargeant le four de combustible ordinaire et de demi-charges de scories. Lorsqu'il s'agit d'un four neuf, ces dernières sont remplacées par du minerai. Peu à peu, on augmente les charges jusqu'à environ 30 centimètres du gueulard, c'est là la charge normale. On augmente alors le vent jusqu'à une pression de 0m,15 au manomètre, si on emploie du charbon de bois, et de 0m,25 si c'est du coke qui sert de combustible. Entraînés par le courant d'air, les gaz sortent en brûlant par le petit tuyau fixé dans le trou de coulée des mattes.

Le creuset est ainsi rapidement porté au rouge-blanc. Les cendres et les fines particules de charbon sont entraînées, en laissant le creuset propre et suffisamment chauffé pour empêcher la solidification des premières scories qui y arrivent. On élimine, au moyen d'un ringard, les cendres et les fragments de charbon qui tendent à s'accumuler dans le creuset. Lorsque les scories y apparaissent et commencent à parvenir dans le tube de la coulée des mattes, on enlève ce dernier et on ferme le trou de la coulée avec un tampon d'argile. Pour faire les coulées, on brise au moment voulu le tampon avec un ringard. Dix minutes après l'enlevage du tube, il s'est ordinairement accumulé assez de scories pour en remplir un demi-pot ; c'est le moment de les faire couler par le trou des mattes. On répète l'opération chaque fois qu'il y a suffisamment de scories accumulées. Pendant les coulées des scories, il faut remuer vigoureusement la masse avec une solide barre de fer et, au besoin, la briser avec une barre en acier ; il faut aussi laisser entraîner par le vent de la soufflerie les fragments de matières formées de charbon réduit en poussière, de scorie, etc... Ce travail est répété après chaque coulée. Lorsque le creuset est suffisamment propre, on ferme le trou de coulée du cuivre et on fait les coulées de scories suivantes par les trous qui leur sont destinés. Dès le moment où le tube du trou de coulée des mattes a été enlevé, on augmente progressivement la force du vent jusqu'à ce qu'on arrive à la pression à laquelle on veut travailler.

La pression doit être aussi élevée que possible, sans toutefois entraîner la zone de fusion trop au dessus des tuyères, ce qui dépend de la nature du combustible et de la finesse du minerai. Celui-ci et le flux doivent être en fragments allant de la grosseur d'une noix à celle d'un œuf. Quant au combustible, il ne doit pas dépasser la grosseur d'un œuf. Des fragments trop gros sont aussi nuisibles à la bonne marche de l'opération que des grains trop fins. Le combustible trop pulvérisé s'imbibe de scories, n'est plus en contact avec l'air et ne peut donc, par conséquent, plus brûler. Il y a des cas où l'on a intérêt à faire subir un criblage au minerai et à agglomérer, avec une machine à briquettes, les poussières qui en proviennent, ainsi que celles des chambres de condensation.

Lorsque l'opération s'accomplit normalement, le haut du four doit être froid et sombre et la charge doit descendre peu à peu et également sur toute sa surface. Une descente irrégulière, précédée ou accompagnée ordinairement d'un coup de feu, donne lieu à la formation de croûtes sur les parois. En ce cas, il faut changer la composition de la charge, ou enlever les croûtes avec le ringard. A cet effet, on laisse baisser la charge jusqu'à 0m,30 ou 0m,35 au-dessus des tuyères. Puis on la couvre de combustible sur lequel on fait tomber les croûtes détachées au moyen du ringard introduit par le gueulard. Avec le même outil on détruit aussi les voûtes qui se forment dans la charge et qui empêchent la descente régulière de la matière. La sole, qui est quelquefois sujette à monter, peut être ramenée à sa hauteur normale: il suffit de laisser les trous de coulées ouverts. Les gaz du foyer entraînés par le vent chauffent alors rapidement le creuset et la sole revient peu à peu à son niveau. Le mélange de mattes et de scories qui s'écoule pendant ce temps doit, dans la suite, être repassé au four.

Fig. 99. — Pot à scorie.

**Coulées des scories et de la matte.** — Les coulées de scories se font à intervalles réguliers. Sous la gouttière du trou de coulée on place un pot à bullion, et sous la gouttière de ce dernier, un pot à scories. Enfin, un autre pot à bullion est placé sous la gouttière du trou de coulée du métal. Ces pots, en fonte, sont portés sur roues. Ceux pour les scories sont coniques, et ceux pour les mattes sont prismatiques. Lorsque le tampon du trou de coulée des scories a été percé avec un ringard, la scorie coule dans le pot à bullion et le surplus se déverse dans le pot à scories.

Après avoir rempli ainsi cinq pots à scories, on remplace le

15

premier pot à bullion par un autre. Le métal est soutiré de la
même manière. On laisse refroidir la matte dans les pots, après
refroidissement, ceux-ci sont retournés sur une aire. La scorie
qui surmonte la matte se laisse facilement détacher. Comme
elle renferme encore beaucoup de grenailles, on la repasse au
four.

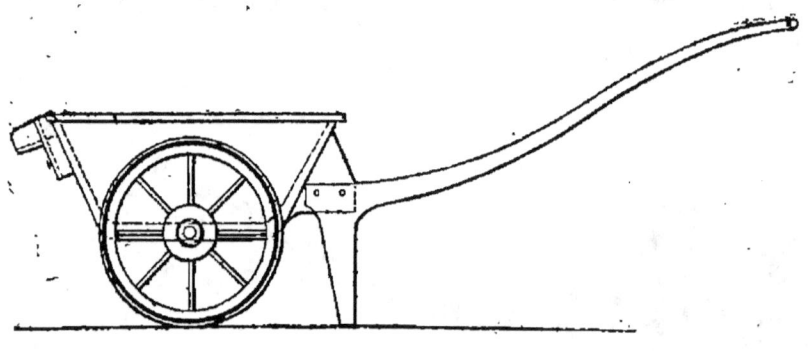

Fig. 100. — Pot à matte.

**Composition d'un lit de fusion.** — Comme le quartz pré-
domine dans la plupart des minerais, l'addition d'un fondant devient nécessaire. Les fondants les plus économiques
sont l'oxyde de fer et la chaux.

Le premier peut s'employer sous forme de minerai de fer ou
mieux de pyrites de fer grillées ; le second, sous forme de
calcaire. Quand l'élément soufre est nécessaire, on peut employer des pyrites ou, à défaut de celles-ci, du gypse ou sulfate
de chaux qui fournit, outre la chaux, un élément basique,
très utile dans un lit de fusion trop siliceux. Le soufre est rarement nécessaire pour les minerais cuivreux. Ceux-ci sont généralement sulfurés et demandent même à être soumis au grillage
pour éliminer l'excédant de soufre qu'ils renferment ; ce grillage
entraîne en même temps la plus grande partie de l'arsenic
et de l'antimoine qui, tous deux, sont nuisibles. Sans ce
grillage, la fonte du minerai donnerait presque toujours une

matte trop pauvre en cuivre. On se sert quelquefois aussi, comme fondant, du minerai de manganèse, parfois encore de spathfluor, mais en petites quantités, pour donner la fluidité voulue aux scories basiques. En règle générale, il est préférable d'utiliser des fondants métalliques plutôt que des fondants terreux.

Dans les grandes usines métallurgiques qui ne traitent pas seulement leurs minerais, mais encore ceux provenant d'autres mines, on cherche à composer un lit de fusion sans addition de fondants, en mélangeant des minerais de diverses natures. Certaines mines achètent, à cet effet, des pyrites de cuivre ou de fer riches en or, des galènes argentifères, ainsi que des concentrés des moulins à or.

**Préparation du lit de fusion.** — Pour préparer un lit de fusion il faut mélanger les différents minerais dans des proportions telles que la gangue de l'un scorifie la gangue de l'autre, et n'exigent plus la moindre quantité de fondant, car fondre une tonne de fondant est presque ainsi coûteux que de fondre une tonne de minerai. Pour faire ce mélange bien exactement, il est donc absolument nécessaire de connaître l'analyse complète des minerais. Le mélange peut s'exécuter de deux manières.

La première, assez répandue, consiste à mettre les différents minerais et les fondants, s'il faut s'en servir, dans des entrepôts respectifs, et à y peser séparément les quantités nécessaires pour une charge. Ces quantités sont ensuite versées près de la porte de chargement et mêlées au moment de les jeter en une couche horizontale dans le foyer. Une couche de minerai et de fondant alterne toujours avec une couche de combustible.

La seconde manière, la plus recommandable, consiste à préparer toutes les charges comme suit : On étale sur une aire plane, par couches horizontales successives, les quantités nécessaires des divers minerais et fondants, de sorte qu'en enlevant la masse en suivant une section verticale on obtient la composition parfaite d'un lit de fusion.

**Charge du lit de fusion et du combustible.** — Le mélange à fondre est introduit dans le gueulard par charges successives alternant avec celles du combustible. La charge d'un lit de fusion varie entre 100 à 200 kg de minerai, et est faite à des intervalles variant suivant le poids de la charge et la matière entre 3 et 8 minutes. Quant à la quantité du combustible, elle dépend et de sa nature et de la fusibilité de la scorie. En employant du coke, on peut estimer à 15 kg la quantité nécessaire pour 100 kg de minerai. Pour la même quantité de minerai, il faut de 2 1/2 à 3 boisseaux de charbon de bois.

**Prix de revient.** — Le prix de traitement d'une tonne de minerai varie entre 25 et 150 francs, suivant la localité et la disposition de l'usine. Quant au rendement en métaux précieux, il est de 90 à 98 % de la valeur indiquée à l'essai si l'opération est bien conduite. A ces métaux précieux vient encore s'ajouter le cuivre.

Nous choisirons comme un exemple à donner le traitement suivi à l'usine d'Argo (1), à Denver (Colorado). Toutes les conditions nécessaires au succès ont été réunies là par la nature. Les minerais traités à cette usine forment trois classes. La première comprend des pyrites de cuivre aurifère, renfermant en moyenne 4 % de cuivre, 200 grammes d'argent et environ 100 grammes d'or par tonne. La seconde se compose de concentrés venant de moulins à or et contenant 1 1/2 % de cuivre, environ 120 grammes d'argent et 40 grammes d'or

(1) Ce court exposé de la marche suivie à l'usine d'Argo, est extrait du savant ouvrage, *L'Or*, de MM. E. Cumenge et E. Fuchs, auquel nous pouvons renvoyer nos lecteurs pour de plus amples renseignements.

par tonne. La troisième classe, enfin, consiste en minerais de tellure à gangue très siliceuse, et qui renferment en moyenne de 200 à 300 grammes d'argent, et de 3 000 à 6 000 grammes d'or par tonne.

A ces minerais aurifères, il faut ajouter les minerais argentifères. Ces derniers se divisent en deux classes. La première, celle des minerais de surface, très siliceux et généralement non sulfurés, renfermant environ 6 % de plomb et 3 000 grammes d'argent par tonne ; la seconde comprend les minerais sulfurés, principalement la blende, avec une faible quantité de pyrite et de galène, minerais qui renferment environ 15 % de zinc et de plomb et en moyenne 4 500 grammes d'argent (sans or) par tonne.

**Aperçu sur la méthode**. — Les divers minerais, soigneusement échantillonnés, sont soumis à une fusion pour matte. Cette matte est ensuite concassée, pulvérisée et grillée pour sulfater l'argent qu'elle renferme. Le sulfate d'argent est séparé par lavage des résidus qui renferment l'or. Comme la sulfatisation de l'argent n'est pas complète et laisse, par conséquent, un peu d'argent dans les résidus, on traite ceux-ci par un grillage chlorurant, de manière à transformer l'argent en chlorure qu'on sépare par lixiviation avec une solution chaude d'eau salée. Les résidus de cette opération sont fondus avec des minerais crus plus riches et à gangue siliceuse. La matte ainsi obtenue est soumise à un rôtissage qui donne des fonds cuivreux riches et du pimple-métal. Celui-ci est également repassé au rôtissage, fournissant des fonds cuivreux moins riches, et une matte renfermant encore de l'argent. Cet argent en est extrait par sulfatisation, et les résidus sont encore soumis à un nouveau grillage chlorurant et lixivés par une solution de sel marin qui en enlève les dernières traces d'argent. Enfin, les fonds cuivreux sont grenaillés et la grenaille grillée, puis traitée par l'acide sulfurique qui dissout l'oxyde de cuivre et laisse l'or insoluble.

Ces diverses opérations se font de la manière suivante :

*Echantillonnage des minerais.* — Les minerais qui arrivent à l'usine sont empilés séparément sur le sol du magasin d'échantillonnage. Pour échantillonner, on prend de chaque lot la dixième partie qui, d'abord concassée, est broyée ensuite au moyen d'un cylindre. Sur la masse broyée, on prélève l'échantillon conformément à une règle admise.

*Grillage des minerais.* — Le grillage a lieu de deux manières : au four à réverbère, ou en tas.

*a) Grillage au four à réverbère.* — Ce genre de grillage est surtout employé pour les minerais cuivreux en petits fragments, et les concentrés venant des moulins à or. Il a été longuement expliqué au chapitre : *Four à réverbère.*

*b) Grillage en tas.* — Les pyrites sont concassés en petits morceaux de 5 centimètres de côté, puis grillées en tas d'environ 50 tonnes. En même temps, on place sur une aire plane une forte couche de bois. La quantité de ce bois dépend de la nature du minerai. On étale le minerai sur la couche, en commençant par les plus gros morceaux, pour finir avec les plus petits. Dans ce tas ainsi préparé, on ménage des canaux horizontaux communiquant avec une cheminée centrale. La meule prête, on met le feu au combustible. Dès que le bois est allumé, on ferme toutes les ouvertures avec des morceaux de minerai et des menus, pour obtenir une combustion lente et un tassement régulier. Quand le bois est entièrement brûlé, la combustion du soufre maintient la température. Il faut recouvrir soigneusement avec du minerai les endroits où la combustion est trop vive et où perce la flamme. La durée du grillage en tas dépend de la nature du minerai et de la grosseur de ses fragments. L'air pénètre dans la masse par les interstices que laissent entre eux les morceaux de la première assise, et les gaz chauds s'échappent à travers la couverte, de sorte qu'en tassant les derniers, on peut diminuer à volonté le tirage. Le grillage en tas laisse dans le minerai environ 4 %, de soufre. Une partie du soufre distille, l'autre s'oxyde en donnant de l'acide sulfureux et de l'acide sulfurique. Ce dernier se combine avec les oxydes de cuivre et de fer. L'arsenic et l'antimoine sont en grande partie expulsés à l'état d'acide arsénieux et antimonieux, qui, parfois, forment à la surface du tas de très belles cristallisations. Lorsque le grillage est terminé, on met de côté les pyrites crues de la couverte, ainsi que les morceaux imparfaitement grillés, pour les passer dans un nouveau tas de grillage.

**Fonte pour matte.** — La charge du four est ainsi composée :

| | |
|---|---|
| Minerai aurifère grillé en tas . . . . . . . . | 907 kilogrammes |
| Minerai » » au four . . . . . . . | 907 » |
| Minerai d'argent de surface . . . . . . . | 680 » |
| Minerai » grillé . . . . . . . . . | 680 » |
| Pyrites crues . . . . . . . . . . . | 363 » |
| Spath Fluor. . . . . . . . . . . . | 113 » |
| Scories riches . . . . . . . . . . | 230 » |
| Total : | 3,830 » |

Cette charge est combinée de manière à produire une tonne de matte avec dix tonnes de minerais mélangés. On ne cherche jamais à obtenir de matte plus considérable, car la perte par entraînement de grenailles dans la scorie serait trop grande.

La fonte pour matte s'exécute aussi à l'usine d'Argo dans un four à réverbère chauffé à la houille. On y procède de la manière suivante : Trois ouvriers effectuent le chargement. Ceci fait, la porte du four est fermée et lutée. Ensuite, on charge le foyer et l'on chauffe environ 6 heures à plein tirage. Pendant ce temps, les ouvriers préparent la place de coulée des scories. Lorsque la matière est en fusion, un ouvrier agite avec un ringard la masse jusqu'à ce que son outil glisse facilement sur la sole. Cette agitation facilite la fusion de morceaux non fondus et en même temps les réactions. Ce brassage terminé, on laisse la matière en repos pour permettre à la matte de se séparer de la scorie. Cette dernière est ensuite rablée hors du four et coulée dans des moules aménagés sur le sol de l'atelier. La scorie ainsi éliminée doit être très fluide. Lorsqu'elle a été entièrement rablée, on introduit une nouvelle charge de minerai. En 24 heures, on peut ainsi traiter quatre charges. La matte n'est coulée qu'une fois en 24 heures. A ce moment, on laisse les portes du four ouvertes. La petite quantité de scories qui y est encore restée peut ainsi se refroidir, ce qui l'empêchera de s'écouler avec la matte. La coulée terminée, le trou de coulée est bouché avec du sable. Les lingots de matte ont $0^m,90$ de longueur, $0^m,35$ de largeur et $0^m,10$ d'épaisseur au milieu. Cette matte renferme de 25 à 30 % de cuivre, de 600 à 900 grammes d'or, 18 000 à 30 000 grammes d'argent par tonne, plus du fer, du plomb, du zinc et de l'antimoine. La scorie pauvre contient environ 200 grammes d'argent et des traces d'or à la tonne. Elle est jetée aux déblais comme trop pauvre pour être traitée à nouveau.

**Broyage et grillage de la matte.** — La matte est d'abord cassée à la masse, puis concassée au concasseur, et enfin amenée au four de grillage où on lui fait subir un premier grillage afin de pouvoir plus facilement la pulvériser ensuite, car, avec la matte crue, le pulvérisage serait très coûteux. Ce premier grillage doit être fait avec beaucoup de soin afin d'éviter la fusion de la matte et pour obtenir une rapide oxydation à une température relativement peu élevée. Au moment de l'introduction de la charge, le four doit être obscur. Après avoir passé d'une sole à l'autre, la charge arrive au rouge cerise et est enfin rablée à l'extérieur pour tomber dans une fosse où on la laisse se refroidir. Quand elle est complètement refroidie et ne dégage plus d'acide sulfureux, on la réduit en poudre dans un pulvérisateur à boulets, appareil déjà décrit. Une fois pulvérisée, la matte est soumise à un second grillage, pour transformer le sulfure d'argent en sulfate d'argent, soluble dans l'eau, ce qui permet de l'enlever par lixiviation.

**Grillage pour sulfate d'argent.** — Ce grillage s'effectue dans un petit four à réverbère à une seule sole. Celle-ci est en briques de champ cimentées et repose sur un lit de sable porté lui-même par une voûte inférieure. La voûte du four est munie de nombreuses ouvertures destinées à l'entrée de l'air. Chaque charge de matte pulvérisée est de 725 kg. : on la jette à la pelle sur le centre de la sole en ayant soin de fermer tous les registres pour éviter les pertes qui pourraient se produire sous forme de poussières. Le four doit être à basse température à l'introduction de la charge, qu'on rable très uniformément sur toute la sole. Ce travail exécuté, on ouvre légèrement le registre. Au bout d'une heure, la masse est sombre à la surface, et rouge lorsqu'on la remue. Il est alors temps de charger le foyer, sur lequel il ne reste plus qu'un petit feu, et d'élever la température au rouge sombre en maintenant la porte du foyer fermée. L'air nécessaire pénètre en quantité suffisante par les ouvertures de la voûte, par la grille et la porte de travail. On conduit le grillage de cette façon afin de former le plus possible de sulfate de fer et de sulfate de cuivre, tout en laissant l'argent inattaqué. Pendant cette période de grillage, la masse devient spongieuse, diminue de volume et laisse dégager des fumées d'acide sulfurique, qui proviennent de la décomposition du persulfate de fer.

Deux heures après le chargement, le foyer est entièrement garni, et dès lors maintenu en pleine charge jusqu'à la fin de l'opération. La chaleur augmente graduellement, et on continue le rablage. En trois heures, le four atteint son maximum de température : la masse devient alors sèche et pulvérulente, et l'argent est transformé en sulfate. Deux heures suffisent pour oxyder complètement le sulfate de fer ; la quantité de sulfate de cuivre est alors à son maximum, mais se décompose à son tour durant la dernière heure. Pendant cette dernière période, il faut remuer énergiquement la masse pour briser les morceaux agglomérés et pour faciliter l'achèvement des réactions. Les ouvriers qui conduisent le four prélèvent, pendant la dernière heure, des échantillons de la masse pour constater si le sulfate de cuivre est près d'être complètement décomposé, chose qu'il faut éviter si l'on ne veut pas décomposer également le sulfate d'argent. Dans ce but, on laisse toujours 1 à 2 % de sulfate de cuivre dans la masse, quantité facile à apprécier d'après la coloration que donne à l'eau un petit échantillon de matière.

La masse grillée est déchargée au rable et conduite sur un plancher refroidisseur.

Ce four à sulfatisation sert à griller deux charges en 12 heures, et est conduit par un seul ouvrier. Durant ce grillage, 90 à 95 % de l'argent ont été transformés en sulfate d'argent soluble, tandis que l'or qui ne subit aucune réaction est resté insoluble. Il suffira donc de soumettre à l'eau la masse grillée pour avoir, d'une part l'argent dans la solution et, de l'autre, l'or insoluble dans le résidu.

**Lixiviation du sulfate d'argent.** — La lixiviation du sulfate se fait dans des bacs munis de doubles fonds percés de trous et recouverts d'un tissu filtrant. Les bacs, plus larges au sommet qu'à la base, ont $0^m,90$ de hauteur, $0^m,90$ de diamètre à la partie supérieure et 0m,75 à la partie inférieure. Les bacs sont disposés de manière à ce que les eaux de filtration se déchargent dans une série de bacs placés en dessous. La charge contenue dans chaque bac est de 680 kg et est lixivée par un courant d'eau bouillante. Les bacs sont maintenus pleins pendant que le liquide s'écoule à travers le filtre et se rend, par un tuyau, dans les bacs placés en-dessous. Lorsque le courant d'eau a passé pendant un certain temps, on essaie la liqueur avec une solution salée et quand elle ne précipite plus par ce réactif, ce qui prouve que tout le sulfate d'argent a été lixivé, on arrête le courant. La durée du lessivage est ordinairement de 8 à 9 heures. Les résidus des bacs de lixiviation contiennent tout l'or, plus 5 à 10 % de l'argent non transformé en sulfate. Ces résidus sont grillés avec du sel, de manière à transformer l'argent en chlorure, qu'on extraira ensuite par un lavage avec une solution d'eau salée, comme nous le verrons plus loin.

**Précipitation de l'argent.** — Au sortir des baquets, la solution de sulfate d'argent est conduite dans des bacs de précipitation placés sur deux rangs, l'un en face de l'autre, devant les bacs de lixiviation. Le premier bac communique par le fond avec le second qui est placé à un niveau inférieur. Les bacs sont garnis de plaques de cuivre sur lesquelles l'argent se précipite sous forme d'argent métallique peu adhérent. Il suffit, à la fin de chaque semaine, de les laver et de les secouer dans le liquide pour en détacher le cément. Celui-ci s'accumule sur le fond du bac : on le retire après repos et décantation du liquide, puis on le met dans des baquets où on le lave pour éliminer les dernières traces de cuivre qu'il renferme. La liqueur cuivreuse venant des bacs de précipitation est dirigée dans des bacs garnis de ferraille sur laquelle le cuivre se précipite pour être recueilli, fondu et raffiné au four à réverbère, puis coulé en plaques destinées à servir à la précipitation de l'argent. On obtient ces plaques en puisant le cuivre avec une poche et en le versant dans un grand moule en fonte : le cuivre s'étale sur le fond du moule, se recouvre d'une couche de sous-oxyde, ce qui empêche l'adhérence d'une nouvelle coulée faite par dessus, après refroidissement de la première plaque. De cette manière, on peut remplir le moule.

**Purification et nettoyage de l'argent précipité.** — Le cément d'argent est purifié par digestion dans une solution d'acide sulfurique, dans laquelle on injecte de la vapeur et de l'air.

Pour cela on utilise un baquet conique, mesurant $1^m,20$ de hauteur, $1^m,20$ de diamètre à sa partie supérieure et $0^m,60$ à sa partie inférieure. Ce baquet a un faux fond en bois percé de trous sous lequel débouche le tube de l'injecteur. Ce dernier appareil est formé du tuyau d'amenée de la vapeur, entouré d'une douille présentant à sa partie supérieure de nombreux trous qu'on peut fermer plus ou moins au moyen d'une valve. En passant, la vapeur entraîne une certaine quantité d'air. Ce mélange d'air et de vapeur traverse le faux fond, remue énergiquement le liquide acide du baquet et le cément d'argent. Celui-ci, maintenu ainsi en constante agitation, présente une plus grande surface à l'attaque de l'acide. Le courant d'air a, en outre, pour but d'oxyder le cuivre et de permettre sa transformation en sulfate. La charge du baquet est de 100 kg d'argent ; quant au liquide acide, composé d'une partie d'acide sulfurique pour cent parties d'eau, on en met la quantité voulue pour couvrir la charge. L'attaque à l'eau acidulée dure environ 3 heures et est suivie d'un lavage à l'eau et à la vapeur. Le cément est ensuite séché et fondu dans des creusets en plombagine, puis coulé en lingots. Il titre généralement 999 millièmes.

**Traitement des résidus cuivreux.** — Les résidus cuivreux dont on a extrait la plus grande partie de l'argent sont principalement formés d'oxyde de fer et d'oxyde de cuivre. Ils contiennent de 600 à 900 grammes d'or, et environ 1 200 grammes d'argent par tonne. Ces résidus sont mélangés et fondus pour matte avec des minerais aurifères de la première classe, renfermant des pyrites de fer et de cuivre, et avec des minerais tellurés à gangue très siliceuse. L'opération se fait dans le four qui a servi pour la première matte. La charge est composée comme suit :

| | |
|---|---|
| Résidus des baquets de lixiviation . . . . . | 1 825 kg |
| Minerais aurifères crus 1re classe. . . . . . | 1 125 » |
| Minerais » 3e classe. . . . . . . | 400 » |
| Total . . . . . . . | 3 350 kg |

A défaut de minerais tellurés, on augmente la proportion des minerais de la 1re classe.

La charge est introduite dans le four sans mélange préalable, en alternant une brouettée de résidus avec une brouettée de minerai.

**Fusion pour matte blanche.** — La fonte pour matte blanche est conduite comme celle de la première matte.

La matte blanche renferme :

| | |
|---|---|
| Cuivre. . . . . . . . . . . | 60 % |
| Soufre . . . . . . . . . . | 30 % |
| Argent . . . . . . . . . . | 4 kg à la tonne. |
| Or . . . . . . . . . . . . | 1 kg 700 » » |

La scorie pauvre, qui ne contient que 60 grammes d'argent et des traces d'or par tonne, est rejetée. La scorie riche qui est en contact avec la matte et renferme beaucoup de grenailles est repassée dans le lit de fusion. Lorsqu'on a une quantité suffisante de matte blanche accumulée, on la soumet à un rôtissage, pour en obtenir une certaine quantité de matière métallique dans laquelle l'or vient se concentrer.

**Rôtissage de la matte blanche.** — Le rôtissage de la matte blanche est à peu près la même que celui du cuivre noir d'après la méthode galloise. L'opération n'est pas poussée à fond afin de ne produire qu'une petite quantité de cuivre brut, cuivre qui renfermera presque tout l'or contenu dans le lit de fusion, ainsi qu'une faible proportion d'argent. Ce cuivre brut, appelé fonds cuivreux, renferme en moyenne 80 % de cuivre, 3 à 5 % de soufre, ainsi que du fer, du plomb, de l'antimoine et de l'arsenic. Pour une charge de 4 tonnes de matte blanche la durée du rottissage est de 9 heures. Vers la fin de l'opération on élève fortement la température puis, lorsque la fusion est complète, on rable pendant quelques minutes. La coulée se fait dans des moules en sable préparés sur le sol de l'atelier. Le cuivre brut se trouve dans les premiers moules dans la proportion de 270 kg par 3 tonnes de matte. Cette dernière contient environ 75 % de cuivre, 60 grammes d'or et 435 grammes d'argent par tonne, et est appelée *pimple-métal*.

Ce métal doit être soumis à un nouveau grillage.

**Rôtissage du pimple-métal.** — Le pimple-métal est traité comme la matte blanche ; mais son rôtissage produit des fonds cuivreux moins riches en or et en argent que les précédents. Quant à la matte de cette nouvelle opération, elle ne renferme plus de fer, mais 80 % de cuivre, 20 % de soufre, 3 600 grammes d'argent et seulement 8 grammes d'or par tonne. Elle est, par conséquent, traitée par grillage oxydant pour transformer en sulfate l'argent qui y domine. Celui-ci est extrait par lixiviation, comme nous l'avons vu plus haut. Les résidus de ce dernier traitement, qui renferment encore 750 grammes par tonne, sont humides, chargés dans le four de sulfatisation. La charge est d'une tonne. Après

2 heures de chauffe, on ajoute 10 kg de sel, puis on brasse fortement pendant 15 minutes sans pousser davantage l'opération. La matière chlorurée est ensuite lixiviée, comme il a été indiqué dans le procédé de sulfatisation ; seulement, au lieu de prendre tout simplement de l'eau chaude, on prend une solution chaude saturée de sel ordinaire. Enfin, la liqueur chlorurée est conduite dans des bacs de précipitation munis de plaques de cuivre ; quant à l'eau cuivreuse qui reste, on la fait passer dans des bacs remplis de vieille ferraille, sur laquelle le cuivre se précipite.

**Traitement des fonds cuivreux aurifères.** — Lorsque la quantité des fonds cuivreux accumulés est suffisante, c'est-à-dire lorsqu'on en a environ 1500 kg, on en charge un petit four de raffinage. Cette opération a pour but d'éliminer par oxydation le plomb et les autres impuretés et de préparer le métal pour la séparation de l'or. Puis, cette charge est encore soumise à un ressuage à basse température pendant 2 heures, durant lesquelles il s'opère une liquation d'une certaine quantité de plomb qui s'écoule hors du four. La température est ensuite augmentée pendant 3 à 4 heures. C'est dans laps de temps que l'oxydation se produit. On râble la scorie, composée principalement d'oxyde de cuivre et d'oxyde de plomb, et on la repasse dans le lit de fusion pour premières mattes.

On ouvre ensuite toutes les portes pour admettre un excès d'air qui élimine par oxydation le soufre et l'arsenic, et on soumet le métal à un râblage continuel pendant 2 heures. Lorsque le raffinage est terminé, on coule le cuivre, en dirigeant le jet du métal sur une bûche de bois vert placée au-dessus d'un baquet plein d'eau, maintenue à une certaine température. On obtient ainsi de petites boules creuses ayant une ouverture irrégulière, forme qui facilite l'opération ultérieure de l'oxydation à laquelle elles doivent être soumises.

Ces grenailles renferment 30 kg d'or et 18 kg d'argent par tonne.

**Grillage de la grenaille cuivreuse.** — Les grenailles sont soumises à un grillage oxydant dans le four utilisé pour la sulfatisation de l'argent. Elles sont mises en tas sur la sole du four, puis elles sont distribuées uniformément sur toute la surface. Tout en râblant sans cesse, on augmente progressivement la chaleur. Après 36 heures de grillage, on sort quelques grenailles et l'on regarde si elles se laissent pulvériser entièrement. En ce cas l'opération est terminée.

Durant ce grillage, le cuivre s'est transformé en sous-oxyde, de sorte que le poids en a fortement augmenté. Les grains sont noirs à l'extérieur, mais, lorsqu'on les frotte, ils prennent une couleur rouge. Ils sont ensuite traités par l'acide sulfurique qui dissout l'oxyde de cuivre en laissant l'or intact.

**Traitement par l'acide sulfurique des grenailles oxydées.** — Ce traitement s'effectue dans un baquet, revêtu intérieurement de feuilles de plomb et muni d'un double fond, au-dessous duquel arrive le tuyau d'un injecteur d'air et de vapeur, pareil à celui que nous avons vu plus haut. La charge du baquet est de 680 kg de matière et d'une quantité suffisante d'acide sulfurique à 20° Baumé. Après une ébullition d'environ 4 heures, 90 °/₀ du cuivre sont entrés en dissolution. On arrête alors l'arrivée de l'air et de la vapeur et on abandonne le baquet au repos. Lorsque le dépôt s'est fait, on siphonne le liquide surnageant et on introduit une nouvelle charge qui est traitée de la même manière. Dans le but d'éliminer le plus de cuivre possible, on soumet le résidu dans le baquet successivement à deux ou trois charges d'acide sulfurique. Il est ensuite lavé à l'eau, recueilli, séché et fondu dans un creuset en plombagine. L'alliage ainsi obtenu ren-

ferme de 40 à 50 $\%$ d'or et de 20 à 30 $\%$ d'argent. De la solution cuprique on extrait par cristallisation des cristaux de
sulfate de cuivre ; l'eau mère, c'est-à-dire la partie qui
n'abandonne plus de cristaux, sert à la dissolution du cuivre
dans des opérations ultérieures.

# CHAPITRE XVI

Procédé Hauch pour le traitement des minerais tellurés-aurifères. — Traitement pour or et argent des pyrites ayant servi à la préparation de l'acide sulfurique. — Broyage du minerai avec le sel. — Lessivage du minerai chloruré. — Précipitation des métaux précieux. — Précipitation du cuivre.

**Procédé Hauch pour le traitement des minerais tellurés-aurifères (1).** — Les minerais aurifères de Nagyag et d'Offenbourg sont très estimés pour le tellure qu'ils renferment. Ces minerais contiennent, outre le tellure, de l'or et de l'argent, beaucoup de quartz, de carbonate de chaux, de carbonate et de sulfure de manganèse. Extraire le tellure par une solution acide bon marché et facile à l'en séparer, tel a été le but que l'inventeur s'était proposé.

Ces minerais, soumis à un grillage oxydant, perdent par volatilisation une partie du tellure, qui entraîne en même temps de l'or et de l'argent; mais ces derniers peuvent être récupérés par condensation.

Ces minerais contiennent en moyenne :

| | | |
|---|---|---|
| Quartz, de. . . . . . . . . . . . | 30 à 40 | pour cent |
| Carbonate de chaux, de. . . . . . . | 10 à 20 | — |
| Carbonate et sulfure de manganèse, de. . | 15 à 20 | — |
| Sulfure de plomb, de . . . . . . . | 5 à 8 | — |
| Sulfure de cuivre, de . . . . . . . | 1 à 2,5 | — |
| Argile, de. . . . . . . . . . . | 5 à 8 | — |
| Sulfure de zinc, de . . . . . . . | 1 à 4 | — |

(1) D'après *The Metallurgy of Gold*, de M. Eisler.

On y trouve, en outre, du cobalt, du nickel, de l'antimoine, de l'arsenic, du tellure, de l'or et de l'argent.

Pendant le grillage, le carbonate et le sulfure de manganèse sont transformés en oxyde. Sous l'influence de l'acide chlorhydrique cet oxyde donne du chlore.

Le grillage réduit en même temps une grande quantité d'or à l'état libre, de sorte que 50 % d'or peuvent en être extraits par le mercure.

Lorsqu'on traite les minerais grillés par de l'acide chlorhydrique dilué dans des bacs en bois, garnis intérieurement de plomb et munis d'un appareil maintenant la masse en mouvement, il se dégage du chlore qui transforme tous les métaux à extraire en chlorures solubles, à l'exception toutefois de l'argent, dont le chlorure est insoluble.

L'excès de chlore qui se dégage peut être dirigé dans des bacs remplis d'eau, et l'eau de chlore ainsi obtenue peut servir dans la suite pour dissoudre le tellure spongieux. — On soutire la solution des bacs d'attaque, puis on l'additionne d'acide sulfurique qui précipite la chaux et le plomb à l'état de sulfates. — Après repos, le liquide est décanté, puis additionné d'une solution de sulfate de fer. L'or précipité est séparé par filtration et le liquide filtré est traité par du zinc métallique qui précipite le tellure sous forme spongieuse noire.

Le tellure est lavé avec de l'eau acidulée d'acide chlorhydrique, filtré rapidement, puis séché et fondu dans un creuset en platine. On obtient ainsi du tellure brut qui renferme toujours du plomb, du cuivre, du nickel et de l'antimoine.

En dissolvant le tellure directement dans de l'eau de chlore, et en le traitant longtemps par de l'acide sulfurique, on obtient du tellure très pur.

Le minerai ainsi traité contient encore le chlorure d'argent et un peu d'or à l'état de sel soluble. On l'additionne d'une solution de sulfate de fer qui précipite l'or à l'état métallique, ce qui permet de le traiter ensuite par amalgamation et d'en séparer l'argent et l'or qui restent. Il est cependant préférable de le soumettre à une fonte plombeuse.

Un essai pratique fait sur 7 kg de minerai telluré a donné des résultats qui méritent d'être signalés. Ces 7 kg, qui renfermaient 21$^{gr}$,25 d'or et 21$^{gr}$,66 d'argent furent traités de la manière suivante.

On les soumit d'abord à un grillage oxydant dans le moufle d'un four. — Ce grillage les réduisait à 6$^{kg}$,498. Il y avait donc eu une perte de 0$^{kg}$,502 soit de 7,2 %. Et ce minerai grillé ne renfermait plus que 21$^{gr}$,175 d'or et 20$^{gr}$,25 d'argent. Ce qui constituait une perte en or de 0,075, soit 0,35 %, et une perte en argent de 0$^{gr}$,81 soit de 3,87 %.

Sur la totalité de ce minerai grillé, 6 kg seulement furent soumis à un nouveau traitement ces 6 kg représentaient donc ; 19$^{gr}$,55 d'or et 18$^{gr}$,70 d'argent. Cette petite quantité de minerai fut introduite peu à peu et en agitant dans un mélange composé de 3 litres d'eau, de 2 litres d'acide chlorhydrique ordinaire et de 0$^{kg}$,3 d'acide sulfurique concentré. Il s'y produisit une écume abondante et un fort dégagement d'acide carbonique et de chlore. A ce mélange qui, pendant 24 heures, fut continuellement remué, on ajouta ensuite 2 litres d'eau, puis la solution, quoique légèrement trouble, fut décantée après un repos de 2 heures. On renouvela cette opération trois fois. Enfin, les 10 litres et demi de liquide ainsi obtenus furent additionnés de 2 litres d'une solution de sulfate de fer marquant 25° Baumé, et le tout soigneusement remué. Après 24 heures de repos, l'or était entièrement précipité. Le liquide fut ensuite séparé par décantation. La filtration faite, le résidu fut séché et fondu avec un peu de plomb, et enfin, passé à la coupellation.

L'or finalement obtenu pesait 16$^{gr}$,67, ce qui représente 82,2 °/$_0$ de l'or total. — Par une série de lavages on aurait peut-être pu en obtenir 90 °/$_0$.

La solution qui avait servi à la précipitation de l'or fut ensuite additionnée de zinc métallique. 24 heures après, le tellure se trouvait entièrement précipité sous forme d'une masse spongieuse noire. La quantité de tellure obtenue après décantation, filtration du résidu, séchage et fonte, était de 30 grammes, ce qui représente 0,43 °/$_0$ du poids du minerai. — La richesse en tellure d'un minerai augmente avec sa teneur en or. La précipitation du tellure exigea 200 grammes de zinc, c'est-à-dire environ 3 °/$_0$ du poids du minerai soumis au traitement.

Le minerai lixivé ne pesait plus que 5$^{kg}$,25 ; il y avait donc une diminution de poids de 0$^{kg}$,75, soit 12 1/2 °/$_0$ du poids total initial. — Ce résidu essayé contenait 3$^{gr}$,88 d'or et 17 grammes d'argent. — En ajoutant à cet or les 16$^{gr}$,07 obtenus par la précipitation, on trouve 19$^{gr}$,95 d'or, soit un excédent de 0$^{gr}$,40 ou 2 °/$_0$ en plus de la teneur indiquée par l'essai, teneur qui était de 19$^{gr}$,55. Par contre, comme la teneur en argent du minerai grillé indiquée par l'essai avait été de 18$^{gr}$,70, tandis que celle du résidu n'était plus que de 17$^{gr}$,03, il y avait perte de 1$^{gr}$,67, soit de 8,9°/$_0$.

L'argent qui reste dans le résidu pourrait être extrait par lixiviation avec une solution d'hyposulfite et précipité à l'état de sulfure par du sulfure de calcium. Somme toute, cette méthode est très économique, donne de beaux résultats, et pourrait être facilement appliquée sur une plus grande échelle.

## TRAITEMENT POUR OR ET ARGENT DES PYRITES AYANT SERVI A LA PRÉPARATION DE L'ACIDE SULFURIQUE

L'extraction considérable de pyrites de fer destinées à la fabrication de l'acide sulfurique, et desquelles on retire le peu de cuivre qui y est renfermé à l'état de chalcopyrite, ainsi que des traces d'or et d'argent, nous oblige à dire quelques mots sur la manière de retirer ces deux métaux précieux. Les mines d'Espagne et du Portugal fournissent à elles seules les 9/10 des pyrites employées à la fabrication de l'acide sulfurique. Les principales mines sont celles de Rio Tinto, Tharsis et Saint-Domingo.

La composition moyenne de ces pyrites est la suivante :

| | |
|---|---|
| Soufre. . . . . . | 49,00 % |
| Fer . . . . . . . | 43,35 |
| Cuivre . . . . . . | 3,20 |
| Plomb . . . . . . | 0,93 |
| Zinc. . . . . . . | 0,35 |
| Arsenic. . . . . . | 0,47 |
| Chaux . . . . . . | 0,10 |
| Silice . . . . . . | 0,63 |
| Eau . . . . . . . | 0,70 |
| Argent, or, etc. . . | |

Ces pyrites brûlées pour la fabrication de l'acide sulfurique laissent en moyenne 70 % de résidus dont la teneur est à peu près celle-ci.

| | |
|---|---|
| Fer . . . . . . . | 58,25 % |
| Cuivre . . . . . . | 4,14 |
| Soufre . . . . . . | 3,76 |
| Plomb . . . . . . | 1,14 |
| Zinc. . . . . . . | 0,37 |
| Arsenic. . . . . . | 0,25 |
| Chaux . . . . . . | 0,25 |
| Silice . . . . . . | 1,06 |
| Oxygène . . . . . | 26,93 |
| Or, argent, etc. . . | |

Le procédé employé dans plusieurs usines européennes consiste à soumettre ce minerai grillé à un grillage chlorurant ; à lixiver la masse obtenue pour en extraire les chlorures formés, à précipiter les métaux précieux de la solution par l'iodure de potassium, et le cuivre par le fer spongieux, le fer métallique ou l'hydrogène sulfuré.

**Broyage du minerai et mélange avec le sel.** — Avant de broyer le minerai et d'y incorporer le sel, on doit en faire l'analyse pour se rendre compte des proportions de soufre et de cuivre y contenus, afin d'obtenir un mélange exact de divers minerais, mélange dont dépend la bonne marche de l'opération. La teneur en soufre doit, en général, être égale à celle en cuivre.

Les cendres de pyrites sont broyées dans un broyeur de Cornouailles, formé de plusieurs paires de cylindres en acier ou en fonte dure. Le produit du broyage est tamisé dans des tambours formés de toiles métalliques ayant des ouvertures de 2 à 3 millimètres de diamètre. Le fin est directement envoyé au four, et le reste repassé au broyeur : comme le sel est ajouté au minerai pendant le broyage, le mélange est bien homogène. La proportion de sel ajouté varie, suivant le minerai, de 12 à 20 % du poids de ce dernier. Si le minerai est pauvre en soufre, il faut y ajouter un peu de pyrites crues ; si, au contraire, sa teneur en soufre est trop élevée, il faut l'additionner de cendres très grillées. Le grillage chlorurant s'effectue dans différents genres de fours dans la description desquels nous n'entrerons pas ici. En général, on se sert du four à réverbère et du four à moufle. Les fours à cylindres tournants ne sont pas encore très répandus en Europe. Lorsque le grillage a été bien fait, tout le cuivre doit être à l'état de chlorure soluble, à l'exception toutefois de 0,06 à 0,08 %, qui restent insolubles. Pendant le grillage, il se dégage une grande quantité d'acide chlorhydrique et de chlore. Ceux-ci sont conduits, avec les fumées métalliques et les poussières qui s'échappent, dans une chambre à poussières suivie d'une tour de condensation. La première a environ 20 à 25 mètres cubes de capacité. Elle est construite en briques et réunie, par un conduit également fait en briques, à la tour de condensation dans laquelle on recueille les acides très faibles.

**Lessivage du minerai chloruré.** — Le lessivage du minerai se fait dans des grands bacs en bois de première qualité, qui mesurent environ 3 mètres de côté et ont 1m,25 de profondeur. Les pièces de ces bacs doivent être soigneusement réunies et consolidées par des chevilles en bois. Ces récipients sont munis d'un double fond en solides madriers, sur lequel est étalée une couche de roseaux ou de paille qu'on couvre d'une légère couche de minerai déjà lavé. Dans les parois verticales et entre les deux fonds sont percés un ou plusieurs trous destinés à l'écoulement du liquide saturé. La charge d'un bac est de 10 à 15 tonnes de minerai calciné. Le premier lessivage se fait généralement à l'eau chaude ou avec les liqueurs venant de la précipitation, et les suivants se font avec les liqueurs des tours de condensation additionnées d'une certaine quantité d'acide chlorhydrique. Enfin, pour le dernier lavage on prend ordinairement de l'eau chaude. Cette eau de lavage ne doit plus se colorer en bleu par l'ammoniaque. Le lessivage peut être intermittent ou continu ; chaque liqueur doit rester en contact de 5 à 10 heures. Le minerai épuisé par ces lavages est très recherché par l'industrie sidérurgique : il renferme en moyenne de 59 à 60 % de fer. Quant au cuivre, il ne doit pas en contenir plus de 0,05 à 0,10 %.

On ne traite que les premières liqueurs pour les métaux précieux.

**Précipitation des métaux précieux.** — Les liqueurs sont conduites dans des bacs dans lesquels se déposent les impuretés entraînées. Lorsqu'elles sont suffisamment limpides, ce qui a lieu après 24 à 36 heures, elles sont dirigées dans les bacs de précipitation. Là, l'argent est dosé. A cet effet, on prend un volume détermi-né de la solution à précipiter, et on l'additionne d'acide chlo-rhydrique, d'iodure de potas-sium et d'acétate de plomb. Le précipité est recueilli par fil-tration, lavé, puis séché et fondu avec de la soude, du borax et du charbon en fine poussière, ou mieux encore avec du noir de fumée. Le plomb argentifère obtenu est ensuite coupellé. Le bouton qu'on en obtient représente l'argent qui était contenu dans la quantité traitée et servira à calculer la dose de iodure de potassium à ajouter aux li-queurs pour précipiter la to-talité des métaux précieux. Ce procédé, dû à M. Claudet, est basé sur la précipitation et l'insolubilité absolue de l'io-dure d'argent.

On ajoute donc dans les bacs de précipitation la quan-tité nécessaire d'iodure de potassium dissoute dans l'eau, tout en remuant constamment le liquide dans le bac au moyen

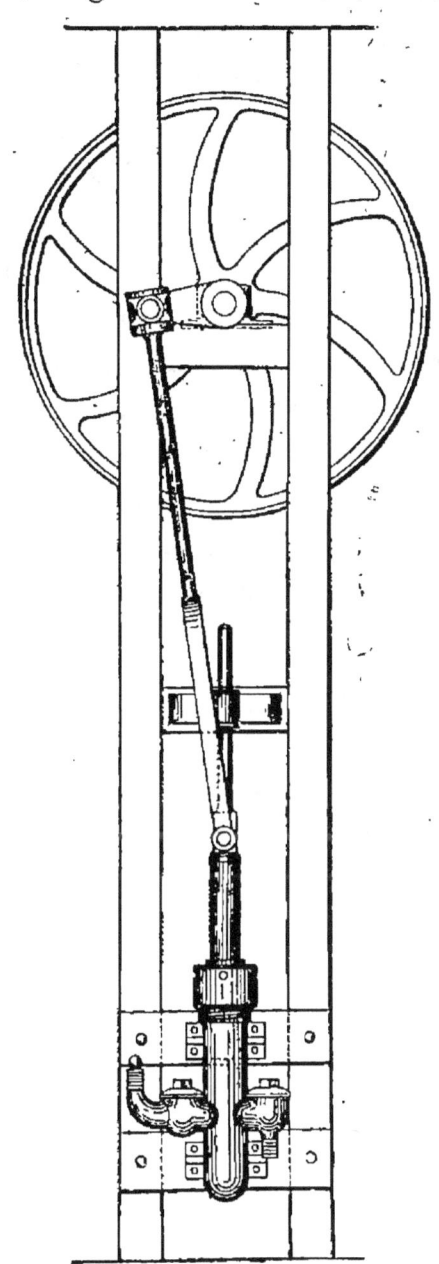

Fig. 101. — Pompe en caoutchouc durci avec piston plongeur et sou-papes en caoutchouc.

d'une pompe, qui puise les liqueurs au fond pour les reverser à la

16

surface. Après un repos de 40 heures les iodures métalliques
sont complètement déposés. La solution cuivreuse désargentée
est alors décantée et envoyée avec les autres eaux de lavage
du minerai aux bacs de précipitation du cuivre. On répète
l'opération plusieurs fois dans le même bac avant d'y récolter
le dépôt qui est ensuite soigneusement lavé à l'eau chaude,
dans un autre bac, pour éliminer les sels solubles qu'il renferme. Le lavage terminé, on verse dans le bac de l'acide
chlorhydrique étendu et on y ajoute des feuilles de zinc en
excès, puis on y fait passer un courant de vapeur. Lorsque la
réduction est complète et que tout l'iode des iodures précipités
a été converti en iodure de zinc, on décante la solution claire
— elle pourra reserver pour les précipitations ultérieures —
et on lave le dépôt qui est ensuite séché et traité par fonte
plombeuse. Ce dépôt renferme généralement 5 % d'argent et
tout l'or du minerai précipité par l'iodure à l'état d'iodure
aureux.

**Précipitation du cuivre.** — Le cuivre des solutions
désargentées est réduit par cémentation au moyen de vieille
ferraille ou de fer spongieux préparé avec du purple-ore. On
peut aussi le précipiter à l'état de sulfure par un courant
d'hydrogène sulfuré.

# CHAPITRE XVII

FONTE DE L'OR ET TRAITEMENT DES PLOMBS D'ŒUVRE

a) La fonte de l'or. — Les fourneaux. — Les creusets. — Les combustibles. — Les fondants. — La fusion. — Le raffinage. — Le raffinage au chlore par le procédé Miller.
b) Traitement des plombs d'œuvre. — La coupellation allemande. —
La coupellation anglaise.

**Fonte de l'or.** — Le bullion venant des mines est vendu
aux monnaies et à des établissements privés. Il est payé
d'après son titre. Pour rendre la masse bien homogène avant
d'en prélever l'échantillon qui servira à fixer sa valeur, on lui
fait d'abord subir une première fusion. — Nous étudierons
donc ici la fonte qu'on fait subir à l'or venant des mines, ou
aux mines mêmes, puis l'épuration et le raffinage.

**Les fourneaux.** — Les fourneaux généralement utilisés
dans les monnaies et les grands établissements privés, sont
formés de deux enveloppes en fonte, séparées entre elles par
un revêtement en briques ordinaires. Quant au revêtement
intérieur du fourneau, il est construit en briques réfractaires.
Ce four est pourvu de portes à glissières également en fer et
garnies de briques. Afin de pouvoir aisément faire les répara-
tions, et aussi pour pouvoir en extraire l'or qui a pu y être
entraîné, soit par volatilisation, soit par projection, le revêtement en briques réfractaires peut être facilement enlevé. Pour
fondre de petites quantités d'or, on se sert aussi du fourneau
de Sefström, qui se compose de deux cylindres séparés par un
vide dans lequel le vent d'une soufflerie pénètre par un ajutage

pour se rendre de là dans le foyer proprement dit, en traversant des tuyères aménagées dans le revêtement en terre réfractaire du cylindre intérieur. Sur un support en terre réfractaire placé au milieu du foyer se trouve le creuset.

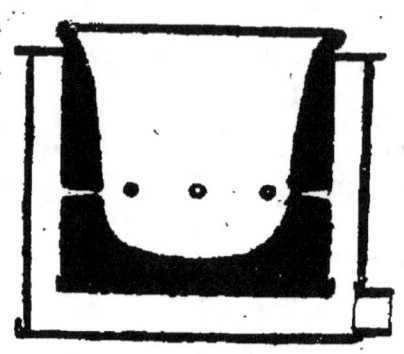

Fig. 102. — Four de Sefstrom.

Un excellent four, pour la fonte aux mines mêmes, est le petit four à réverbère démontable, du même genre que celui employé pour la fonte des essais. Ce four convient surtout aux mines éloignées pour lesquelles les transports sont difficiles, car étant construit en sections, il est facile à emballer.

Ces derniers fourneaux suffisent pour fondre de 4 à 5 kg d'or.

**Creusets.** — On emploie pour la fonte de l'or différents numéros de creusets en plombagine dont le plus grand peut en contenir 25 kg. Suivant la nature du bullion, ces creusets peuvent faire 15 à 25 fusions. Ils doivent toujours être tenus à l'abri de l'humidité, le plus près possible des fours. Avant de les placer dans le feu pour les charger, il faut les recuire soigneusement. A cet effet, on les chauffe préalablement en les tenant renversés sur le foyer.

**Combustibles.** — Comme combustible, on doit donner la préférence au charbon de bois ou au coke, brûlant sans flamme et donnant peu de mâchefer qui adhère aux creusets. L'emploi des fourneaux à gaz, qui sont plus propres à conduire et qui donnent d'excellents résultats, se répand tous les jours davantage.

**Fondants.** — Les principaux fondants sont : le borax,

préalablement calciné, le nitrate de potasse, le bicarbonate de soude et le verre.

**Fusion**. — L'or, tel qu'il arrive des mines, que ce soit sous forme de poussières ou de pépites, ou sous forme de masse spongieuse des cornues de distillation de l'amalgame doit, pour être coulé en lingot et débarrassé d'une partie de ses impuretés, être soumis à une première fusion avec du borax. Avant de le raffiner, on lui fait donc subir une épuration grossière. Cette première épuration consiste à éliminer le plomb par oxydation et le fer par sulfuration. La quantité du dernier métal entraîné mécaniquement par le mercure est considérable. Pour le débarrasser en partie du plomb et des autres métaux oxydables, on maintient le métal en fusion et l'on verse à sa surface des cendres d'os. Celles-ci, en s'agglomérant, y forment une croûte qu'on perce avec une tige en fer. Par l'ouverture ainsi pratiquée on fait tomber sur le métal des cristaux de salpêtre. Ces cristaux donnent lieu à une effervescence que l'on prolonge pendant un certain temps par addition répétée d'autres cristaux. La surface du métal est ensuite remuée et entièrement écumée. Le fer peut être éliminé en projetant du soufre contre les parois intérieures du creuset et en remuant l'or en fusion avec une mouvette en plombagine. Cette agitation doit être renouvelée après chaque addition de soufre jusqu'à ce qu'on juge l'opération terminée. A ce moment, on sort le creuset du four et on le laisse refroidir avec son contenu. Le sulfure de fer qui a pu se produire, étant plus léger que l'or, reste à la surface de ce métal. Après refroidissement, on renverse le creuset. Comme l'or se contracte beaucoup par le refroidissement, le contenu du creuset en sort très facilement. On débarrasse l'or du sulfure avec un marteau. Lorsque l'or contient de l'argent, métal qui a une grande affinité pour le soufre, il y a toujours une certaine perte de ce métal.

16*

Nous croyons qu'il serait utile de remplacer dans cette épuration le soufre par un courant d'hydrogène sulfuré. A cet
effet, il faudrait employer un appareil dans le genre de celui
de M. Miller pour le chlore, appareil que nous apprendrons à
connaître par la suite. Ce procédé que nous avons appliqué
à la séparation de divers métaux pourrait, en certains cas,
donner d'excellents résultats.

**Raffinage de l'or.** — L'or provenant des usines de cyanuration et de chloruration, quoique beaucoup plus pur que
celui des usines d'amalgamation et des lavages, est toujours
cassant. Il suffit, en effet, de la présence de quantités presque
inappréciables de plomb, d'antimoine, d'arsenic et de bismuth
pour rendre l'or impropre à la frappe de monnaies, au battage

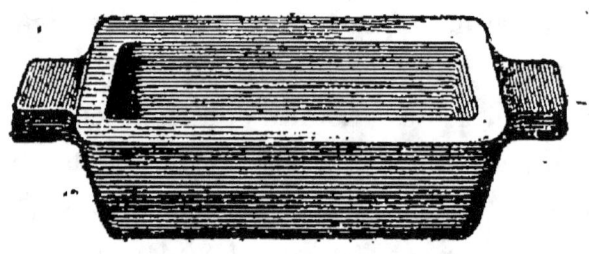

Fig. 103. — Lingotière.

en feuilles et à la plupart des usages auxquels on le destine.
En ce cas, il n'offre aucune résistance et se casse au moindre
effort. Pour le rendre ductile et malléable, il faut donc le débarrasser des métaux nuisibles qu'il renferme. Cette opération,
appelée raffinage, se pratique ainsi : On fond le métal précieux
dans un creuset en plombagine et, lorsque la masse est en
fusion, on projette à sa surface d'abord du chlorhydrate d'ammoniaque, puis du bichlorure de mercure. Ce dernier s'ajoute par
petites portions, en refermant immédiatement la porte du four,
afin d'éviter de respirer les vapeurs mercurielles excessive-

ment toxiques. Le bichlorure de mercure transforme les bas métaux en chlorures volatils qui se dégagent. Pour se rendre compte si l'opération est terminée, on prélève avec une petite poche en plombagine préalablement chauffée une petite quantité de métal qu'on verse dans une lingotière plate. Après refroidissement, on essaie le lingot en le ployant sur lui même avec un marteau. S'il ne donne aucune faille, il est bon à être coulé, et le raffinage est terminé. On recouvre alors le métal d'une couche de charbon en poudre et on le coule dans des lingotières appropriées.

Nous voici arrivés au procédé de raffinage Miller, qui est également basé sur l'élimination des métaux nuisibles à l'état de chlorures volatils. M. Miller a remplacé le bichlorure par un courant de chlore gazeux.

**Raffinage par le chlore**. — Ce procédé est destiné à éliminer de l'or les métaux tels que l'arsenic, l'antimoine et le plomb. Ces métaux, déjà en très petites doses, rendent l'or cassant et inutilisable pour la frappe des monnaies, le battage en feuilles et ses principaux emplois.

Nous avons déjà vu que l'or natif est rarement exempt d'argent et qu'il renferme souvent des petites quantités de cuivre et de fer.

L'or provenant des mines où on utilise le procédé au mercure contient souvent de l'arsenic, de l'antimoine et du plomb. Ou ces métaux ont été absorbés par le mercure en même temps que l'or ou ils s'y trouvaient déjà à l'état d'impuretés. Le chlore jouit d'une affinité très énergique pour tous ces métaux. Mis en présence du chlore, le plomb, le zinc et l'antimoine sont, à la température ordinaire, rapidement transformés en chlorures. L'argent se combine lentement avec le chlore à la température ordinaire, mais à chaud la réaction devient énergique.

Le chlorure d'argent et le chlorure de cuivre sont peu volatils, tandis que le chlorure d'antimoine, de zinc et de plomb le
sont beaucoup. De sorte que, si l'on fait passer un courant de
chlore dans de l'or maintenu en fusion, les chlorures d'antimoine, de zinc et de plomb qui se forment sont vivement
volatilisés.

Les chlorures d'argent et de cuivre peu volatilisables étant
plus légers que l'or, montent à la surface du métal et se mé-
langent au borax, ce qui permet de maintenir le chlorure
d'argent pendant longtemps en fusion sans pertes sensibles.

Il faut éviter l'emploi de creusets en plombagine, car ils ne
résistent pas à l'action corrosive des chlorures et des fondants.

On emploie des creusets en terre rendus imperméables au
chlorure d'argent, corps très fluide à chaud, de la manière
suivante : on remplit le creuset d'une solution concentrée et
bouillante de borax ; après quelques minutes on en retire le liquide et on laisse sécher le creuset.

Pour éviter les pertes que pourrait occasionner la rupture
du creuset, on le met dans un creuset plus grand, en plombagine. Le creuset étant placé dans le four et porté au rouge
sombre, on y introduit la quantité d'or à affiner ; quand le
métal est en fusion, on y ajoute environ 0,4 % de borax préalablement fondu. Puis, on chauffe le tube en terre de pipe
destiné à amener le chlore dans le métal et on le plonge doucement dans l'or en prenant la précaution de laisser passer du
chlore pour empêcher le métal de monter dans le tube. L'extrémité de ce tube doit presque toucher le fond du creuset.

Un rapide courant de chlore passant par ce tube fait immédiatement sortir des fumées du creuset. S'il y a du plomb, celles-ci
sont très denses. Ces fumées cessent petit à petit et dans un
temps déterminé, par la quantité d'impuretés. Tant qu'il

reste de l'argent non combiné, le chlore est presque totalement absorbé. L'affinage est terminé lorsqu'on voit apparaître d'abondantes vapeurs jaunâtres. C'est le chlore en excès qui traverse le métal en fusion. Pour s'assurer que c'est du chlore et non des chlorures qui se volatilisent, on examine sur un fond blanc ces vapeurs dont la coloration doit être d'un jaune brun net. Le courant de chlore est aussitôt arrêté, puis on sort le creuset du four pour le laisser refroidir jusqu'à la solidification de l'or. Après on verse dans une lingotière bien sèche le chlorure d'argent qui reste beaucoup plus longtemps liquide. L'or obtenu est de l'or fin. Quant au chlorure d'argent, il renferme environ 2 % d'or qu'on peut recupérer en fondant le chlorure avec 10 % d'argent en feuilles. Le chlorure d'or est réduit; l'or mis en liberté tombe au fond du creuset où il forme

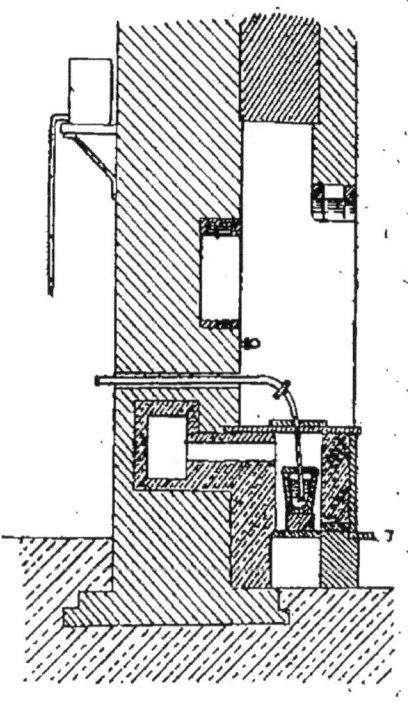

Fig. 104. — Appareil du procédé Miller.

un globule. On laisse alors refroidir quelques instants, c'est-à-dire jusqu'à solidification de l'or, puis on verse le chlorure d'argent dans des lingotières de forme spéciale.

Ces lingots de chlorure d'argent sont réduits au moyen du zinc par le procédé ordinaire.

L'emploi du chlore, qui est très économique, remplace fort avantageusement l'ancien procédé de raffinage au bichlorure de mercure qui donnait lieu à des vapeurs mercurielles dangereuses.

D'après M. Miller, les pertes en or dans le raffinage au chlore sont de 19 parties d'or pour 100 000 parties traitées ; et les pertes en argent de 240 parties pour 100 000 parties d'alliage en prenant comme base d'estimation un alliage à 10 °/₀ d'argent.

Par le procédé au chlore, on obtient de l'or variant de 991 à 997 millièmes. La moyenne est de 993,5. Les autres millièmes sont de l'argent.

En faisant subir à l'or un second raffinage, on arrive à diminuer encore la quantité d'argent.

L'argent obtenu varie de 918,2 à 992 millièmes. La moyenne est de 965,6.

L'analyse d'un échantillon d'argent provenant du raffinage d'or ayant contenu du cuivre, du plomb, de l'antimoine, de l'arsenic, du zinc et du fer avant ce traitement, a donné :

| | |
|---|---|
| Argent. . . . . . . . . . | 972, 3 °/₀₀ |
| Cuivre. . . . . . . . . | 25, 0 |
| Or, . . . . . . . . . . | 2. 7 |
| Zinc et fer. . . . . . . . . | traces. |

## TRAITEMENT DES PLOMBS D'ŒUVRE

Séparer par coupellation l'or et l'argent du plomb est une opération métallurgique d'une grande importance. Cette opération est basée sur le fait qu'à l'état de fusion ces deux métaux précieux ne donnent ni vapeurs perceptibles ni oxydes, tandis que le plomb se combine très rapidement avec l'oxygène de l'air et donne un oxyde fusible, très fluide, qui dissout et entraîne les autres oxydes métalliques. Il se forme des litharges pauvres et des litharges riches. Ces dernières sont revivifiées et produisent un plomb pauvre que l'on soumet de nouveau à la coupellation, après enrichissement par cristallisation.

Il suffit donc, pour opérer cette séparation, d'exposer l'alliage fondu à l'action d'un courant d'air dans un four à réverbère dont la sole est remplacée par une coupelle. Deux méthodes de coupellation sont actuellement en usage : la méthode allemande et la méthode anglaise. La première utilise une coupelle non absorbante. Cette coupelle, qui autrefois était faite en *marne* artificielle composée d'argile et de calcaire, est aujourd'hui remplacée par des coupelles en ciment hydraulique de Portland — La seconde emploie une coupelle absorbante en cendre d'os qu'on tend à remplacer par du phosphate de chaux naturel dont le prix est beaucoup moins élevé. Dans la méthode anglaise on se sert aussi, comme nous le verrons plus loin, d'un four mieux conditionné.

**Coupellation allemande.** — Le four qu'on y emploie est un four à reverbère, à sole circulaire, surmontée d'un dôme mobile que les affineurs peuvent enlever à l'aide de moufles, de manière à pouvoir renouveler la coupelle en marne qui repose sur la sole. Le bord de cette coupelle est muni d'une petite coupure (rigole) destinée à l'écoulement de la litharge au fur et à mesure que celle-ci se forme. Une échancrure placée du côté opposé de cette voie d'écoulement permet le passage de deux tuyères.

La coupelle étant chargée, on active le feu pour obtenir en quelques heures une fusion complète. Lorsque le four est devenu rouge sombre, le plomb se couvre d'une couche de scories pâteuses que l'on peut facilement faire écouler.

Au bout d'un certain temps, on enlève avec un râble en bois les scories réfractaires à la fusion, puis on commence par y donner du vent par petites quantités. Il faut également enlever avec le râble les oxysulfures formés par les sulfures renfermés dans le plomb. Peu à peu on obtient ainsi des litharges qui s'écoulent d'elles-mêmes. Quand le four est arrivé au rouge vif, on y donne davantage de vent. Ce dernier doit être dirigé sur la surface de la litharge et du métal de manière à y former des vagues régulières. Ces ondulations facilitent davantage encore l'écoulement de la litharge par

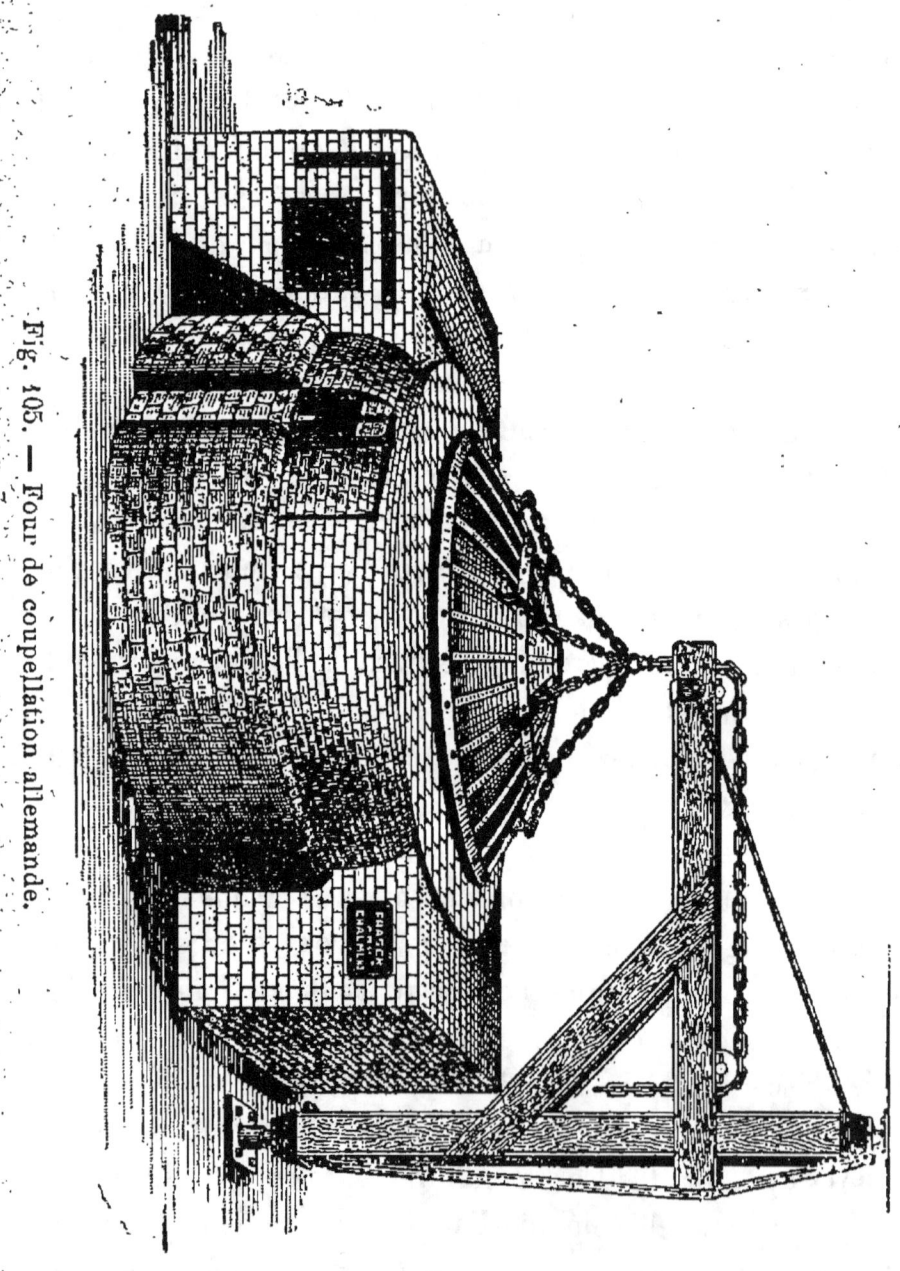

Fig. 105. — Four de coupellation allemande.

la rigole dont il faut toujours avoir soin de maintenir le fond à la hauteur de l'oxyde.

Plus l'opération approche de sa fin, plus la proportion de l'alliage entraîné est grande, ce qui oblige de conserver séparément les premières et les dernières litharges. Cet alliage de plomb et de métaux précieux possède, pendant la coupellation, une température plus élevée que celle du four.

L'opération est terminée lorsque la surface du métal réfléchit la couleur de la voûte du four. C'est le moment de cesser le feu, de prendre le métal et d'en activer le refroidissement avec un peu d'eau. — Ensuite, on débâche le gâteau d'or et d'argent au moyen d'une barre de fer et on le débarrasse avec un marteau des morceaux de scories et de coupelle qui y adhèrent.

Cet alliage d'or et d'argent, qui renferme environ 2 % de plomb, doit être raffiné par coupellation dans des coupelles en cendres d'os, ou par fusion sous une couche de nitre dans des creusets en plombagine.

Pour une charge de dix tonnes, une coupelle de 3 mètres de diamètre sur 0,30 de profondeur suffit.

**Coupellation anglaise.** — Le four dont on se sert en Angleterre est à sole mobile. Celle-ci est formée par la coupelle portée par un chariot muni d'un système de calage permettant de la monter ou de la descendre à volonté. Le chariot chargé de la coupelle est introduit par l'arche du four et placé de manière à ce que la coupelle constitue la sole du four. Cette coupelle est de forme elliptique. Son grand axe est parallèle au pont de chauffe. Elle est formée de cendres d'os soigneusement pulvérisées et additionnées de cendres de fougères ou de cendres perlées d'Amérique ; ces cendres alcalines ont pour but de donner plus de consistance à la coupelle lorsqu'elle sera chauffée au rouge. Le mélange, préalablement humecté, est tassé au moyen d'un maillet en bois dans un cadre métallique ayant la forme de la coupelle. Une fois le

17

cadre rempli et le tassement dûment fait, on creuse avec un

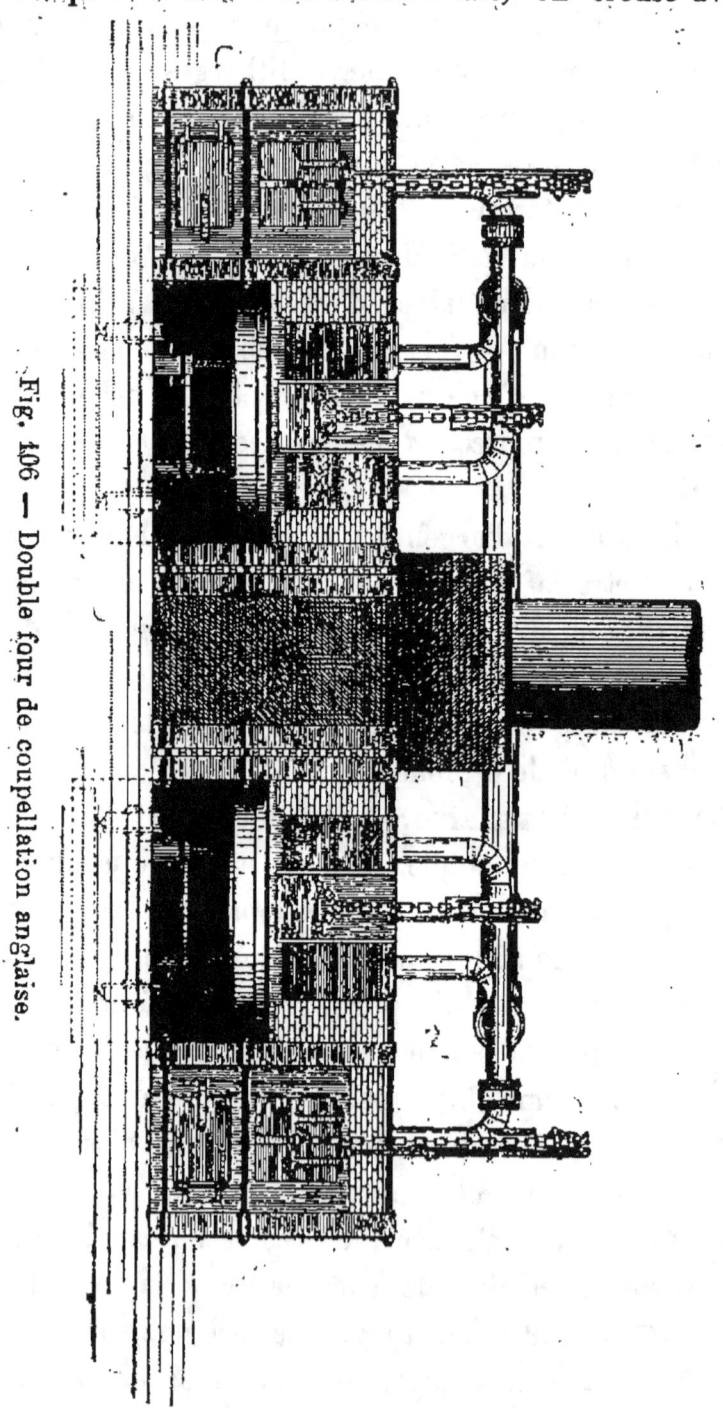

Fig. 106 — Double four de coupellation anglaise.

truelle une concavité de la grandeur voulue, en ayant toute

fois soin de donner assez d'épaisseur aux parois. A la pointe de la coupelle, du côté opposé à la soufflerie, la paroi devra avoir le plus d'épaisseur; car à cet endroit elle sera percée d'un trou rond auquel on fera communiquer les rigoles d'écoulement des litharges, creusées au fur et à mesure de la marche de l'opération.

L'élimination de la litharge se fait d'ailleurs non seulement par l'action de l'air projeté à la surface du métal, comme dans le procédé précédent, mais encore par la puissance d'absorption de la coupelle formée de cendres d'os qui, comme nous l'avons vu au chapitre *Essais*, ont la propriété d'absorber la litharge.

Avant d'introduire la coupelle dans le four, il faut ralentir le feu, afin d'éviter qu'elle ne se crevasse. Pour prévenir cet inconvénient, on la sèche d'ailleurs auparavant à une douce chaleur. Lorsqu'on veut coupeller des plombs auro-argentifères, on les fond au creuset dans un four peu éloigné du four de coupellation. Ce dernier étant porté au rouge, on coule le plomb dans la coupelle jusqu'à ce qu'elle soit pleine. On donne alors du vent, et, l'oxydation commence immédiatement. La scorie jaunâtre qui se forme d'abord à la surface du métal ne tarde pas à laisser celui-ci à découvert, grâce à l'augmentation de la chaleur, et à faire place à une mince couche de litharge fondue.

La première litharge formée est absorbée par la coupelle qui en est vite saturée. Le surplus est ensuite entraîné par la soufflerie vers la rigole et coule dans un récipient en fer placé sur le sol. Suivant la production de litharge on ajoute, au fur et à mesure, du

Fig. 107 — Barre à litharge utilisée pour les fours de coupellation.

plomb liquide par une ouverture ménagée dans le four,
et pourvue d'une rigole chargée d'amener le plomb jusque dans la coupelle.

Si l'or renferme beaucoup d'argent, il se passe à la fin de
l'opération, c'est-à-dire pendant le refroidissement, un phénomène qu'on appelle *rochage*. La surface du métal qui
s'agite se couvre d'une quantité de petits cratères de plusieurs
centimètres de hauteur, desquels un jet d'oxygène lance avec
violence des particules de métal. Ce phénomène provient de la
propriété que possède l'argent maintenu en fusion d'absorber
six fois son poids d'oxygène. C'est cet oxygène qui est expulsé
avec violence au moment de la solidification. Si l'on ne
veut pas laisser le métal se solidifier dans la coupelle, on peut
baisser cette dernière, sortir le chariot et couler le métal dans
des lingotières dont on recouvre la surface libre avec une
planche pour éviter les pertes qu'occasionnent les projections
dues à l'oxygène.

# CHAPITRE XVIII

## AFFINAGE DES MÉTAUX PRÉCIEUX (1.)

a) Le procédé à l'acide nitrique. — Inquartation. — Dissolution dans l'acide nitrique. — Précipitation de l'argent à l'état de chlorure. — Réduction du chlorure d'argent. — Traitement de l'or. — Fonte et raffinage de l'or affiné. — Raffinage par le procédé H. Becker. — Fonte et raffinage de l'argent affiné.

b) Le procédé à l'acide sulfurique. — Description des appareils. — Dissolution de l'argent et des bas métaux dans l'acide sulfurique. — Purification des sédiments aurifères. — Epuration de la solution de sulfate d'argent. Traitement des sédiments. — Epuration de l'argent précipité.

c) Le procédé Gutzkow. — Dissolution dans l'acide sulfurique. — Réduction du sulfate d'argent par le sulfate de fer.

d) Affinage électrolytique par le procédé Moebius.

Traitement pour or et argent des scories et résidus divers.

## INTRODUCTION

L'affinage des métaux précieux a pour but de séparer l'or et l'argent des alliages, et non pas seulement de séparer l'or renfermé en minime quantité dans l'argent, ou l'inverse. Les procédés d'affinage, qui ont tant progressé avec l'industrie chimique, étaient inconnus aux anciens qui, ainsi que le démontrent leurs monnaies et objets, n'employaient guère que l'or et

(1) Les lecteurs trouveront de plus nombreux détails sur l'affinage des métaux précieux dans les ouvrages de M. Th. Egleston et dans « L'Or » de MM. Cumenge et Fuchs. Nous y avons puisé d'intéressants renseignements.

l'argent natif. Plus on s'éloigne de notre époque, plus les objets en argent renferment de l'or. L'oxydation par fusion prolongée au contact de l'air, le nitrate de potasse, le sulfure d'antimoine, etc., furent essayés tour à tour pour séparer l'or des bas métaux.

Le premier procédé d'affinage par les acides date de la seconde moitié du $xv^e$ siècle ; c'est le procédé à l'acide nitrique, encore employé parfois, mais qui, depuis 1820, a été presque partout remplacé par le procédé à l'acide sulfurique, beaucoup plus économique et beaucoup plus pratique. Il suffit qu'un alliage de cuivre et d'argent contienne 0,0004 d'or pour être affiné avec bénéfice. Et c'est par milliards qu'on peut évaluer l'argent aurifère affiné depuis l'invention de ce procédé.

Nous étudierons dans ce chapitre le procédé à l'acide nitrique employé encore concurremment avec celui à l'acide sulfurique, le procédé à l'acide sulfurique, le procédé Gutzkow, et enfin le procédé électrolytique de Moebius.

Tous ces procédés sont basés premièrement, sur ce que le cuivre et l'argent sont transformés par l'acide nitrique ou sulfurique en nitrates ou sulfates solubles, en laissant l'or inattaqué ; et secondement, sur ce que l'argent peut être précipité de ses solutions de nitrate ou de sulfate soit à l'état de chlorure insoluble par addition d'eau salée, soit à l'état d'argent métallique, au moyen de cuivre ou par électrolyse. Le sulfate d'argent cristallisé peut aussi être réduit par le sulfate ferreux.

**Procédé à l'acide nitrique.** — Cette méthode est encore communément employée dans les affineries anglaises. Pour que l'argent d'un alliage aurifère se dissolve dans l'acide nitrique, il faut qu'il renferme au moins trois parties d'argent et une partie d'or. Lorsque l'alliage ne présente pas cette proportion, on doit ajouter l'argent nécessaire pour l'obtenir. Ce mélange fondu est grenaillé, puis la grenaille est traitée par l'acide nitrique et le résidu insoluble est bouilli avec de l'acide sulfurique, puis fondu ; quant à la solution, elle est précipitée au moyen d'une solution salée, et le chlorure d'argent réduit à l'état métallique, puis fondu. — Voyons de plus près ces diverses opérations.

**Inquartation.** — Pour ramener l'alliage aurifère dans la proportion nécessaire à la bonne marche de l'opération, on le mélange, si possible, avec de l'argent aurifère ou, lorsqu'on n'en a point à sa disposition, avec de l'argent ordinaire, afin d'obtenir trois parties d'argent sur une partie d'or. Ce mélange est fondu dans un creuset en plombagine placé dans un des fours décrits. Quand la masse est en fusion, on la remue avec une barre de fer, de manière à la rendre bien homogène, ce qui est de toute importance pour l'affinage.

A l'aide d'une poche en plombagine ou en tenant le creuset avec une pince, si la quantité de métal n'est pas forte, on fait couler d'une certaine hauteur un mince filet de ce métal dans un baquet d'eau froide. Dans les usines d'affinage importantes, on coule le métal dans une bassine en cuivre percée de trous, et suspendue dans un baquet dans lequel on fait passer un courant d'eau froide. Une fois la coulée terminée, on sort la bassine et on la laisse s'égoutter. Les grenailles ainsi obtenues, offrant une surface d'attaque plus considérable à l'acide, activent, par conséquent, l'opération.

**Dissolution dans l'acide nitrique.** — Dans les usines peu importantes, ces grenailles sont traitées avec l'acide nitrique dans des cornues en verre qu'on place sur un bain de sable sous une cheminée à fort tirage. Pour l'affinage sur une plus grande échelle, on emploie des grands pots en terre émaillée, ayant généralement 0ᵐ,50 de diamètre et 0ᵐ,50 de

profondeur. Ces récipients sont chargés en quantités égales, de
métal et d'acide nitrique marquant 40° Beaumé, puis placés
sur une claie de bois, posée sur le fond d'un bac qui est intérieurement revêtu de feuilles de plomb. Ce bac est rempli d'eau
jusqu'à une hauteur déterminée par un trou d'écoulement. Celle-
ci reste donc toujours au même niveau. Un tube percé de nombreux petits trous et qui longe les parois du bac, permet de
chauffer celui-ci à la vapeur. Ce bain-marie est placé dans une
sorte de hotte en bois munie de portes qui permettent de brasser
le mélange de temps en temps ou, mieux encore, à intervalles
fixes. On peut traiter environ 60 kilogrammes dans chaque pot.

Le mélange est maintenu en ébullition pendant une journée
entière, et on laisse la digestion s'opérer pendant la nuit. Au
lendemain, on remplit d'eau les pots jusqu'à quelques centimètres des bords et l'on siphone la solution argentique.
Après avoir remplacé celle-ci par une nouvelle charge de
30 kg d'acide nitrique, on fait de nouveau bouillir durant
une journée. On laisse ensuite reposer, puis on soutire le liquide et on le met à part, car l'acide n'étant pas saturé peut
être utilisé de nouveau. L'or resté dans les pots est lavé avec
de l'eau pure, qu'on remplace plusieurs fois en la siphonant.

Enfin, l'or spongieux ainsi obtenu est versé sur un filtre en
toile sur lequel on le lave jusqu'à ce que l'eau qui s'écoule n'ait
plus de réaction acide.

Le cuivre et l'argent dissous dans l'acide nitrique pendant
l'opération donnent des nitrates d'après les formules :

$$Ag + NO^3H = AgNO^3 + H$$

Argent　　　Acide　　　Nitrate　　　Hydro-
　　　　　　nitrique　　d'argent　　gène

$$Cu + 2(NO^3H) = Cu(NO^3)^2 + H^2$$

Cuivre　　　Acide　　　Nitrate　　　Hydro-
　　　　　　nitrique　　de cuivre　　gène

L'or resté indissous doit subir un nouveau traitement.

**Précipitation de l'argent à l'état de chlorure.** — Toutes les solutions contenant du nitrate d'argent sont conduites dans des grands bacs en bois où elles sont additionnées d'eau saturée de sel marin.

Le liquide est sans cesse remué et la précipitation contrôlée en prélevant des échantillons qu'on additionne, après filtration, d'un peu de solution salée.

Pour éviter toute perte en argent, on interrompt l'arrivée du liquide salé lorsque celui-ci ne donne plus aucun trouble.

Le chlorure d'argent formé d'après l'équation :

$$AgNO^3 + NaCl = AgCl + NaNO^3$$

| Nitrate d'argent | Chlorure de sodium | Chlorure d'argent | Nitrate de soude |
|---|---|---|---|

se réunit très facilement par agitation.

Le liquide et le précipité sont ensuite versés sur des filtres en toile. Les premières eaux qui passent, toujours légèrement troubles, sont repassées sur le filtre lorsqu'il est couvert d'une quantité suffisante de chlorure d'argent. Enfin, ce dernier est lavé avec de l'eau pure jusqu'à élimination complète des sels de soude et de cuivre.

**Réduction du chlorure d'argent par le zinc.** — Le chlorure d'argent enlevé du filtre est placé dans des baquets avec des grenailles de zinc et additionné d'eau acidulée avec 1/10 d'acide sulfurique. En moins de 12 heures, le chlorure d'argent est amené sous forme d'argent volumineux, gris foncé. Le liquide est décanté et l'argent traité par de l'acide dilué qui dissout l'excès de zinc. L'argent est jeté sur un filtre où on le lave à l'eau pure jusqu'à élimination complète des sels de zinc. Au moyen d'un pilon en bois, on tasse ensuite l'argent dans un moule cylindrique et on le porte sous

une presse hydraulique dont le plongeur pénètre librement
dans le moule. La pompe est actionnée jusqu'à ce que la couche d'argent soit réduite à l'épaisseur d'une dizaine de centimètres. Les gâteaux d'argent ainsi obtenus sont séchés, puis
chauffés au rouge dans un petit four en évitant d'atteindre le
point de fusion.

**Traitement de l'or.** —Les résidus d'or renferment encore
des traces d'argent et de cuivre, qui peuvent être enlevées par un
nouveau traitement à l'acide nitrique. Actuellement, cependant,
ces résidus sont traités par l'acide sulfurique à 66° Baumé dans
des bassines en fonte munies de tourillons qui permettent de
les basculer. Ces bassines sont placées dans des ouvertures
faites dans la plaque de fonte formant la partie supérieure
d'un fourneau. Ce dernier est entièrement construit en plaques
de fer et revêtu intérieurement de briques réfractaires. Chaque bassine est munie d'une hotte mobile formée d'un cône
en feuilles de plomb que surmonte un large tuyau. Celui-ci
entre dans un tuyau plus large, qui est en communication
avec une petite chambre de condensation, également en plomb,
de laquelle l'acide condensé s'écoule dans un récipient spécial.
Les chapiteaux en plomb sont munis de portes à coulis-
ses qui permettent de remuer le contenu des bassines. Les
hottes équilibrées au moyen de contrepoids peuvent être facilement soulevées et baissées. Les résidus aurifères introduits dans
les bassines et additionnés de la quantité nécessaire d'acide
sulfurique, sont soumis à l'ébullition pendant une ou deux
heures, après quoi l'acide, presque entièrement distillé, est remplacé par une nouvelle quantité. Après une seconde ébullition
d'aussi longue durée que la première, on décante l'acide. Comme
il n'est pas saturé, il pourra servir de nouveau. L'or est ensuite
lavé à l'eau distillée et séché. Il titre de 996 à 998 millièmes, et
peut même encore être enrichi par un troisième traitement.

**Fonte et raffinage de l'or affiné.** — L'or obtenu est rarement assez fin, il faut encore le soumettre à un raffinage. Le plus souvent il renferme encore du platine qui diminue sa ductilité, et des traces de plomb qui le rendent cassant et impropre aux usages auxquels on le destine. On opère généralement le raffinage sur 12 à 15 kg d'or qu'on fond dans un seul creuset sous une couche de borax. A cet effet, on remplit le creuset par additions successives jusqu'à ce que la charge soit complète, puis on élimine en ajoutant du nitre, les métaux oxydables, nuisibles à la qualité de l'or. Pour cette opération on recouvre d'abord la surface du métal d'une couche de cendres d'os qui absorbent les oxydes au fur et à mesure qu'ils se forment. En empêchant les oxydes de se combiner à la silice de l'argile qui sert quelquefois de liant dans la fabrication des creusets en plombagine, elles protègent ainsi le creuset. Le salpêtre doit être ajouté par petites portions successives et en quantité variable, suivant les impuretés. Il faut que la scorie ne soit ni trop liquide, ni trop pâteuse. Trop liquide, elle est, plus tard difficile à enlever et trop pâteuse elle retient trop de petits globules d'or qui, ne pouvant se réunir à la masse métallique, sont enlevés à l'écumage. Cette opération peut s'exécuter avec un feuillard arrondi à une extrémité et légèrement recourbé. Pour éviter des projections, cet instrument doit être préalablement chauffé. Au moyen d'un marteau, on en détache facilement les scories adhérentes. Après écumage, on projette à la surface du métal de petites doses de chlorhydrate d'ammoniaque et ensuite de bichlorure de mercure, en ayant soin de se mettre à l'abri des vapeurs mercurielles. L'or, ainsi en fusion, doit présenter une couleur verte, brillante. Après ces additions successives de bichlorure de mercure, on prélève un échantillon. Cet échantillon, coulé dans une petite lingotière plate et longue, est ployé sur lui-même au marteau.

Quand il ne présente aucune cassure, il est reconnu suffisamment malléable. Pour mieux s'en assurer, on en fait un alliage à 900 millièmes en le fondant avec 10 $^0/_0$ de cuivre dans un creuset. Au moyen d'une mouvette en plombagine, on rend bien homogène la masse qui est ensuite coulée dans le même petit moule d'essai.

Fig. 108. — Lingotière d'échantillonnage.

L'échantillon refroidi dans l'eau est coupé par le milieu avec des cisailles pour s'assurer si l'alliage est bien réussi. Dans le cas affirmatif, le métal est bon à être coulé. On le recouvre alors dans le creuset d'une mince couche de charbon de bois léger, et on le remue avec une mouvette en plombagine, puis, avec une poche, on en prélève un échantillon que l'on coule dans un petit moule.

Ce petit lingot est destiné à *l'essai*. Quant au métal, il est coulé comme d'habitude dans un moule poli, préalablement chauffé et huilé.

Les scories qui contiennent des grenailles d'or sont broyées et tamisées. Les plus grosses sont recueillies, et les autres récupérées, en fondant dans un creuset avec de la potasse les scories pulvérisées. On obtient ainsi après fusion un petit régule d'or.

**Raffinage par le procédé H. Becker.** — Il est plus simple d'obtenir l'oxydation par l'oxygène de l'air qu'au moyen du nitrate de potasse, et plus simple aussi de remplacer la chloruration au bichlorure de mercure par une bromuration au moyen de vapeurs de brome.

L'action de ces deux agents d'épuration peut d'ailleurs facilement se combiner. A cet effet, on met dans un flacon à deux tubulures une certaine quantité de brome dans lequel plonge un tube d'arrivée, en communication avec une soufflerie (une simple soufflerie de laboratoire peut suffire). L'air chargé de vapeurs de brome ressort par l'autre tubulure et se rend, par un tuyau en caoutchouc, dans un tube en fer dont l'extrémité qui forme une courbe est jointe à un tuyau en terre de pipe, qu'on maintient plongé dans le métal en fusion, recouvert d'une couche de borax. Le tube en fer peut être porté par un support mobile, permettant de le hausser ou de le baisser au niveau voulu. Ce procédé offre plus d'avantages que celui de Miller avec lequel il a quelques points de ressemblance. Comme lui, il évite l'emploi du nitre qui attaque rapidement les creusets. Comme lui, il ne fait plus usage du bichlorure qui donne des vapeurs mercurielles nuisibles ; il joint en outre une action oxydante à l'action bromurante, qui équivaut à une action chlorurante et permet de se passer d'un générateur de chlore, appareil toujours pénible à conduire. Suivant les impuretés à éliminer, le plomb, par exemple, on peut ne se servir que d'un courant d'air sans vapeurs de brome, en mettant directement le tube en communication avec la soufflerie. En d'autres cas, on pourra d'abord faire passer un courant d'air et, lorsque l'oxydation sera jugée suffisante, utiliser un courant d'air chargé de vapeurs bromées. Les bas métaux seront ainsi éliminés, les uns à l'état d'oxydes et les autres à l'état de bromures. Il y aura donc aussi, suivant la conduite de l'opération à régler d'après la nature du métal, économie de brome. Les scories surnageantes seront traitées à nouveau comme dans le procédé Miller, pour en retirer le bromure d'argent formé, ainsi que l'or qui a pu être entraîné mécaniquement. Pour le raffinage, on se servira d'un creuset en terre préalablement imbibé d'une solution de borax, puis, séché et placé dans un autre creuset en plombagine.

Ce procédé pourrait être utilisé pour l'or venant directement des mines. Nous avons, du reste, déjà dit quelques mots de l'application que l'on pourrait faire de l'hydrogène sulfuré pour éliminer de l'or le fer et le cuivre.

**Fonte et raffinage de l'argent affiné.** — L'argent tel qu'il est obtenu à l'affinage est, en général, assez fin pour la frappe des monnaies. En effet, le cuivre qui l'accompagne fait partie des alliages monétaires et le plomb n'altère pas les qualités de l'argent. Il n'en est pas de même pour l'or.

Pour la fonte les gâteaux d'argent sont cassés en morceaux de grandeur convenable. On en remplit le creuset au fur et à mesure que la masse fond. On traite ordinairement de 12 à 15 kg par creuset. L'argent est raffiné comme l'or, sous une couche de cendres d'os, et par additions successives de salpêtre. Pendant les additions de ce dernier il faut diminuer la chaleur du four, en fermant les registres et en laissant les portes ouvertes, autrement la température du métal s'élèverait bien au-dessus du point de fusion. Pour se rendre compte si le raffinage est terminé, on écarte un peu les scories à la surface du métal. Celui-ci doit être extrêmement brillant et sans mouvement ni irisation. S'il est irisé, c'est une preuve qu'il contient encore du plomb. La présence de cuivre, de soufre et de fer occasionne à la surface une écume légère, facile à reconnaître. Lorsque le métal est jugé assez fin, on le couvre d'une couche de poussière de charbon léger et, après quelques instants de repos, on le coule. Des échantillons sont prélevés comme pour l'or, et chaque lingot est estampé du même chiffre que les échantillons destinés aux essais. Nous ne reparlerons point ici du phénomène de *rochage*, qui est dû à l'absorption d'oxygène par l'argent. Comme le métal prêt à produire le rochage se reconnaît facilement, on peut y remédier en remuant constamment la masse avec une mouvette en plombagine, tout en la laissant couverte de charbon en poudre.

L'argent ainsi obtenu titre 998 millièmes et ne renferme

plus que des traces indosables d'or et de 0,003 à 0,006 de cuivre. On peut encore pousser le raffinage jusqu'à 999 millièmes, et même jusqu'à 999,5 millièmes.

## AFFINAGE PAR L'ACIDE SULFURIQUE

**Appareils.** — Le procédé d'affinage à l'acide sulfurique, plus économique que celui à l'acide nitrique, permet de traiter avec bénéfice l'argent, même lorsqu'il ne contient pas plus de 0,0004 d'or. Nous ne décrirons qu'une seule méthode, quoique la série des opérations nécessaires puisse subir bien des modifications. Celles-ci s'expliquent d'ailleurs facilement.

$$2Ag + 2H^3SO^4 = Ag^3SO^4 + SO^2 + 2H^2O$$

| Argent | Acide sulfurique | Sulfate d'argent | Anhydride sulfureux | Eau |
|--------|------------------|------------------|---------------------|-----|

Jadis on y employait des appareils en platine, dont le prix variait en 10 et 15 000 fr. ; aujourd'hui on se sert avec succès de vases en fonte blanche, compacte, à grain fin, sans souf- flure, et contenant dans certains cas de 3 à 4 centièmes de phosphore.

La fonte, peu soluble dans l'acide sulfurique concentré, serait rapidement dissoute dans de l'acide dilué ; aussi faut-il éviter de l'utiliser ainsi. Il se produirait, en outre, du sulfate ferreux qui réduirait le sulfate d'argent en sulfate basique insoluble.

Ces récipients en fonte, de forme rectangulaire ou cylindri- que et de dimensions variées, sont pourvus de couvercles de même métal disposés de manière à pouvoir être facilement soulevés par un jeu de contre-poids. Ces couvercles ont une ouverture de dégagement à laquelle est fixé un tube en plomb qui est en communication avec une chambre de plomb. Dans celle-ci se condensent l'acide sulfurique distillé et l'acide sulfureux formé ; ce dernier est transformé en acide sulfurique d'après le procédé connu :

Les couvercles portent en outre une ouverture pour l'introduction de l'acide sulfurique et de la grenaille, et pour le brassage de la matière.

Ces marmites, qui ont une épaisseur de 2 à 3 centimètres, sont mises hors d'usage lorsque cette épaisseur n'atteint plus que 8 à 9 millimètres. En cet état, elles risqueraient de se trouer et le contenu se répandrait dans le foyer.

Le fourneau d'affinage construit en briques ordinaires, avec revêtement intérieur en briques réfractaires, est couvert à sa face supérieure d'une plaque en fonte munie de trous dans lesquels sont placées les marmites : ce fourneau est recouvert d'une hotte en bois revêtue de feuilles de plomb et destinée à entraîner le surplus des vapeurs acides.

**Dissolution de l'argent et des bas métaux par l'acide sulfurique.** — Pour opérer avec succès, il faut ramener l'argent dans la proportion suivante : 2 1/2 à 3 parties d'argent pour 1 partie d'or. Le cuivre et le plomb n'empêchent pas la séparation, si toutefois le premier ne dépasse pas 7 à 8 % et le second 4 à 5 %. Ce dernier donne un sulfate insoluble qui retarderait la dissolution.

L'alliage à affiner, étant ramené au titre voulu, est grenaillé et, suivant le cas, coulé en lingots. Cette dernière manière de procéder donne un or plus gros et plus facile à laver que celui du procédé aux grenailles. L'opération est aussi rapide et permet d'amener l'or à un titre assez élevé par une seule ébullition. Pour la dissolution on emploie généralement de 1 1/2 à 2 1/2 parties d'acide sulfurique à 66° Beaumé, quoique ce chiffre soit plus élevé que celui indiqué par la théorie. Cette quantité d'acide est nécessaire pour donner de la fluidité à la masse, et pour prévenir ainsi les empâtements qui arrêteraient la dissolution de l'argent. Plus la quantité de cuivre est grande, plus la quantité d'acide doit être forte pour maintenir le cuivre en dissolution. Les charges d'alliages varient en poids suivant la qualité du métal. L'acide ne doit être ajouté que par fractions, afin de ne pas occasionner une trop vive effervescence qui pourrait provoquer des débordements, et, par conséquent, donner lieu à des pertes. Chaque addition d'acide détermine une effervescence, mais celle-ci diminue de force au fur et à mesure que l'on approche de la fin. La dissolution dure ordinairement de 3 à 4 heures. Lorsqu'elle est presque terminée, il faut remuer plusieurs fois les boues avec un agitateur en porcelaine pour dégager les fragments d'alliage non-dissous et les soumettre ainsi à l'action de l'acide sulfurique. Lorsqu'on juge la dissolution complète, on dilue le contenu des marmites avec de l'acide provenant de la cristallisation du sulfate de cuivre (opération que nous verrons plus loin). Après une nouvelle ébullition d'un quart d'heure, on abandonne les marmites au repos, et on transvase dans des bacs de dépôt avec des cuillers en fonte le liquide qui surnage.

**Purifications des sédiments aurifères.** — L'or séparé par décantation de la solution de sulfate d'argent renferme des cristaux de ce dernier sel, ainsi que du sulfate de plomb et du sulfate de cuivre. Il est donc soumis à un second traitement à l'acide concentré porté à l'ébullition. Après 1 heure on l'abandonne au repos. L'or se dépose rapidement. Le liquide surnageant qu'on remplace par du nouvel acide est séparé par décantation. Le tout est ensuite remis en ébullition pendant 1 heure. Ensuite l'or est puisé avec une passoire en fer et versé dans un filtre entièrement revêtu en plomb. Là il est d'abord lavé avec de l'acide sulfurique étendu d'eau, qu'on dilue encore peu à peu avec de l'eau chaude; enfin on le lave à l'eau chaude pure jusqu'à ce que le liquide qui s'écoule ne

donne plus aucun louche par le chlorure de sodium et ne
rougisse plus le papier bleu de tournesol. L'or est finalement
séché, puis fondu ; mais il renferme encore des traces de
plomb et quelques millièmes d'argent.

**Épuration de la solution de sulfate d'argent.** — Les
solutions de sulfate d'argent, ainsi que les eaux de lavage de
l'or et de l'argent, sont réunies dans de grands bacs en bois
revêtus intérieurement en plomb, et munis de tuyaux de vapeur. Ces récipients ont ordinairement 3 mètres de longueur,
sur 1 mètre de largeur, et $0^m,75$ de profondeur. Ils ne doivent
être remplis de la solution que jusqu'à environ 8 ou 10 centimètres des bords. Cette solution est portée à l'ébullition par
injection de vapeur. Afin d'activer la dissolution du sulfate
d'argent elle doit être constamment remuée. Le liquide amené
à 24° Baumé est dans les meilleures conditions pour la précipitation de l'argent. Après arrêt de la vapeur d'eau, on
abandonne au repos jusqu'à éclaircissement complet, ce qui
demande quelques heures. Le liquide qui surnage dans les
bacs de dépôt est décanté au moyen d'un siphon. Le dépôt
renferme du plomb à l'état de sulfate, de l'argent sous forme
de sulfate basique, du graphite et du silicium provenant de
la désagrégation de la fonte des bassins d'attaque.

**Traitement des sédiments.** — Les sédiments recueillis
sont versés dans un bac en plomb de dimensions plus res-
treintes, dans lequel ils sont traités par réduction avec des
lames de cuivre.

Pour faciliter la réaction, on chauffe la masse à la vapeur.
Le sulfate d'argent se décompose et donne de l'argent métallique ; le sulfate de plomb reste intact. Après repos, on décante la solution surnageante dans les bacs de dépôt. Le
résidu est lavé à l'eau, séché, puis fondu directement dans un
creuset en argile. Il se forme alors un culot d'argent que re-

couvre la scorie plombeuse. Celle-ci est fondue avec une certaine quantité de poudre de charbon, et donne du plomb métallique qui se réunit au fond du creuset. Ce culot est riche en argent et contient aussi un peu d'or.

**Précipitation des solutions argentifères.** — La précipitation de l'argent des solutions contenant les sulfates d'argent et de cuivre se fait dans des bacs de bois de 3 mètres de longueur sur 1 mètre de largeur et 0m,75 de profondeur, fermés par des couvercles en bois. La solution doit être bien limpide, et aucun dépôt ne doit pouvoir souiller dans les bacs le cément d'argent. La précipitation se fait par déplacement avec du cuivre ; à cet effet, un certain nombre de plaques de cuivre sont supendues dans la solution à des barres posées en travers des bacs. L'argent se dépose, et il se forme du sulfate de cuivre qui entre en solution.

$$Ag^2SO^4 + Cu = 2Ag + CuSO^4$$

| Sulfate | Cuivre | Argent | Sulfate |
|---------|--------|--------|---------|
| d'argent | | | de cuivre |

Pour 100 parties d'argent il se dissout 29 4/10 parties de cuivre qui donnent plus tard 115 parties de sulfate de cuivre cristallisé. Les plaques utilisées ont de 2 à 3 centimètres d'épaisseur. Quand elles sont trop amincies on les refond. En 5 heures de temps, environ, la précipitation est complète ; tout le sulfate d'argent est décomposé. Cette réduction peut être grandement activée par la chaleur. A cet effet, on peut chauffer les bassins de précipitation au moyen de la vapeur. La précipitation est reconnue complète lorsqu'une petite quantité de la solution ne précipite plus par addition d'eau salée. Les plaques de cuivre sont alors agitées et brossées dans la solution pour en détacher l'argent réduit, puis elles sont enlevées et mises de côté pour permettre à la solution de déposer. Après quelques heures, toutes les particules d'argent se sont réunies sur le fond du bassin. On décante ensuite, avec un siphon, la solution cuivrique privée d'argent, dans des bacs d'évaporation où elle est concentrée pour être soumise à une série de cristallisations et d'évaporations successives. Les eaux-mères, qui n'abandonnent plus de cristaux de vitriol bleu sont de l'acide sulfurique coloré en noir par des matières organiques. Cet acide sera réutilisé. Les cristaux de sulfate de cuivre très impurs sont redissous dans l'eau et soumis à de nouvelles cristallisations avant d'être mis dans le commerce.

**Épuration de l'argent précipité.** — Après décantation de la liqueur cuivreuse, l'argent est recueilli et versé sur des tamis en cuivre très serrés sur lesquels il est lavé à l'eau bouillante. Les premières eaux, qui contiennent passablement de sulfate de cuivre, sont dirigées dans les bassins de dépôt, les autres sont rejetées. L'argent est ensuite placé dans un moule où il est d'abord pilonné et ensuite comprimé en gâteaux par le piston d'une presse hydraulique. Ceux-ci sont séchés et chauffés jusqu'au rouge dans un four à moufle. Cet argent titre presque toujours de 998 à 999 millièmes.

**Procédé Gutzkow.** — Ce procédé est basé sur la réduction du sulfate d'argent par le sulfate ferreux, d'après la formule :

$$Ag^2SO^4 + 2FeSO^4 = 2Ag + Fe^2(SO^4)^3$$

| Sulfate d'argent | Sulfate ferreux | Argent | Sulfate ferrique |
|---|---|---|---|

Il se forme de l'argent métallique et du sulfate ferrique. Par ce procédé on évite donc l'emploi des plaques de cuivre et, par conséquent, la récupération du sulfate de cuivre. Il consiste donc à transformer l'argent en sulfate, à soumettre celui-ci à une cristallisation, et enfin à réduire les cristaux par le sulfate ferreux.

**Dissolution dans l'acide sulfurique.** — L'alliage à

affiner est soumis à un premier traitement comme pour le procédé ordinaire à l'acide sulfurique. La solution qui renferme l'argent est décantée dans des bassins en fonte. Chaque bassin est muni d'un couvercle en fonte, fermant hermétiquement au moyen d'une bande de caoutchouc sur laquelle il s'appuie. Ces couvercles, contrebalancés par un système de poids et de poulies, peuvent être facilement déplacés. Les bassins renferment les eaux-mères d'une opération précédente, auxquelles on ajoute la solution de sulfate d'argent.

Le mélange, légèrement chauffé, est additionné d'eau jusqu'à ce qu'il marque 58° Beaumé, afin de dissoudre entièrement le sulfate d'argent, et de faciliter le dépôt du sulfate de plomb et celui de fines particules d'or. Lorsque la solution est bien limpide, elle est décantée, encore chaude, dans des bacs de cristallisation en fonte. Ces bacs de cristallisation, ordinairement de forme rectangulaire, n'ont guère que 0<sup>m</sup>,50 de profondeur ; ils sont munis d'un tube de drainage qui, lorsque la cristallisation est terminée, permet de laisser s'écouler les eaux-mères dans un récipient destiné à les recueillir. De là, elles sont refoulées avec une pompe dans les bassins de clarification. Les bacs de cristallisation sont placés dans un bassin en bois plus grand, revêtu intérieurement de feuilles de plomb, dans lequel passe un courant d'eau continu qui refroidit rapidement la solution des bacs de fonte jusqu'à 45°. A cette température la plus grande partie du sulfate est cristallisée. Les cristaux de sulfate d'argent sont alors séparés des eaux-mères comme il a été expliqué plus haut, de manière à les débarrasser autant que possible par égouttage de l'acide sulfurique. Comme la quantité de liqueur acide ainsi recueillie est très grande, une partie en est utilisée dans la première phase de l'opération. Les cristaux de sulfate d'argent souillés par du

cuivre sont ensuite mis dans un baquet à filtration pour y
être décomposés par le sulfate ferreux.

**Réduction du sulfate d'argent.** — Le baquet filtre est
pourvu d'un double fond sur lequel on place une légère couche
d'argent précipité, pour rendre la filtration parfaite. C'est sur
cette couche d'argent que sont jetés les cristaux de sulfate
d'argent. Sur ceux-ci on laisse ensuite arriver un léger filet
d'une solution de sulfate de fer marquant 25° Beaumé, et
chauffée dans un bac muni d'un serpentin à vapeur. La solution ferreuse doit être aussi neutre que possible. Elle pénètre
la masse des cristaux et s'écoule dans le double fond muni
d'un robinet. De là, les premières eaux de filtrage, qui renferment du cuivre et un peu de sulfate d'argent, sont conduites
dans un petit bac de dépôt où il se dépose une certaine quantité de ce sulfate. Le dépôt est séparé par décantation du liquide
et celui-ci, s'il contient du cuivre, est passé dans un bassin
rempli de vieille ferraille, sur laquelle le cuivre se dépose.
Aussitôt que les eaux qui s'écoulent du filtre deviennent
brunes, elles sont conduites dans un autre bassin. L'argent
qui se dépose dans ce bassin servira de couche filtrante pour
les opérations suivantes. Quant à la solution, elle est siphonée
dans un autre récipient dans lequel on a mis des feuilles de
tôle, qui convertissent le sulfate ferrique en sulfate ferreux.

$$Fe^2 (SO^4)^3 + Fe = 3FeSO^4$$

| Sulfate | Fer | Sulfate |
|---------|-----|---------|
| ferrique | | ferreux |

Ici, il se précipite encore une petite quantité d'argent. On
le récolte lorsqu'il est en quantité suffisante pour être réuni
au sédiment du premier bac de dépôt. La solution de fer une
fois limpide ressert donc pour une nouvelle réduction.

Après quelques heures, lorsque la solution qui s'écoule du
filtre a repris la teinte du sulfate ferreux, la réduction du sul-

fate d'argent est terminée. Le contenu du filtre est ensuite lavé à l'eau chaude jusqu'à ce que les eaux de lavage ne donnent plus aucune coloration rouge avec le sulfocyanure de potassium, ou bleue avec le ferrocyanure de potassium. La suite de l'opération se passe comme dans les autres procédés. L'argent est pilonné dans un moule et comprimé sous la presse hydraulique, en gâteaux, qui sont séchés et portés au rouge dans un four à moufle.

Le traitement de l'or des bassins de dissolution se fait d'après les indications déjà données ; il en est de même de celui des résidus du premier bac de dépôt ; bac qui renferme le sulfate de plomb, un peu de sulfate d'argent et quelques particules d'or.

**Affinage électrolytique des métaux précieux. Procédé Moebius.** — L'argent aurifère produit directement par le traitement des minerais peut être affiné à très bon compte par le procédé Moebius, dont le principe est le suivant :

Comme électrolyte on emploie une solution de nitrate d'argent et de cuivre renfermant un peu d'acide nitrique libre. Les anodes sont formées de plaques en argent aurifère à affiner, et les cathodes de minces feuilles d'argent pur. L'argent et le cuivre des anodes se dissolvent, tandis que l'or, le platine, l'oxyde d'antimoine et le peroxyde de plomb, qui sont insolubles dans l'acide nitrique, restent dans le sac de mousseline qui enveloppe les anodes. L'argent qui se dépose sur les cathodes est très peu adhérent, il est donc constamment enlevé par des brosses animées d'un mouvement vertical de va-et-vient. L'argent détaché tombe au fond de la cuve électrolytique. On commence généralement l'opération en partant d'une solution d'acide nitrique à un pour cent. Au fur et à mesure que la solution s'enrichit en cuivre, on ajoute de l'acide. Dans les cas où elle en devient trop riche, on précipite l'argent qu'elle peut encore contenir et on la remplace par de l'eau acidulée.

L'argent et l'or sont recueillis séparément. Le premier dans le fond de la cuve électrolytique, le second dans les sacs en mousseline. Ils sont fondus et coulés en lingots, et sont à titres élevés.

Ce procédé plus ou moins modifié, quant à la disposition des appareils, est utilisé dans un grand nombre d'usines. Entre autres, dans celle de la *Pensylvania Lead Company de Pittsburgh* et celle de la *Saint Louis Smelling and Refining Company*. Dans cette dernière, où l'on traite journellement environ 160 kg d'argent aurifère, on estime les frais de traitement à 0 fr. 16 par kg.

## SÉPARATION DE L'OR DU PLATINE

Dans les trois procédés d'affinage, le platine qui se trouve allié à l'or reste avec ce dernier, car il est pareillement insoluble dans l'acide nitrique et l'acide sulfurique. On peut opérer la séparation de la manière suivante :

L'alliage d'or et de platine est traité par l'eau régale, qui dissout les deux métaux. Pour que l'opération réussisse, la solution doit être saturée. On obtiendra ce résultat en mettant un excès d'or.

La solution concentrée est additionnée de sulfate de fer qui précipite l'or sous forme de poudre brune et en masse spongieuse montrant des points d'or brillants.

La solution filtrée est additionnée de sel ammoniacal qui précipite le platine à l'état de chlorure double de platine et d'ammoniaque. Ce sel filtré, séché et calciné donne de la

mousse de platine que l'on fond ensuite soit au four oxyhy-
drique, soit au four électrique.

**Traitement pour or et argent des scories et des di-
vers résidus.** — Les vieux creusets, les scories, les
cendres et les briques de revêtement des fourneaux doivent
être soumis à un traitement pour en extraire l'or et l'argent
qu'ils peuvent renfermer. Il en est de même des balayures des
ateliers qui sont incinérées et réunies aux autres résidus : le
tout est broyé dans un moulin ordinaire, puis tamisé. On
recueille quelquefois ainsi une petite quantité de grenailles
qui ne sont qu'écrasées à cause de leur malléabilité. Après ce
criblage, la masse est traitée au mercure dans des tonneaux
d'amalgamation. Ces derniers sont même encore employés
dans quelques mines pour l'extraction de l'or et de l'argent,
mais la rareté du fait nous l'a fait passer sous silence. Ces
tonneaux, à douves très épaisses, cerclés de fer, se meuvent
autour de deux tourillons fixés sur deux croisillons en fonte,
appliqués sur les fonds des tonneaux. Ceux-ci sont placés ho-
rizontalement et munis d'un trou de chargement avec tampon
et vis de serrage. Sur le côté opposé ils ont un simple trou
fermé par un tampon en bois, et par lequel l'amalgame est évacué.

La matière à traiter est introduite dans le tonneau en même
temps qu'une certaine quantité de mercure, d'eau et de ferraille (on prend de préférence des boulets), puis le trou de chargement est fermé et l'appareil mis en mouvement. — Lorsqu'on juge la marche suffisamment longue, on étend la pulpe
en remplissant d'eau le tonneau. Pour permettre aux globules de mercure de se réunir, on donne au tonneau un mouvement de rotation moins rapide. L'amalgame est ensuite
recueilli dans un pot en fonte émaillée, et lavé pour être
soumis à la distillation, comme il a été expliqué plus haut.

Les tailings qui renferment encore passablement de métaux précieux — souvent les 50 %, de l'or indiqué à l'essai — sont vendus tels quels ou après concentration à des usines qui font les fontes plombeuses pour l'extraction combinée des métaux précieux.

Les parties métalliques des divers outils : des ringards, feuillards, écumoires, etc., qui sont imprégnés d'or et d'argent sont fondus à une haute température, avec addition de fonte fusible ordinaire, de soude et de sel, de manière à séparer par liquation l'or et l'argent de la fonte. Nous recommandons d'y ajouter une certaine quantité de soufre qui facilite l'opération.

# CHAPITRE XIX

## DU CHOIX D'UN PROCÉDÉ DE TRAITEMENT

Du choix d'un procédé. — Méthode à suivre pour la détermination de l'or amalgamable, de l'or non-amalgamable, des concentrés, de l'or chlorurable, de l'or cyanurable, etc. — Résumé de la méthode. — Tableau donnant les procédés à employer suivant la nature des minerais. — Des causes d'insuccès dans les mines d'or.

**Du choix d'un procédé.** — L'avenir et la réussite d'une exploitation de minerais aurifères dépendent avant tout de l'outillage et du procédé de traitement qui y sont appliqués. Pour le premier qui, naturellement, dépend du second, on ne doit adopter que des modèles parfaits, ayant déjà fait leurs preuves et sortant d'une bonne maison. En ce qui concerne le second, on ne saurait fixer d'avance la règle à suivre. Le procédé de traitement doit être approprié à la nature du minerai ; le choix du procédé ne peut donc être fait avec discernement que par une personne bien compétente. Il y a minerai et minerai ; on ne peut donc pas, de but en blanc, se décider pour tel procédé ou telle méthode, parce qu'ils ont rendu ailleurs d'excellents résultats. Comme nous l'avons d'ailleurs déjà démontré, tel procédé peut être excellent pour un minerai, qui, pour un autre, donne des résultats absolument désastreux. Il faut donc avant tout étudier soigneusement le minerai qu'on veut traiter. Pour cela, il faut se rendre compte, par des essais de laboratoire, de l'or amalgamable, de l'or non-amalgamable, de la quantité de concentrés qu'on peut en obtenir, des résultats qu'ils donnent après le grillage simple ou chlorurant, soit par le chlore, soit par toute autre méthode. En un mot, il faut faire une série d'expériences et essayer sur une petite échelle le procédé qui pourrait le mieux convenir au minerai. Souvent plusieurs procédés peuvent être employés avec le même succès ; en ce cas, les conditions locales interviennent et déterminent le plus profitable à adopter, car les frais d'installation et les prix des machines varient énormément avec le lieu de l'exploitation. Dans les pages suivantes nous indiquerons la voie à suivre pour chercher la meilleure méthode de traitement à appliquer aux principaux minerais aurifères.

**Méthode à suivre pour la détermination de l'or amalgamable, de l'or non-amalgamable, des concentrés, de l'or chlorurable et cyanurable, etc.** — Nous éliminerons tout d'abord, parce qu'ils sont faciles à reconnaître, les minerais complexes d'or, d'argent et de plomb, qui seront traités pour plombs d'œuvre ; les minerais complexes d'or, d'argent et de cuivre qui seront fondus pour mattes, et enfin, les pyrites de fer aurifères qu'on peut mélanger avec des minerais pour fonte. Le traitement de ces dernières peut cependant être essayé par chloruration et par cyanuration. Il nous reste donc les minerais quartzeux aurifères, et les minerais quartzeux pyriteux aurifères. Dans ces deux dernières variétés qui nous occupent plus particulièrement, on aura d'abord à déterminer l'or amalgamable et l'or non-amalgamable. Si l'on ne dispose pas d'appareils d'essais suffisants pour traiter une quantité assez grande, on procédera après analyse complète de la manière suivante. Nous croyons inutile de recommander pour ces essais un échantillonnage des plus soignés. Il ne s'agit pas d'en prendre un échantillon de choix, mais bien une partie qui représente l'état moyen de la masse du minerai à traiter.

**Détermination de l'or amalgamable.** — Le minerai réduit en poudre fine et tamisée est mis dans un récipient avec du mercure. On prend 10 grammes de ce dernier pour 1 kg de minerai. On délaye cette masse avec un peu d'eau, on la triture pendant un certain temps. Le mercure absorbe l'or, et l'amalgame formé est séparé de la masse par un lavage. On répète l'opération un grand nombre de fois, suivant la quantité de minerai qu'on peut soumettre à chaque essai par amalgamation. On réunit ensuite tout l'amalgame des divers essais et l'on sépare l'excès de mercure par filtration. Après cela, on chauffe l'amalgame dans un creuset taré jusqu'à expulsion complète du mercure. Le bullion ainsi obtenu représentera assez bien le résultat qu'on obtiendra en grand dans la pratique. Enfin, on y dosera l'or et l'argent. Durant ces essais au mercure, il sera utile de se rendre compte de la manière dont ce dernier se comporte, s'il se réduit en farine, s'il se sulfure, s'il se recouvre d'une pellicule, etc., etc. — La pulpe et l'eau de lavage seront, pendant cet essai d'amalgamation, versés dans un grand baquet, puis le liquide trouble surnageant sera, après un court repos, siphoné dans un autre récipient. L'or du minerai se trouvera ainsi séparé en 3 parts. 1° l'or dissous par le mercure, qui est l'or amalgamable ; 2° l'or non amalgamable, à retirer par un procédé approprié de chloruration ou de cyanuration, et 3° l'or flottant ou entraîné dans les boues.

Ces dernières qui se retrouvent dans le second baquet sont recueillies après quelques jours de repos et après décantation soignée du liquide surnageant. Elles sont ensuite séchées, pesées et essayées. Cet essai indiquera la quantité d'or flottant, qu'en général on peut regarder comme perdu.

**Or non-amalgamable.** — Si l'on soustrait de l'or total l'or amalgamable, on aura l'or non-amalgamable. — Par soustraction de l'or flottant de ce dernier on obtient l'or non-amalgamable à extraire par chloruration ou par cyanuration. Cet or se trouve donc dans le dépôt du premier baquet. Ce dépôt, soigneusement recueilli, mélangé, puis essayé, est séparé en deux parties. L'une est destinée à faire un essai de concentration. Bien conduit, celui-ci donnera assez exactement le rendement à obtenir avec un bon appareil de concentration tel que le Frue-Vanner. Les concentrés obtenus seront essayés par chloruration, et les résidus par cyanuration. L'autre partie sera directement essayée par cyanuration.

**Essai de concentration des tailings.** — Avec la partie de minerai destinée à la concentration, on procède comme suit : Le minerai est d'abord soumis à un lavage au pan (voir à l'article pan) ; l'eau surnageante est versée dans un second bassin et le minerai concentré mis à part. L'opération est recommencée avec le second bassin, et ainsi de suite, en laissant bien reposer à chaque lavage et en ajoutant, chaque fois, le minerai concentré à celui obtenu avant. Lorsqu'on ne parvient plus à séparer du minerai fin, on sèche les concentrés, on les pèse, et on les mélange soigneusement avant d'en faire l'essai pour leur teneur en or. On procédera de même pour les stériles qu'il faut recueillir. Un simple calcul donnera le pourcentage du minerai concentré. Avec la valeur de la concentration déterminée par tonne, et celle des pertes occasionnées par l'enrichissement, on pourra juger si la concentration est avantageuse.

Pour faire cet essai, nous recommandons la *Plaque-Vannoir*, beaucoup plus commode que le pan, et donnant des résultats plus conformes à ceux qu'on peut obtenir avec le Frue-Vanner ou le concentrateur Embrey. C'est une espèce de bassin en fer, arrondi, peu profond et recouvert d'une couche d'émail. Il ressemble beaucoup à la *Pelle-Vannoir*. — Le produit de cet essai de concentration sera ensuite soumis à un traitement au chlore.

Pour certains minerais, il peut être utile de faire un essai de concentration directement avec le minerai pulvérisé et passé au crible.

Suivant la série d'essais auxquels on veut soumettre le minerai, on peut aussi procéder de la manière suivante : Après avoir pesé les tailings du premier baquet, et les boues du second, on prépare pour l'essai de concentration une certaine quantité d'un mélange fait de ces deux matières, et cela dans les mêmes proportions où elles se trouvent dans leurs bacs respectifs. Si, par exemple, il y a 20 kg dans le premier baquet et 5 kg dans le second, on fera un mélange bien homogène de 4 kg de tailings avec 1 kg de boues. Lorsqu'on ne veut faire qu'un essai au mercure, un essai de concentration et chercher à traiter les concentrés, il sera inutile de séparer les résidus de l'amalgamation en tailings bons à traiter, et en boues. En ce cas ils peuvent être conservés dans un seul et unique baquet.

**Essai par chloruration des concentrés.** — Les concentrés à traiter par chloruration sont soumis, suivant leur composition, à un grillage simple ou à un grillage chlorurant. Ce grillage peut s'effectuer sur une plaque en fonte chauffée sur un petit fourneau à main, ou mieux encore dans un moufle. Nous remplacerons ici la chloruration par une bromuration, car l'eau de brome est très rapidement préparée, et les résultats sont les mêmes.

La matière sera donc mise en digestion avec de l'eau de brome dans un ou plusieurs flacons suivant la quantité à traiter. On choisira des flacons à large ouverture et fermés par des bouchons en caoutchouc. Pour 100 parties de minerai on prendra environ 50 parties d'eau de brome saturée. L'eau bromée est préparée en agitant dans un grand flacon bouché à l'émeri une petite quantité de brome additionnée d'eau. Les flacons qui renferment le minerai et l'eau de brome devront être continuellement agités dans un appareil agitateur. S'il n'y a pas assez de brome, ce qui est facile à reconnaître à l'odeur, on en ajoute encore un peu. Après une digestion de 24 heures, on verse le liquide des flacons sur un filtre ; on lave à l'eau chaude, et on verse également cette eau sur le filtre. Le liquide filtré sera concentré par évaporation dans une grande capsule en fer émaillée, puis précipité par une solution de sulfate de fer fraîchement préparée. Le précipité est recueilli sur un petit filtre, qu'on incinère ensuite dans un creuset en porcelaine taré, ou bien qu'on fond (avec la cendre du filtre) avec 5 à 10 grammes de plomb et un peu de borax. Le culot obtenu est coupellé, et le bouton d'or, qui représente l'or que l'on peut extraire par chloruration, est pesé. Si le résultat ne répond pas à la teneur en or non-amalgamable de l'essai, il faut essayer de traiter par cyanuration les tailings de la concentration. — Nous verrons plus loin comment il faudra procéder en ce cas. Ainsi, nous avons jusqu'à présent l'or amalgamable obtenu par amalgamation directe, l'or des tailings obtenu par chloruration des concentrés et cyanuration des résidus de la concentration. Il reste maintenant à savoir si l'on ne pourrait pas traiter directement au cyanure les tailings de l'amalgamation sans concentration et sans traitement à part des concentrés par le chlore. La concentration est généralement nécessaire lorsque le minerai est très pyriteux, ou lorsqu'il renferme du cuivre qui est peu favorable à la cyanuration.

**Essai par cyanuration, sur la deuxième partie des tailings, provenant du traitement au mercure.** — La pulpe est lavée avec une solution alcaline composée de 10 grammes de soude caustique pour 1 litre d'eau, puis on la laisse s'égoutter. De toute façon la pulpe doit donner une réaction alcaline au papier de tournesol. — Ensuite, elle est mise en digestion avec une solution de cyanure dans un grand flacon bouché à l'émeri. On emploie, pour 100 parties de minerai, 50 parties d'une solution cyanurée, contenant 0,5 °/₀ de cyanure de potassium. Le flacon doit être agité à plusieurs reprises, puis laissé au repos pendant un jour ou deux. Son contenu est ensuite versé sur un grand filtre et, après égouttage complet, lavé à l'eau pure. Le minerai lavé est séché, puis essayé et la solution est titrée, comme suit :

Le volume de la solution cyanurée et de l'eau de lavage est d'abord exactement mesuré, puis on en prélève un demi litre ou 1 litre qu'on additionne de nitrate d'argent. Après avoir laissé déposer le précipité on le recueille sur un grand filtre qu'on met, avec du flux noir et 200 à 300 grammes de litharge, dans un creuset en terre. Ce creuset est porté dans un four à réverbère, puis, lorsque la fusion est complète, on le retire, et on le frappe par petits coups sur une brique pour permettre aux globules de plomb qui nagent dans la scorie de se réunir au culot principal. Après refroidissement on casse le creuset, et l'on sépare avec un marteau le culot de plomb de la scorie et des morceaux du creuset, puis on le coupelle. Le bouton d'or obtenu est ensuite soumis au départ. Il est essentiel de faire plusieurs dosages et d'en prendre la moyenne. En connaissant le volume exact de la solution cyanurée obtenue à la lixiviation, il sera facile de calculer exactement l'or dissous dans la totalité du minerai. Comme dans la pratique on n'arrive pas à précipiter la totalité de l'or des solutions cyanurées, on ne doit pas compter obtenir sur une grande échelle plus de 75 °/₀ à 80 °/₀ du résultat trouvé au laboratoire.

Ainsi on aura l'or qui peut être extrait par le procédé au cyanure. On ne sera donc plus guidé dans le choix d'un pro-

cédé que par les résultats obtenus dans les divers traitements.
Il va sans dire que nous n'avons pu donner ici qu'un aperçu
général sur la méthode à suivre, et que nous n'avons pas pu
nous étendre sur les nombreux cas complexes qui peuvent se
présenter dans la pratique. Nous croyons devoir répéter ici
que les essais ne peuvent donner d'excellents résultats que
s'ils sont faits par une personne compétente et exercée. Autrement, on risquerait fort d'arriver à des écarts considérables.

*Résumé de la marche suivie pour l'étude des principaux minerais aurifères*

**MINERAIS QUARTZÈUX**
**MINERAIS QUARTZEUX ET PYRITEUX**

L'essai au mercure donne d'une part l'or amalgamable et de l'autre les tailings renfermant l'or non amalgamable.

**OR AMALGAMABLE**

**TAILINGS** (Or non amalgable).

**TAILINGS BONS A TRAITER** (Sont partagés en deux parts pour les essais).

1re Cette partie est soumise à un essai de concentration, on essaie d'une part, les concentrés et de l'autre les tailings de la concentration.

**CONCENTRÉS**

Sont soumis au grillage puis traités par chloruration.

**TAILINGS**

Essai de traitement au cyanure de potassium.

2me Essai de traitement direct au cyanure sans enlèvement préalable des pyrites par la concentration.

**BOUES**

Ces boues essayées indiquent l'or flottant.

*Tableau donnant les procédés à appliquer d'après la nature des minerais.*

| NATURE DU MINERAI | PROCÉDÉ |
| --- | --- |
| 1° *a.* Minerai renfermant de l'or libre, absence de sulfures. | Bocardage humide, amalgamation dans la batterie même, sur les plaques, etc. |
| *b.* Tailings riches en or flottant. | Cyanuration. |
| 2° *a.* Minerai renfermant de l'or libre. Présence d'une petite quantité de sulfures. | Bocardage humide. Amalgamation dans la batterie, sur les plaques, etc. |
| *b.* Tailings riches en or rendu non amalgamable par la présence des sulfures. | Cyanuration avec ou sans concentration. — Concentration, grillage et chloruration des concentrés, et dans certains cas, cyanuration des stériles de la concentration. |
| 3° Minerai renfermant beaucoup de pyrites riches en or. | Triage sommaire. Bocardage, concentration, grillage et chloruration. |
| 4° Minerai auro-argentifère; peu d'or libre, mais beaucoup d'argent dans les sulfures. | Bocardage humide. Amalgamation au pan d'après le système continu de Boss. |
| 5° Minerai auro-argentifère réfractaire à l'amalgamation. Très peu d'or et beaucoup d'argent. | Bocardage sec, grillage chlorurant, lixiviation aux hyposulfites, procédé Patera ou Russel. |
| 6° Minerai auro-argentifère réfractaire à l'amalgamation, renfermant beaucoup d'or et peu d'argent. | Bocardage sec, grillage chlorurant, lixiviation à l'hyposulfite, puis chloruration (procédé Ottokar Hoffmann). Suivant le cas, procédé Newbury Vautin. |

| NATURE DU MINERAI | PROCÉDÉ |
|---|---|
| 7° Minerai complexe d'or, d'argent et de cuivre. | Rectification, grillage partiel (en présence de sulfures) fonte pour matte. |
| 8° Minerai complexe d'or, d'argent et de plomb (riche en galène). | Fusion pour plomb d'œuvre après simple triage à la main, ou bien après triage, rectification sommaire du minerai de rebut. |
| 9° a. Pyrites de fer riches en or. | Grillage et choruration. Grillage partiel et mélange avec des minerais de fonte. |
| b. Pyrites de fer renfermant très peu d'or et d'argent. | Fabrication d'acide sulfurique et sous produits et traitement des cendres par lixiviation pour cuivre, or et argent. |
| 10° Minerai telluré riche en or. | Procédé par fusion ou procédé Hauch. |

## BATTERIE DE TROIS PILONS POUR ATELIER DE RECHERCHES

Nous croyons utile, pour terminer, de recommander pour les ateliers de recherches la batterie de trois pilons. Cet appareil simple et démontable pèse 1815 kg, y compris la ferrure, le bâti en bois, la table de cuivre, les poulies et les courroies de transmission. Ce poids peu élevé et la facilité avec laquelle on peut le démonter pour le transporter et le monter ensuite, en font de tous points un appareil approprié aux travaux de développement. Toutes les pièces sont semblables en détail à celles des batteries des usines. Les pilons pèsent 90 kg, donnent 90 coups à la minute et peuvent pulvériser de 3 à 4 tonnes par 24 heures. La force nécessaire, qui n'est que de 3 chevaux, peut être fournie par une petite machine à va-

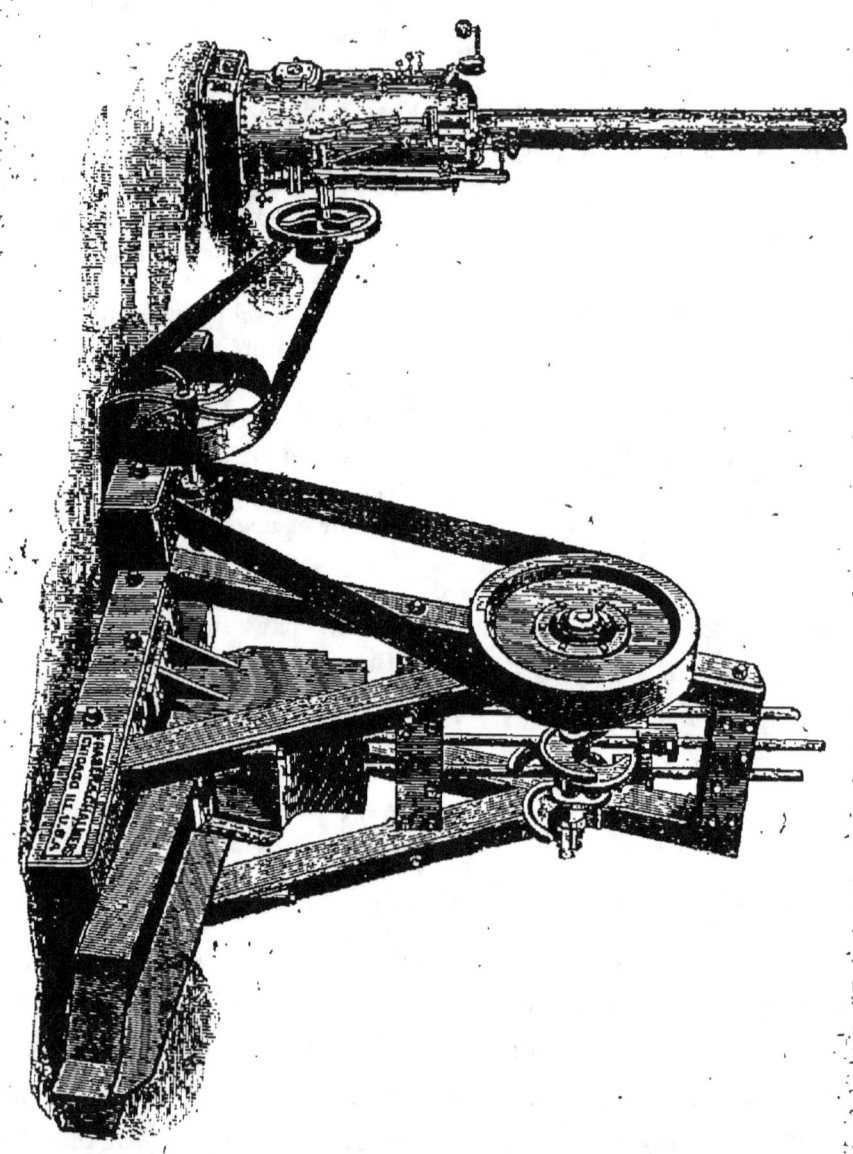

Fig. 109. — Batterie de 3 pilons pour atelier de recherches.

peur dont le poids total ne dépasse pas 825 kg. L'adoption de cet appareil d'un prix minime environ (3500 fr) aurait pu éviter la ruine à de nombreuses compagnies minières qui se sont lancées dans de coûteuses installations avant même de s'être suffisamment rendu compte, par des essais de traitement, de la valeur des terrains à exploiter.

## QUELQUES MOTS SUR LES CAUSES D'INSUCCÈS DES MINES D'OR

Grand est le nombre des mines d'or — il se chiffre par centaines — qui, pour une cause ou une autre, ont été ruinées ; grand aussi est le nombre de celles qui n'ont existé que dans le cerveau inventif de quelques spéculateurs éhontés toujours prêts à exploiter la crédulité sans bornes de la grande famille des gogos. Nous n'avons heureusement pas à nous occuper de ces dernières mines.

Les principales causes d'insuccès dans les mines sont :

1° La spéculation poussée à l'extrême, spéculation qui est forcément suivie de périodes de dépression et de calme pendant lesquelles dans bien des mines, et souvent dans de très bonnes, les travaux sont arrêtés par manque de capitaux.

2° Les dépenses exagérées faites par certaines compagnies pour l'installation d'un outillage défectueux ou mal compris, ou, ce qui est pire, pour l'installation coûteuse d'une usine de traitement, avant même d'avoir étudié suffisamment le terrain à exploiter.

3° L'adoption d'un procédé, duquel on dit merveille, parce qu'il a donné d'excellents résultats chez d'autres et qu'on est obligé de reconnaître comme complètement inefficace, après peu de temps, c'est-à-dire lorsqu'il est trop tard, et la caisse vide. Quelquefois, cependant, ce n'est pas le procédé qui est mauvais, malgré que les rendements soient presque nuls, ou loin de ce qu'on en attendait. Cet insuccès a alors pour cause :

4° La légèreté avec laquelle la valeur du filon a été déterminée, en prenant pour les essais ou des échantillons recueillis à
tout hasard, ou des échantillons préalablement triés sur le
volet, et dans un but facile à comprendre.

Enfin, au nombre des causes d'insuccès on peut encore
compter une mauvaise administration et surtout, ce qui arrive
malheureusement assez souvent, une direction d'une incapa-
cité complète.

De ce que nous venons de dire il ressort clairement qu'il
faut être très circonspect en engageant des fonds dans l'exploitation de mines d'or. Puisse celle-ci devenir un jour une industrie plus sérieuse et plus honnête !

# INDEX ALPHABÉTIQUE

## Vocabulaire des termes d'origine étrangère employés dans le cours de cet ouvrage.

BANKET. — Conglomérat renfermant des cailloux roulés, en quartz blanc.

BLACK-SAND. — Sable noir, mélange d'oxyde de fer et autres minéraux de densité élevée, qui accompagnent généralement l'or.

BLANKET. — Couverture ordinaire utilisée, pour retenir les paillettes d'or, dans les sluices, etc.

BUDDLE. — Lavoir. Machine à laver le minerai.

BULLION. — Métaux précieux en lingots.

CLEAN-UP PAN. — Cuve de nettoyage.

GRINDING-PAN. — Cuve dans laquelle on parfait la pulvérisation.

JIGGER. — Crible à secousses.

PAN. — Bassine. Cuve.

REEF. — Filon.

RIFFE. — Pièce de bois clouée en travers d'un sluice dans le but de retenir le mercure et l'or.

ROUND BUDDLE. — Lavoir à minerai de forme circulaire .

RUBBER. — Frottoir. Frotteur.

SETTLER. — Appareil de dépôt.

SKIMMINGS.— Écumes, crasses qui surnagent à l'amalgame.

SLIME. — Boue produite avec l'eau par du minerai en particules excessivement fines.

SLUICE. — Chenal par lequel on fait passer le minerai entraîné par un courant d'eau.

STANDARD-PAN. — Cuve modèle. Cuve-type.

TAILINGS. — Minerai qui a déjà subi un traitement métallurgique pour en extraire le ou les métaux qu'il renfermait.

VANNER. — Instrument pour vanner, pour séparer dans un minerai, la partie utile de sa gangue.

# OUVRAGES A CONSULTER

**Anderson.** Propector's Handbook.
**Bowie.** Hydraulic mining in California.
**Cumenge et Fuchs.** L'or.
**Eissler (M.).** The metallurgy of gold.
«       The metallurgy of silver.
«       The metallurgy of argentiferous lead,
«       The cyanide process for the extraction of gold.
**Egleston.** Parting gold and silver in California.
«       Treatment of gold quartz in California.
«       The cause of rustiness and some of the losses in working
         gold.
«       The progress of the metallurgy of gold and silver in Uni-
         ted States
«       Some researches on the amalgamation of gold and silver.
«       Leaching gold and silver ores in the West.
«       Parting gold and silver byfmeans of iron at Lautenthal.
«       Leaching gold ores containing silver.
«       The separation of silver and gold from copper.
«       Treating gold and silver at the United States. Mint.
«       The metallurgy of gold, silver and mercury in the United
         states.
**France (Ch. de)** Extraction par voie humide du cuivre, de l'argent et
         de l'or.
**Gore.** The art of electrolytic separation of metals.
**Journaux et brochures.** Annales des mines.
«       Annual report : *The Rand Central Ore reduction Co.*
«       Echo des mines et de la métallurgie.
«       Bulletin de la Société chimique.
«       Moniteur scientifique du Docteur Quesneville.
«       Das Siemens'sche Gold gewinnungs verfahren.
«       The engineering and mining journal.
«       Notes on gold extraction by means of cyanide of potas-
         sium by W. R. Feldtmann.
«       Scientific american supplement.
«       The Frue Vanner, The Huntington mill. by Fraser and
         Chalmers.

**Kirkpatrick.** Hydraulic Gold Miner's Manual.

**Laur.** Gisement et exploitation de l'or en Californie.

**Lock.** Practical Gold mining.

**Mac Dermott.** Losses in the amalgamation of gold.

**O' Driscol.** Treatment of gold ores.

**Osborn.** Prospector field book and guide.

**Post J.** Traité pratique d'analyse chimique appliquée aux essais industriels.

**Philips J. A.** Ore deposits.

     α     Mining and metallurgy of Gold and Silver.

**Percy J.** Metallurgy.

**Rose T. K.** The metallurgy of gold.

**Sauvage.** Notice sur l'exploitation hydraulique de l'or en Californie.

Saint-Amand (Cher). — Imp. DESTENAY, Bussière frères.

SAINT-AMAND (CHER). — IMP. DE DESTENAY, BUSSIÈRE FRÈRES.

www.ingramcontent.com/pod-product-compliance
Lightning Source LLC
Chambersburg PA
CBHW071436050526
44396CB00005BB/784